선박안전관리사를 위한

해사안전경영론

General Maritime Safety Management

이진우 · 이준혁 · 김정민 · 채종주 지음

GS인터비전

머 리 말

현대 사회는 기업에게 사회적 책임을 이행할 것을 요구하고 있어, 안전을 기업 운영에 우선 과제로 설정하는 안전경영은 피할 수 없는 시대적 흐름이 되고 있다. 해사분야에서도 선박·사업장 안전관리의 효과적이고 전문적인 수행을 위하여 해사안전법 제3절 선박안전관리사 자격제도 신설을 통해 기업의 안전경영을 강조하고 있다. 이에 기업은 선박 및 사업장의 안전관리 업무를 수행하기 위한 안전관리책임자와 안전관리자를 선임할 때 선박안전관리사 자격을 가진 사람 중에서 선임하여야 하며, 선박안전관리사가 되려는 자는 해양수산부장관이 실시하는 자격시험에 합격하여야 한다.

해사안전법 시행령 및 시행규칙에는 선박안전관리사 자격시험과목을 규정하고 있으며, 해사안전경영은 선박안전관리사 자격취득에 필수과목으로 지정되어 있다. 이에 본 교재를 발간함에 있어 선박안전관리사 자격제도의 취지와 목적에 부합됨은 물론 실무 중심의 이해하기 쉬운 교재를 제작하기 위하여 많은 안전보건경영분야 전문가의 조언과 국내·외 자료를 활용하여 내용을 구성함으로써 이론을 실무에 편리하게 연계할 수 있는 교재를 만들고자 하였다. 이를 위해 현행법령, 경영에 대한 내용 뿐만 아니라 산업안전에 관한 내용을 추가하여 안전경영의 의미를 좀 더 쉽게 이해할 수 있도록 하였다. 본 교재를 통해 선박안전관리자가 되고자 하는 인재들은 해사안전경영에 관한 지식과 실무능력을 향상시키고, 선박안전관리사로서 안전경영이 기업에 내재될 수 있도록 선도적 역할을 해주길 바란다.

최고의 해사안전경영 전문교재를 만들기 위하여 최선을 다하였으나, 다소 미흡한 점이 존재할 수 있다. 이러한 것들은 차후 개정판을 통해 지속적으로 보완해 나갈 예정이다. 본 교재가 선박안전관리사를 희망하시는 모든 분들의 훌륭한 참고서가 되길 기대한다.

2023년 8월 15일

저자 일동

Contents

Contents

제 1 장

안전보건 개론

1. 소개
2. 안전보건 제도
3. 안전·보건정보의 종류

제1장 안전보건 개론

1. 소개

현대 사회에서 기업은 단순히 생산 및 영업을 통해 이윤을 창출하는 역할에서 벗어나 사회의 복지와 이익에 대한 기여, 환경 및 인권 보호 등과 같은 광범위한 문제에 대한 책임을 질 것을 요구받고 있다. 산업 안전 및 보건은 제조, 건설, 정보통신, 보건, 교육서비스, 운수 등을 포함하는 모든 산업의 활동과 연관되어 있으며, 원활한 산업활동을 위해 필수적으로 고려하여야 하는 요소이다.

우리나라 산업 안전 및 보건에 관한 핵심 규정은 「산업안전보건법」에서 정하고 있으며, 그 주요 내용은 다음과 같다.

- 산업재해 예방을 위한 기준 준수
- 쾌적한 작업환경 조성 및 근로조건 개선
- 사업장의 안전 및 보건에 관한 정보 제공

산업 안전 및 보건을 효과적으로 이행하기 위해서는 위험성의 크기에 따라 관리 수준을 다르게 하여 위험성 감소대책을 수립하여 실행하여야 한다. 이러한 직장 내 안전 및 보건 강화 조치는 생산성 저하, 성과 목표의 압박, 재정적인 제약, 조직의 복잡성과 같은 장애 요인에 부딪힐 수 있다. 그러나 이러한 장애 요인을 극복하고 높은 수준의 안전 및 보건 기준을 유지했을 때 기업은 법적, 경제적 이득을 영위할 수 있으며, 도덕적으로도 자유로울 수 있다.

효율적인 안전 및 보건 관리의 대표적인 효과로 ① 근로자 복지 향상, ② 기업 명성 및 성과 제고, ③ 재정적 이익을 들 수 있다.

국제표준화기구(International Organization for Standardization, ISO)에서 정한 품질 및 환경에 대한 표준은 산업 안전 및 보건의 체계적인 관리의 이점을 명확히 하였다. 현대 경영연구에 따르면 체계적인 방식으로 성과를 측정하고 지속적으로 개선을 추구한다면 산업안전보건을 포함한 모든 사업분야에서 더 나은 성과를 이룰 수 있다고 제시하고 있다. 따라서 이 장에서는 안전 및 보건의 성공적인 관리를 위한 산업안전보건 시스템의 주요 내용과 선박의 안전한 운항 및 관리를 위해 필요한 안전 및 보건관리 체계의 구축 방법을 소개한다.

1.1 안전 · 보건 용어의 정의

산업 안전 및 보건에 관련된 기본적인 용어의 정의는 아래 〈표 1-1〉과 같다.

〈표 1-1〉 용어 정의

용 어	정 의
보건 (Health)	• (사전적) 병의 예방, 치료 따위로 사람의 건강과 생명을 보호하고 증진하는 일 • 작업장에서 사용되는 물질, 공정, 절차로 인한 질병으로부터 사람들의 몸과 마음을 보호하는 것
안전 (Safety)	• (사전적) 위험이 생기거나 사고가 날 염려가 없거나 그런 상태 • 신체의 부상으로부터 사람들을 보호하는 것
복지 (Welfare)	• (사전적) 행복한 삶 • 사업장에서 개인의 건강과 행복을 유지하기 위한 시설을 제공하는 것 • 복지시설에는 위생시설, 식수, 난방, 조명, 탈의실, 휴게실, 응급처치 시설 등이 포함
업무상 질환 (Occupational or work-related ill-health)	• (사전적) 업무로 인하여 생긴 질병이나 부상 가운데 「근로기준법」에 의하여 보상 책임을 규정한 질환 • 개인의 특정 업무 활동이나 직장 내 다른 사람의 활동에 의해 유발된 질병이나, 신체적, 정신적 장애 등으로 천식, 청각 장애, 암 등이 포함
환경보호 (Environmental protection)	• (사전적) 자연환경의 오염을 막아 위생적이고 쾌적한 생활을 유지하기 위하여 환경을 잘 가꾸고 깨끗이 보존하는 일 • 개인의 안전과 건강 및 환경에 영향을 미칠 수 있는 사업장의 활동으로 폐기물, 오수 처리, 대기 오염 등이 포함
사고 (Accident)	• (사전적) 뜻밖에 일어난 불행한 일 • 사람의 부상, 건강 악화, 재산 손실, 자재 또는 환경의 손상 · 손실, 사업의 기회 상실을 초래하는 모든 계획되지 않은 사건
아차사고 (Near miss)	• 사고가 발생하지 않았으나, 발생할 위험이 있는 상황 • 사고로 이어질 수 있는 모든 사건

용 어	정 의
유해위험요인 (Hazard)	• 유해 · 위험을 일으킬 잠재적 가능성이 있는 것의 고유한 특징이나 속성
위험성 (Risk)	• 유해 · 위험요인이 부상 또는 질병으로 이어질 수 있는 가능성(빈도)과 중대성(강도)을 조합한 것
산업재해 (Industrial accident)	• 노무를 제공하는 사람이 업무에 관계되는 건설물 · 설비 · 원재료 · 가스 · 증기 · 분진 등에 의하거나 작업 또는 그 밖의 업무로 인하여 사망 또는 부상하거나 질병에 걸리는 것
중대재해 (Serious accident)	• 산업재해 중 사망 등 재해 정도가 심하거나 다수의 재해자가 발생한 경우로서 고용노동부령으로 정하는 재해 - 사망자가 1명 이상 발생한 재해 - 3개월 이상의 요양이 필요한 부상자가 동시에 2명 이상 발생한 재해 - 부상자 또는 직업성 질병자가 동시에 10명 이상 발생한 재해
중대산업재해 (Serious industrial accident)	• 산업안전보건법에 따른 산업재해 중 다음에 해당하는 결과를 야기한 재해 - 사망자가 1명 이상 발생 - 동일한 사고로 6개월 이상 치료가 필요한 부상자가 2명 이상 발생 - 동일한 유해요인으로 급성중독 등 대통령령으로 정하는 직업성 질병자가 1년 이내에 3명 이상 발생
중대시민재해 (Serious civil accident)	• 특정 원료 또는 제조물, 공중이용시설 또는 공중교통수단의 설계, 제조, 설치, 관리상의 결함을 원인으로 하여 발생한 재해로서 다음에 해당하는 결과를 야기한 재해 - 사망자가 1명 이상 발생 - 동일한 사고로 2개월 이상 치료가 필요한 부상자가 10명 이상 발생 - 동일한 원인으로 3개월 이상 치료가 필요한 질병자가 10명 이상 발생

1.2 안전관리의 필요성

체계적인 산업 안전 및 보건 기준의 수립 필요성은 도덕적, 사회적(법적) 및 경제적 측면에서 논의될 수 있다.

1) 도덕적 측면

국제노동기구(International Labour Organization, ILO)에 따르면, 전 세계적으로 매년 2백 7십 8만 명 이상의 근로자들이 업무상 재해나 질병으로 사망하고, 약 3억 7

천 4백만 건의 업무상 부상이 발생한다[1]. 우리나라의 경우, 매년 2,000명 이상의 사망자, 90,000명 이상의 부상자가 발생하여, 근로자 100명당 발생하는 요양재해자수의 비율인 요양재해율이 0.5를 초과하고 있다[2]. 「해양사고의 조사 및 심판에 관한 법률」(약칭: 해양사고심판법)에 따른 해양사고의 경우, 최근 5년간(2017~2021) 14,100건의 사고가 발생하여 이로 인한 피해 인원이 2,590명이며, 이 중 사망·실종이 591명, 부상이 1,999명이다[3].

이러한 업무상 재해나 질병은 사회적 비용을 유발하고, 기업의 법적·경제적·도덕적 책임에 대한 소비자 이슈 및 불이익을 발생시킨다. 특히 기업활동으로 인해 발생된 대형 재난·사고가 사회적 이슈로 부각되고 언론의 비판을 받게 되면 소비자와의 신뢰관계가 붕괴되고 불매운동, 주가하락 등의 요인으로 작용함에 따라 기업의 안전관리, 즉 산업안전 및 보건 활동이 기업의 이익에 직접 영향을 미치는 구조로 사회가 변화되고 있다. 2010년 11월, 국제표준화기구(ISO)에서 제정, 발표한 사회적 책임 경영 국제표준(ISO 26000)은 이러한 사회적 변화를 반영한 것이다.

작업장에서의 사고는 심각한 부상을 초래하거나 사망으로 이어질 수 있으며, 근로자들이 작업장에서 업무 활동으로 인해 부상을 당하거나 질병에 걸리는 것은 용인되지 않는다. 「산업안전보건법」에서는 산업재해 중 재해 정도가 심하거나 다수의 재해자가 발생한 경우로서 고용노동부령으로 정하는 재해를 "중대재해"로 규정하여 국가적 차원에서 관리하고 있다.

사고의 원인은 다양하며, 일반적으로 예방이 가능한 사고의 주요 요인은 아래와 같다.

- 예방적 안전·보건 문화의 결여
- 허술한 관리 시스템
- 부실한 정부의 관리·감독

도덕적 측면에서 기업은 산업 안전 및 보건 기준을 수립·시행할 때 아래와 같은 사항을 고려하여야 한다.

1) Quick guide on sources and uses of statistics on occupational safety and health (ILO, 2020)
2) 2020년 산업재해현황분석 (고용노동부, 2021)
3) 해양사고통계 2021 (중앙해양안전심판원, 2022)

- 근로자와 부양가족의 일반적인 행복
- 기업의 운영 활동 (예: 교통, 소음, 배출물 등)에 영향을 받는 대중과의 관계
- 기업의 제품 또는 서비스를 이용하는 소비자

2) 사회적(법적) 측면

사업주는 근로자 및 사업 활동에 영향을 받는 사람들 (수급인, 소비자 등)에 대한 주의 의무를 가진다. 산업안전보건법령에서는 사업주가 지켜야 하는 사항들을 규정하고 있으며, 사업주가 지켜야 하는 일반적인 의무사항은 다음을 포함한다.

- 안전한 작업환경 제공
- 안전한 설비 및 장비 제공
- 안전한 작업시스템 제공
- 안전하고 유능한(적격의) 근로자 공급
- 적절한 수준의 감독, 정보, 지침 및 교육 제공

「산업안전보건법」 제5조(사업주 등의 의무)는 쾌적한 작업환경 조성 및 근로조건 개선, 안전 및 보건에 관한 정보의 제공 등과 같이 사업주가 근로자의 안전 및 건강을 유지·증진시키고 국가의 산업재해 예방정책을 준수하기 위해 이행하여야 하는 사항을 규정하고 있다. 또한, 근로자의 자격과 관련하여 「산업안전보건법」 제140조(자격 등에 의한 취업 제한 등)는 사업주는 유해하거나 위험한 작업으로서 상당한 지식이나 숙련도가 요구되는 고용노동부령으로 정하는 작업의 경우 그 작업에 필요한 자격·면허·경험 또는 기능을 가진 근로자에게만 작업을 수행하도록 하여야 한다고 규정하고 있다.

유해·위험작업의 취업 제한에 관한 규칙 제3조(자격·면허 등이 필요한 작업의 범위 등)에 따른 작업으로는 ① 「고압가스 안전관리법」에 따른 압력용기 등을 취급하는 작업, ② 「전기사업법」에 따른 전기설비 등을 취급하는 작업, ③「에너지이용 합리화법」에 따른 보일러를 취급하는 작업, ④ 「건설기계관리법」에 따른 건설기계를 사용하는 작업, ⑤ 터널 내에서의 발파 작업, ⑥ 인화성 가스 및 산소를 사용하여 금속을 용접·용단 또는 가열하는 작업, ⑦ 폭발성·발화성 및 인화성 물질의 제조 또는 취급작업, ⑧ 방사선 취

급작업, ⑨ 고압선 정전작업 및 활선작업(活線作業), ⑩ 철골구조물 및 배관 등을 설치하거나 해체하는 작업, ⑪ 천장크레인 조종작업(조종석이 설치되어 있는 것에 한정), ⑫ 타워크레인 조종작업(조종석이 설치되지 않은 정격하중 5톤 이상의 무인타워크레인을 포함), ⑬ 컨테이너크레인 조종업무(조종석이 설치되어 있는 것에 한정), ⑭ 승강기 점검 및 보수작업, ⑮ 흙막이 지보공(支保工)의 조립 및 해체작업, ⑯ 거푸집의 조립 및 해체작업, ⑰ 비계의 조립 및 해체작업, ⑱ 표면공급식 잠수장비 또는 스쿠버 잠수장비에 의해 수중에서 행하는 작업, ⑲ 롤러기를 사용하여 고무 또는 에보나이트 등 점성물질을 취급하는 작업, ⑳ 양화장치(揚貨裝置) 운전작업(조종석이 설치되어 있는 것에 한정), ㉑ 타워크레인 설치(타워크레인을 높이는 작업을 포함)·해체작업, ㉒ 이동식 크레인(카고크레인에 한정)·고소작업대(차량탑재형에 한정) 조종작업이 있다.

정부는 선박의 감항성(堪航性) 유지 및 안전운항에 필요한 사항을 「선박안전법」에 규정하여 국민의 안전을 도모하고 있다. 또한, 해사안전(海事安全) 증진과 선박의 원활한 교통을 도모하고자 「해사안전법」을 통해 선박의 안전운항을 위한 안전관리체계를 확립하여 선박항행과 관련된 모든 위험과 장해를 제거하고자 하고 있다. 「선원법」, 「선박직원법」에서는 선박에 승무하는 사람의 자격과 선원의 교육·훈련에 관한 사항 등을 정하여 선원의 자질 향상을 도모하고 선박 항행의 안전을 도모하고 있다. 이에 선박·해양시설 소유자는 자기가 소유·관리하거나 운영하는 선박·해양시설로부터 해양사고 등이 발생하지 아니하도록 법에서 요구하는 선박시설기준에 적합한 시설을 갖추어야 하며, 종사자에 대한 교육·훈련 등을 실시하고 제반 안전규정을 준수하여 국가의 해사안전에 관한 시책에 협력하여야 한다.

한편 「산업안전보건법」은 사업장의 자율적인 안전보건관리를 위해 사업주에게 안전보건관리체제를 구축할 의무를 부여하고 있다. 특히 「산업안전보건법」 제173조(양벌규정)는 안전관리에 대한 사업주의 안전조치 의무 등을 제대로 이행하지 않은 경우, 양벌규정을 두어 위반사항에 대하여 사업주와 행위자를 모두 처벌할 수 있도록 하고 있다.

최근 발효된 「중대재해 처벌 등에 관한 법률」의 경우, 중대산업재해 또는 중대시민재해로 인하여 사망자가 발생할 경우 사업주 또는 경영책임자에게 1년 이상 징역 또는 10억원 이하 벌금에 처할 수 있도록 규정하고 있고, 안전 및 보건 확보의무를 위반한 경영책임자 등의 법인 또는 기관에게는 사망사고의 경우 50억원 이하 벌금형, 부상 질병의 경우는 10억원 이하 벌금형에 처할 수 있도록 함에 따라 기업의 안전관리 의무와 이에 대한 법적 책임을 강화하고 있다. 이러한 사업주의 책임은 체계적인 안전관리를 수행해야 하는 명확한 사회적(법적) 이유라 할 수 있다.

3) 경제적 측면

부실한 안전·보건 조치는 공공 및 민간 부분에 다양한 형태의 추가적인 경제적 손실을 초래할 수 있다.

산업재해로 인해 분야별로 초래될 수 있는 경제적 손실은 다음 사항을 포함한다.

- 개인 : 소득 감소, 추가 소비비용 (의료비, 진료를 위한 이동비 등)
- 사업주 : 생산손실, 시설보수비, 요양보상비, 보험료 상승, 재고용비
- 정부 : 산재보상금, 진료비 증가, 생산인력 감소, 세금 감소

사고나 질병의 발생은 직·간접적인 비용을 초래하며, 그 비용에는 보험비용과 비보험비용이 포함된다. 재해로 인한 경제적 손실 비용(재해손실비용)을 계산할 때에는 모든 형태의 비용을 고려하는 것이 중요하다. 재해손실비용의 계산은 직·간접적인 비용 항목을 세부적으로 파악함으로써 손실을 예방하기 위해 필요한 대책을 수립하여 시행하는 데 그 필요성이 있으며, 안전관리의 중요성을 강조하는 근거가 된다.

재해손실비용의 계산 방식은 다양하며, 우리나라 고용노동부의 경우 재해손실비용을 경제적손실추정액이라 명명하고 있으며, 계산 방식은 다음과 같다.

- 경제적손실추정액 = 직접손실액 (산재보상금 지급액) + 간접손실액 (하인리히 방식에 의하여 직접손실액의 4배로 계상)

직접손실액은 「산업재해보상보험법」 제36조(보험급여의 종류와 산정 기준 등)에 의거하여 지급되는 법정보상금인 ① 요양급여, ② 휴업급여, ③ 장해급여, ④ 간병급여, ⑤ 유족급여, ⑥ 상병(傷病)보상연금, ⑦ 장례비, ⑧ 직업재활급여가 해당된다. 간접손실액의 주된 내용은 인적손실, 물적손실, 생산손실 등 제반 손실이 모두 해당된다. 산업재해로 인한 우리나라의 경제적손실액은 약 30조원으로 추정되고 있으며, 근로손실일수는 약 5천 5백만일에 이른다[4].

4) 2020년 산업재해현황분석 (고용노동부, 2021)

재해비용에 관한 많은 연구가 이루어지고 있으며, 영국 보건안전청(Health & Safety Executive, HSE)은 보험 비용과 비보험 비용 사이의 비율이 £1:8에서 £1:36 범위에 있다고 추정[5]하였으며, 이는 보험사에서 £1를 보상받는 동안 최소 £8의 완전한 손실이 발생할 수 있음을 의미한다. 즉, 재해비용은 보이지 않는 비용이 사고와 직접적으로 연관된 비용보다 훨씬 클 수 있으며, 사고 예방이 재해비용을 줄이는 최선의 경영전략임을 알 수 있다.

〈그림 1-2〉 보험 비용과 비보험 비용 사례

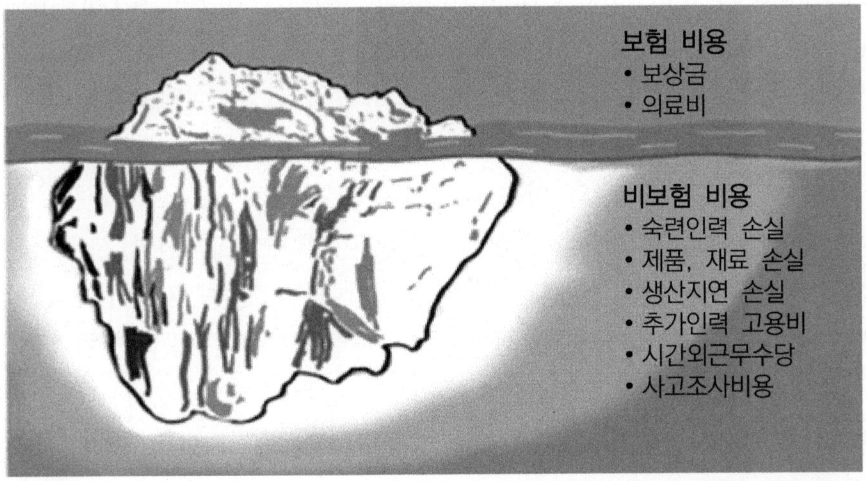

안전관리의 도덕적, 사회적, 경제적 측면에서의 필요성은 서로 연관되어 있다. 부실한 안전관리를 통해 산재가 발생한 경우 기업은 이사회나 주주에게 손실 발생에 대한 내용을 설명해야 할 수 있으며, 소규모 기업의 경우 과다한 손실로 인해 파산에 이를 수도 있다. 이러한 경제적 손실은 체계적인 안전관리를 수행해야 하는 강력한 동기가 될 수 있다.

5) The cost to Britain of workplace accidents and work-related ill health in 1995/96 (HSE, 1999)

2. 안전보건 제도

2.1 ISM Code 안전제도

1) ISM Code

가) ISM Code 재정 배경

IMO (International Maritime Organization, 국제해사기구)의 SOLAS (International Convention for the Safety of Life at Sea) 1978, MARPOL (International Convention for the Prevention of Pollution from Ships) 73/78 등 국제협약의 탄생은 대부분 선박사고에 기인한다. ISM (International Safety Management) Code의 탄생배경도 다른 IMO 국제협약의 탄생배경과 다르지 않다. 기본적으로 ISM Code는 '80년대 인적 요인에 의해 발생한 여러 선박사고가 탄생의 배경이었다. 여러 선박 사고 중 가장 미디어의 관심을 많이 받았던 사고가 1987년 3월 벨기에 지브뤼게(Zeebrugge)에서 발생한 Herald of Free Enterprise Ro-Ro 페리선의 전복사고이며, 이 사고가 ISM Code 탄생의 가장 큰 발단이 되었다. 동 사고로 Herald of Free Enterprise의 539명의 여객 및 선원 중 193명이 사망했으며, 사고조사 결과 주요 사고원인은 인적오류 및 육상의 선박관리 실패였던 것으로 확인되었다. 특히, Herald of Free Enterprise를 운용하는 선사의 전체적인 관리시스템에 상당한 문제가 있었다는 것이 확인되었다. 다양한 사고원인 중 가장 중요한 사고인은 Herald of Free Enterprise가 Bow door를 닫지 않고 출항한 것이었고, 이로 인해 항해 중 상당한 해수가 화물창으로 유입되어 선박이 전복되었다[6]. 이에 Bow door를 왜 닫지 않았는지에 대한 질문에서 시작하여 누가 닫아야 하는지?, 닫았다는 것을 누가 확인해야 하는지?, Bow door 시스템에 문제가 있다면 누가 어떻게 조치해야 하는지? 등에 대한 물음에 명확히 답변하기 어려운 총체적인 관리 시스템의 문제가 확인되었던 것이다. 이에 해상조직뿐만 아니라 해운기업 전체의 안전관리 강화를 위한 규정을 만들고자 모범사례를 바탕으로 한 선박안전 및 오염방지를 위한 적절한 규정의 개발, 적용 및 평가도구의 필요성이 대두되었다. 이에 인명과 선박의 안전을 확보하고 해양오염사고를 방지하기 위한 대책으로 국제적인 제도적 장치 개

6) The Capsizing of the Herald of Free Enterprise (UK P&I, 2022) https://www.ukpandi.com/news-and-resources/articles/2022/the-capsizing-of-the-herald-of-free-enterprise/

발을 위해 1987년 11월 IMO 제15차 총회에서 Shipboard / Shorebased Management Procedure에 관한 지침 개발을 지시하게 되었다[7]. 그리고 2년 뒤인 1989년 10월 IMO 제16차 총회에서 SAFETY MANAGEMENT SYSTEM을 채택하여 1993년 5월 해사안전위원회에서 ISM Code 초안을 확정하고 산업계의 피드백을 반영하여 그 해 11월 IMO 제18차 총회에서 ISM Code를 채택 하였다[8]. 그리고 1994년 5월 SOLAS 1978 협약 제9장으로 새롭게 추가되었다. 이후 ISM Code는 1998년 7월 1일 발효 및 강제화되어 적용되고 있다. 이러한 ISM Code에서는 각 해운회사에게 자율규범으로서 안전관리체계(Safety Management System, SMS)를 구축하도록 하고, 여기에 선박소유자의 자율적인 안전관리 행동지침의 작성을 요구하고 있다. 이 자율규범을 통하여 선박소유자의 안전 및 해양오염방지를 위한 주의 의무가 매우 광범위하게 확대 적용되고 있다.

(1) ISM Code의 적용

해운회사는 ISM Code에 따라 안전관리 시스템을 수립하여 주관청, 주관청의 위임을 받은 단체 또는 다른 체약국 정부가 발행하는 안전관리적합증서(DOC: Document of Compliance for Safety Management System)를, 그리고 선박에는 안전관리증서(SMC: Safety Management Certificate)를 소지하고 있어야 한다. 본선에는 안전관리적합증서(DOC)의 사본을 비치하도록 하고 검증요청이 있을 때 선장은 언제든지 제시할 수 있어야 한다. 주관청 또는 주관청이 위임한 단체는 이러한 증서를 발급하기 전에 당해 회사 및 선박의 관리가 승인된 안전관리체제에 따라 운영되고 있음을 확인하여야 한다.

ISM Code가 제정될 당시 ISO 9000은 이미 시행되고 있을 때였다. 이에 ISM code는 ISO 9000의 많은 부분을 참조했다고 할 수 있다[9]. 다만 ISO 9000은 품질보증기준이었던 반면 ISM code는 안전경영기준으로 안전 부분 특히, 인적요인과 소프트웨어에 대해서 강조하였다.

(2) ISM Code 특징

ISM Code는 선박의 안전운항과 해상오염을 근원적으로 방지하기 위한 것으로 다음과 같은 특징을 가지고 있다.

7) INSTRUCTIONS FOR THE GUIDANCE OF SURVEYORS ON INTERNATIONAL MANAGEMENT CODE FOR THE SAFE OPERATION OF SHIPS AND FOR POLLUTION PREVENTION (MCA, 2022)
8) ISM Code (IMO, 2022)
9) ISM Code-Status of implementation and a comparison with other certification schemes (Gard, 1999)

첫째, ISM Code는 선박회사의 해상 및 육상의 포괄적인 안전운항의 관리체계를 조직화한다. ISM Code는 선박의 안전운항관리 및 해양환경 보전에 관한 사항을 전부 포함하며, 선박의 안전을 위협하거나 다른 사람의 재산 혹은 자연환경에 위협이 발생했을 때 책임자가 취할 조치와 알아야 할 사항을 명시함으로써 책임면제의 항변을 배제하도록 규정하고 있다.

둘째, ISM Code에서는 안전 관련자의 범위 확대와 법적 책임이 강화되어 있다. 즉, ISM Code는 선박안전관리에 관련된 사람의 범위를 확대하고, 안전 관련자의 권한과 책임을 구체적으로 명시할 것을 요구하고 있다.

셋째로, ISM Code는 선박의 안전운항관리체계를 실효성 있게 제도적으로 규범화하고 그 준수 절차를 보장한다. 그리고 그 실효성에 공신력을 주기 위하여 정부기관의 검사와 증서 발급을 제도화하고 있다. ISM Code는 선박안전과 해양환경의 보전에 관한 각종 서류의 보존, 검사증서 및 검사 제도를 설정하도록 요구한다.

(3) ISM code에 따른 안전관리 기준

ISM Code에 명시된 사항은 선박의 안전과 오염방지를 위한 준칙의 기준을 정한 것이므로, 해상운송인은 화주와 특별한 합의를 하지 아니한 이상, SOLAS 1978 협약에 규정된 코드의 내용과 SMS체계에 규정된 내용을 준수하여야 한다. ISM Code에 열거한 기준은 선박업무를 합리적으로 처리할 수 있는 해상운송인의 내부 인적 조직에 관하여 특히 강조하고 있다(ISM Code 제6조). 그 구체적 내용으로써 지정관리인의 업무와 선장의 책임과 권한을 강화하도록 규정하고 있고, 실천사항으로서 SMS에는 항로와 선박 업무의 양을 고려하여 적절한 선원을 확보하고, 선박업무에 친숙하게 하고, 국제법과 국내법을 준수하도록 하며, 안전훈련의 반복, SMS 준칙의 설명 그리고 긴급 시의 육상과 선박의 통신이용법 등을 자세하게 규정할 것을 명시하고 있다. 따라서 선사가 적절한 정원 또는 유자격자의 선원을 승선시키지 아니한 것이 직접원인으로 작용하여 운송물에 손해가 발생한 경우, 또는 무 경력 항해사를 승선시켜 좌초사고가 발생하여 운송물에 손해가 생긴 경우 등은 해상운송인의 감항능력 주의의무의 위반에 해당하므로 화주에 대하여 손해배상의 책임을 면할 수 없게 되어 있다. 특히 안개해역에서 항해 중 안전한 속력으로 항해하는 것은 항해사의 기본의무이므로 ISM Code에 의해서 시스템적으로 회사는 항해사가 승선하기 전에 해상교통법을 숙지시키도록 교육과 훈련을 시켜야 할 의무가 있다.

(4) ISM Code의 개정

ISM Code는 1998년 7월 1일 발효 이후 다음과 같이 개정되어 왔다[10].

- ❖ 2002년 7월 1일: ISM 코드는 Resolution MSC 104(73)에 의해 처음 수정되었으며, 정의를 비롯하여 13장(증서 및 정기적 검사), 14장(임시 증서), 15장(검사), 16장(증서의 양식)을 추가하였다.
- ❖ 2006년 7월 1일: Resolution MSC 179(79)에 의해 추가로 수정되어 DOC(준수문서) 및 SMC(안전 관리 인증서) 양식에 새로운 섹션이 추가되었다.
- ❖ 2009년 1월 1일: Resolution MSC 195(80)에 의해 수정되어 전체 기간 및 임시 DOC 및 SMC 인증서 양식에 텍스트를 추가하였다.
- ❖ 2010년 7월 1일: ISM code Resolution MSC 273(85)이 발효되어 수정된 정의, 상호 참조 추가, 위험성 평가 관련 요건, 적용을 위한 기한 및 SMS 검토 효율성 기준을 도입하였다.
- ❖ 2015년 1월 1일: Resolution MSC 353(92)에 의한 최신 개정안이 발효되어 기존 IMO 문서를 업데이트하고 규정 간 상호 연결성이 강화되도록 하였다.
- ❖ 2018년 1월 10일: Resolution A.1118(30)은 2017년 12월 6일 채택되었다. 이를 통해 ISM Code 관련 증서관리 기준을 마련하고 행정당국의 검사를 위한 기본능력 및 훈련을 강조하였다. 더불어 ISM Code에 명시된 요구사항에 대한 안전관리 시스템 요소의 적합성 또는 부적합성을 결정하기 위한 평가 기준을 개발하여 적용할 것을 요구하였다.

2) ISM Code의 내용

ISM Code는 기본적으로 그 내용이 매우 포괄적이다. 때문에 특정한 내용을 아주 구체적으로 제정하지는 않았다. 이는 모든 해운사 간의 경영 상황이 모두 동일하지 않기 때문에 각 회사에 맞게 안전경영 시스템을 만들도록 하기 위한 목적이다. 이에 사용되는 용어도 상당히 포괄적인 용어를 사용하였으며, 이러한 용어에 대한 다양한 적용 가능성에 대한 이해가 매우 중요하다. 특히 ISM Code의 서론에는 안전경영을 위한 최고

10) The International Safety Management(ISM) Code (IMO, 2022)

경영자의 솔선수범을 강조하여, 안전 및 오염방지에 있어 모든 직급의 헌신, 능력, 태도, 및 동기부여가 중요하다고 강조하고 있다. ISM Code는 전체 16장으로 구성되어 있으며, 각 장의 내용은 관련 협약 및 문서에서 확인할 수 있기 때문에 여기서는 각 장의 특징에 대해서만 간단히 설명한다[11].

가) Part A 적용

ISM Code 제1장 일반사항에서 중요한 사항은 동 코드의 적용을 받는 회사의 정의이다. ISM Code 1.1.2에서 “회사”를 다음과 같이 정의하고 있다.

“선주 또는 선주로 부터 선박의 운항책임을 위임받고 그러한 책임의 인수 시 CODE에 의하여 부과되는 모든 책임과 의무를 인수하기로 동의한 관리자나 나용선자와 같은 여타 조직 또는 사람을 말한다.”

선박관리의 범위는 Human management(인적 관리), Operation(운항) 그리고 Maintenance(정비)를 들고 있고, 적어도 이 3가지 업무에 대해 책임과 권한을 가진 선박관리자는 ISM Code에서 요구하는 증서를 가지고 있어야 한다. 물론 선박소유자가 선박관리자에게 위임장을 발급하였는지 확인하게 되는데 여기에는 반드시 ISM Code의 13항에 대한 모든 직무와 책임을 위임하고 선박의 운항에 대한 책임을 위임한다는 내용이 있어야 한다. 더불어 ISM Code의 목적을 다음과 같이 명시하고 있다.

① 선박운항에 있어서 안전관행 및 안전한 작업환경의 제공
② 식별된 모든 위험에 대한 방호수단의 수립
③ 안전과 환경보호에 관련된 위험상황의 대비를 포함하여 육상 및 선박 인원의 안전경영 기법의 지속적인 향상

효과적인 안전관리 측면에서 선사는 이러한 목적을 달성하기 위해 그 선사에 맞는 적절한 방법으로 조직체계 구성, 물적/인적 자원 배치, 그리고 지속적인 개선을 수행해야 한다고 명시하고 있다.

11) ISM Code (KR Con, 2022)

ISM Code 제1.3.1에서는 적용대상을 다음과 같이 설명하고 있다. 그리고 ISM Code는 군함이나 국가가 소유한 선박과 같이 비영리 관용선박에는 적용되지 않는다는 것을 언급하고 있다(1.3.2)

① 고속 여객정을 포함한 모든 여객선은 1998년 7월 1일부터
② 500 G/T 이상의 유조선, Chemical Tanker, Gas Carrier, 산적화물운반선, 고속 화물선은 1998년 7월 1일부터,
③ 상기 .1, .2항에서 언급한 선박 이외의 500 G/T 이상의 모든 화물선 및 이동식 해양구조물은 2002년 7월 1일부터,

ISM Code에 따른 안전경영시스템(SMS)의 기능적 요건(1.4)에 따라 회사는 다음과 같은 6가지 기능적 요건을 포함하는 안전경영시스템을 수립, 이행 및 유지해야 한다. 즉, 안전경영 시스템을 만드는데 있어 각 회사의 사정에 따라 작성하되 아래의 모든 사항이 안전경영시스템에 녹아 들어가 있어야 한다.

① 안전 및 환경 보호방침
② 관련 국제협약 및 기국 국내법에 따른 선박의 안전운항 및 환경보호를 보장할 수 있는 지침과 절차
③ 육상직원과 해상직원 및 그들 구성원간의 명시된 권한과 의사소통 체계
④ 사고 및 ISM CODE에 의한 부적합 사항의 보고절차
⑤ 비상사태에 대한 대처 계획 및 대응 절차
⑥ 내부 심사 및 경영자 검토 절차

ISM Code 제2장에서는 "안전 및 환경보호 방침"을 설명하고 있으며, 중요한 사항은 안전경영목표를 달성할 수 있는 방향이 안전경영시스템에 녹아 들어가도록 요구하고 있고, 무엇보다 최고경영자의 안전경영 의지를 아주 중요하게 고려하고 있다.

제3장 "회사의 책임과 권한"에서는 선박운항에 대한 책임이 있는 주체가 선주가 아닌 경우에, 해당 선주는 그러한 주체의 이름과 세부명세를 주관청에 보고하도록 하여(3.1), 안전경영에 있어 권한 및 책임이 적절히 관리되도록 하고 있다. 이를 위해 회사는 안전 및 오염방지에 영향을 주고, 그와 관련된 업무를 관리, 수행 및 검증하는 모든 직원의

책임, 권한 및 상호관계를 명시하고 문서화해야 한다(3.2). 이는 안전경영은 경영자의 의지를 바탕으로 모든 구성원들의 협력으로 이루질 수 있다는 것에 대한 이해를 바탕으로 한 내용이라고 할 수 있다. 이러한 업무를 수행함에 있어 회사는 각 선박의 안전운항을 보장하고 회사와 선박의 연결고리를 제공하기 위해 최고경영층과 직접 협의할 수 있는 육상의 담당자를 적절히 지정하도록 하고 있고 이러한 담당자를 지정된 자(Designated Person)라고 한다. 제4장에서는 "지정된 자"의 책임과 권한을 명시하고 있다. 즉, 지정된 자는 각 선박 운항상 안전 및 오염방지 측면을 감독하고 필요에 따라 적절한 자원과 육상지원의 제공을 보장하는 것이라고 명시하고 있다. 이러한 지정된 자는 아무나 될 수 없으며, 승선경력, ISM Code에 대한 지식 및 회사 안전경영시스템에 관한 지식과 선박운항을 위한 IMO 강제협약에 관한 지식을 가지고 있어야 한다. 여기서 중요한 사항은 안전경영을 하는데 있어 이를 담당하는 최고 책임자는 조직상 이름만 있는 것이 아니라 실질적인 이행 지식을 가지고 있어야 한다는 것이다.

제5장 "선장의 책임과 권한"에서는 최우선적인 선장의 권한을 보장하기 위하여 회사의 안전경영시스템에 IMO Res. A. 443(XI) "해상에서의 안전과 환경보호에 관한 선장의 결정에 규정된 선장의 책임 및 권한"을 안전경영매뉴얼에 명확히 규정하도록 요구하고 있다[12]. 이러한 내용에는 다음 사항들이 포함되어야 한다.

① 회사의 안전 및 환경보호 방침의 이행 ② 회사방침을 준수하도록 승무원 독려 ③ 간단명료하고 적절한 지시 또는 지침의 하달 ④ 규정한 요건이 준수되는지의 검증 ⑤ SMS 검토 및 그에 대한 결함사항을 육상경영층에 보고

제6장의 "자원 및 인원"에서는 자격에 대해서 권고하고 있는데, 의미를 두어야 하는 것은 책임자가 회사의 안전경영시스템에 정통해야 한다는 것이다. 이는 최고 책임자의 안전경영에 대한 이해가 얼마나 중요한 것인지를 강조하는 것이다. 이는 선장에게만 해당되는 것이 아니라 모든 직급의 책임자에게도 동일하다고 할 수 있다.

12) Decision of the shipmaster with regard to maritime safety and marine environment protection (IMO, 1980)

제7장 “선상운영 계획의 개발”에서는 선박의 안전과 오염방지에 관련하여 선박운항의 주요한 사항에 대한 계획 및 지침의 준비를 위한 절차를 수립하도록 요구하고 있고, 중요한 것은 제반업무가 명확히 규정되어야 하고 자격 있는 요원에게 부여되어야 한다는 것이다. 이는 안전경영체계는 절차를 잘 만드는 것도 중요하지만 이러한 절차를 이행하는 책임자의 능력에 대한 지속적인 검증도 매우 중요하다는 것을 의미한다고 할 수 있다.

제8장에서는 “비상대책”을 설명하고 있다. 안전경영에 있어서 비상대책은 매우 중요한 부분이다. 회사는 잠재적인 선내 비상사태를 식별, 기술 및 대응하기 위한 절차를 수립해야 하고, 비상시에 대비한 훈련과 연습에 관한 프로그램도 수립해야 한다. 무엇보다 안전경영시스템(SMS)은 회사의 조직이 자기선박에 관련된 위험, 사고 및 비상사태에 언제나 대처할 수 있다는 것을 보장하는 수단을 제공하도록 요구하고 있기 때문에 정기적인 훈련을 통해서 모든 구성원들이 비상대응에 대해 익숙해져야 하는 것을 요구하고 있다. 선박에서의 비상상황은 화재, 폭발, 충돌, 좌초, 침수, 인명구조, 오염대응, 타기고장, 인명손상 및 퇴선 상황이 있을 수 있으며, 이러한 비상상황이 발생했을 때의 대응에 매우 능숙해야 함을 요구하고 있다.

안전경영시스템의 효과를 지속적으로 검증하기 위해서는 부적합 사항, 사고 및 준사고의 보고와 분석이 매우 중요하다. 제9장에서는 이에 대한 요건을 설명하고 있으며 이러한 사항에 대한 시정조치 이행에 대한 절차도 명확히 수립되어야 한다. 제10장에서는 “선박 및 설비의 정비”에 대해서 설명하고 있다. 이를 위해서 적절 주기의 점검실시, 부적합 사항은 추정되는 원인과 같이 보고, 적절한 시정조치의 시행 및 이들 활동에 대한 기록유지를 요구하고 있다. 특히 장비들 중 갑자기 기능이 정지하면 위험상황을 초래하는 장비 및 기술적 시스템을 식별하기 위한 절차를 SMS에 수립하여 그러한 장비 또는 시스템의 신뢰도를 향상시킬 수 있는 구체적 수단을 제공하도록 요구하고 있다.

제11장에서는 “문서화”를 설명하고 있으며, 회사는 관련 장소에 유효한 문서를 사용할 수 있도록 해야 하고 권한 있는 사람이 사용하도록 하는 조치를 요구하고 있다.

제12장 “회사의 검증, 검토 및 평가”에서는 만들어진 SMS가 적절한 상태를 유지하는지 내부 심사를 통해 검증해야 하고 이를 수행하는 사람은 피 심사분야와 업무적으로 독립되어야 하는 것을 요구하고 있다.

나) Part B 증서

제13장 "증서발급, 검증 및 통제"에서는 이러한 안전경영시스템이 적절히 만들어지고 유지되고 있다는 것을 보증하기 위한 증서를 설명하고 있으며, 대표적으로 선박은 해당 선박과 관련하여 적합증서(DOC: A Document of Compliance)를 발급받은 회사에 의해 운항되어야 하고, 안전경영증서(SMC, Safety Management Certificate)는 주관청 또는 주관청이 인정하는 기관에 의해 해당선박에 발급되도록 하고 있다. 더불어 제14장에서는 회사가 새로 설립되었거나, 새로운 선박이 DOC에 추가되었을 경우 임시증서를 발행 할 수 있도록 허용하고 있다. 제15장에서는 IMO에서 개발한 지침을 고려하여 행정당국이 수용할 수 있는 절차로 검사를 수행하도록 요구하고 있고, 마지막으로 제16장에서는 증서의 양식에 대해서 설명하고 있다.

2.2 ILO C155 안전정책

1) ILO 직업 안전 및 보건 협약

가) ILO 직업 안전 및 보건 협약의 재정[13](C155, ILO 주요협약, 고용노동부)

ILO C155(직업 안전 및 보건 협약, Occupational Safety and Health Convention, 1981)은 1981년 6월 22일 채택되어 1983년 8월 11일 발효되었으며, 발효당시 비준국은 56개 이었고, 2022년 기준 74개의 회원국이 비준하고 있다. 가장 최근에 비준한 국가는 2021년 3월 8일 발효된 소말리아이며, 2022년 카메룬, 세인트루이스, 시에라리온의 발효가 계획되어 있다.

ILO C155 직업 안전 및 보건 협약은 공공부문을 포함한 모든 근로자들과 모든 경제활동에 적용되며, 비준국은 국내 여건 및 관행에 맞게 가장 대표적인 근로자 단체 및 사용자 단체들과의 협의를 통하여 직업 안전 및 보건과 작업환경에 관한 일관된 국가정책을 수립 · 이행하고 정기적으로 검토하여야 한다. 이는 현실적으로 가능한 범위 내에서 작업환경에 내재된 위험요소를 최소화함으로써 근로와 관계된 사고 · 상해를 예방하기 위한 것으로 작업에 필요한 기계 · 소재에 관한 조치, 점검체제 운영 및 방호장비의

13) ILO C155 (ILO 주요협약, 고용노동부, 2022)

제공 등을 규정하고 있다. 우리나라는 산업안전보건법과 중대재해 처벌 등에 관한 법률(약칭: 중대재해처벌법)이 ILO C155와 관련된 법규이다.

2) ILO C155의 내용

가) 범위 및 정의 (제1절, 제1조~제3조)

ILO C155 산업안전보건 협약은 모든 경제활동 부문에 적용되고, 이 협약을 비준하는 회원국은 가능한 한 초기에 관련된 대표적인 근로자 및 사용자 단체와 협의하여, 해상운송 또는 어업 등 그 성질상 특수한 문제가 발생하는 특정 경제활동부문에 대하여 이 협약의 일부 또는 전부의 적용을 제외할 수 있다(제1조).

나) 국가정책의 원칙 (제2절, 제4조~제7조)

회원국은 국내여건 및 관행의 측면에서 가장 대표적인 근로자 및 사용자 단체와 협의하여 산업안전과 산업보건, 작업환경에 관한 일관된 국가정책을 수립·시행하고 이를 정기적으로 재검토하여야 한다. 이러한 정책의 목표는 합리적으로 실행 가능한 범위 내에서 작업환경에 내재하는 위험요인을 최소화함으로써 작업에 기인하거나 작업과 관련되거나 작업과정에서 발생하는 사고 및 상해를 예방하는 것이다(제4조). 제4조에서 언급된 정책은 산업안전보건 및 작업환경에 영향을 미치는 한 다음의 주요 활동 부문을 고려하여야 하도록 요구하고 있다(제5조).

① 물질적인 작업요소(작업장, 작업환경, 도구, 기계 및 설비, 화학적·물리적·생물학적 물질 및 인자, 작업공정)의 설계, 검사, 선택, 대체, 설치, 배치, 사용 및 유지

② 물질적인 작업요소와 작업을 수행 또는 감독하는 사람의 관계, 그리고 기계 및 설비, 작업시간, 작업구조 및 작업공정을 근로자의 신체적·정신적 능력에 맞게 조절

③ 적절한 수준의 안전과 보건을 달성하는데 있어서 특정 능력이나 다른 능력에 대해서 관계자를 훈련(재훈련 포함)시키고 자격 및 동기를 부여 하는 것

④ 작업그룹 및 기업단위, 국가단위를 포함하여 국가 단위까지의 기타 모든 적절한 단위에서 서로 대화하고 협력하는 일

⑤ 제4조에서 언급된 정책에 따라 그들이 적절하게 취한 행동의 결과로 인하여 불이익처분을 받지 아니하도록 근로자 및 근로자 대표를 보호하는 일

제4조에서 언급된 정책을 수립할 경우, 공공당국, 사용자, 근로자 등이 가지는 책임의 상호보완성과 국내 여건 및 관행을 고려하여, 이들이 산업안전과 보건 및 작업환경에 대해서 각각 부담하고 있는 기능 및 책임을 명시하여야 한다(제6조). 산업안전보건 및 작업환경과 관련된 상황은 주요 문제점 파악, 이러한 문제를 다루는 효과적인 방법 및 행동의 우선순위 개선, 결과 평가를 위하여 전반적으로 또는 특정 분야에 대해서 적절한 주기로 재검토하여야 한다(제7조).

다) 국가차원의 조치(제3절, 제8조~제15조)

국가차원의 조치에서는 앞서 언급된 제4조를 이행하는데 필요한 조치를 근로자 및 사용자 단체와 협의하여 법령을 만들도록 요구하고 있다(8조). 이러한 산업안전보건 및 작업환경에 관한 법령은 적절하고 적합한 감독 시스템에 의해 그 이행이 확보되어야하고, 이 이행 시스템은 법령 위반에 대한 적절한 제재내용도 포함하도록 요구하고 있다(제9조). 더불어 사용자와 근로자가 법적 의무를 준수하도록 도와주는 지원조치를 취해야하고(제10조), 언급된 정책의 이행을 위한 권한 있는 기관이나 정부당국은 다음의 기능이 점진적으로 수행되도록 보장할 것으로 요구하고 있다(제11조).

① 위험요인의 성질과 정도에 따라 필요한 경우 사업장의 설계, 건축 및 과업배치를 좌우하는 조건의 결정, 사업장 가동의 시작, 사업장에 영향을 주는 중요한 변화 및 목적의 변경, 작업에 사용되는 기술 장비의 안전성, 권한 있는 기관에 의해 결정된 절차의 적용

② 노출이 금지 · 제한되어 있거나, 권한 있는 기관의 허가 또는 통제에 따라야 하는 작업과정과 물질 및 인자의 결정; 몇 가지의 물질 및 인자에 동시에 노출됨으로써 발생하는 건강상의 위험을 고려

③ 사용자 그리고 적절한 경우 보험기관 및 기타 직접적으로 관련된 사람들이 업무상 재해와 직업병을 통보하는 절차를 수립 · 적용, 업무상 재해와 직업병에 관한 연간 통계 작성

④ 작업과정 또는 작업과 관련하여 발생하는 업무상 상해, 직업병 또는 기타 건강에 대한 상해의 사례가 심각한 상황을 반영하는 것으로 나타난 경우 조사를 실시

⑤ 제4조에 언급된 정책에 따라 취해진 조치에 관한 정보와 작업과정 또는 작업과 관련하여 발생한 업무상 상해, 직업병 및 건강에 대한 상해에 관한 정보를 매년 출판

⑥ 국내여건과 가능성을 고려하여 근로자의 건강에 대한 위험과 관련한 화학적·물리적·생물학적 인자를 검사하는 시스템을 도입 또는 확대

또한 직무상의 용도를 가진 기계, 설비 또는 물질을 설계·제작·수입·공급 또는 운반하는 사람이 다음을 준수하도록 보장하기 위해서 국내법 및 관행에 따라 조치를 취하여야 하는 것을 요구하고 있다.

① 기계·설비 또는 물질은 합리적으로 실행 가능한 한 이를 올바르게 사용하는 사람의 안전 및 건강에 대한 위험을 수반하지 않도록 할 것

② 기계·설비의 올바른 설치 및 사용과 물질의 올바른 사용에 대한 정보, 알려진 위험을 피하는 방법에 대한 지침을 포함한 기계·설비의 위험성 및 화학물질과 물리적·생물학적 인자 또는 제품의 위험성에 대한 정보를 공개

③ 이 조 ㈎호[14] 및 ㈏호[15]를 준수하는 데 필요한 과학적·기술적 지식에 관해서 연구·조사를 실시하거나 최근 상황을 알고 있을 것

더불어 자신의 생명이나 건강에 급박하고 심각한 위험이 존재한다고 믿을만한 합리적인 이유가 있는 작업환경으로부터 스스로 이탈한 근로자는 국내여건과 관행에 따라 부당한 결과로부터 보호받도록 하여 위험으로부터 스스로를 보호하기 위한 조치에 대해서 합리적인 용인이 이루어져야 하도록 요구하고 있다(제13조).

14) ILO C155 제12조 (가): 기계·설비 또는 물질은 합리적으로 실행 가능한 한 이를 올바르게 사용하는 사람의 안전 및 건강에 대한 위험을 수반하지 않도록 할 것

15) ILO C155 제12조 (나): 기계·설비의 올바른 설치 및 사용과 물질의 올바른 사용에 대한 정보, 알려진 위험을 피하는 방법에 대한 지침을 포함한 기계·설비의 위험성 및 화학물질과 물리적·생물학적 인자 또는 제품의 위험성에 대한 정보를 공개

제14조에서는 산업안전보건 및 작업환경에 대한 교육을 실시하도록 요구하고 있으며, 이러한 교육요건을 만족시키는 방법으로 기술적, 의학적, 전문적 고등교육을 포함한 모든 단계의 교육/훈련을 적용할 수 있도록 하는 조치를 취해야 한다.

라) 기업 차원의 조치(제4절, 제16조~제21조)

본 협약의 적용을 위한 기업차원의 조치는 다음과 같다.

① 사용자는 합리적으로 실행 가능한 한도 내에서 자신의 통제 하에 있는 작업장, 기계류, 장비, 작업공정이 확실히 안전하고 보건상 위험이 없도록 보장하도록 요구되어야 한다(제17조).

② 사용자는 합리적으로 실행 가능한 한도 내에서 자신의 통제 하에 있는 화학적 · 물리적 · 생물학적 물질 및 인자가 적절한 보호조치를 취한 경우 건강에 위험이 없도록 보장하도록 요구되어야 한다(제17조).

③ 사용자는 필요한 경우 합리적으로 실행 가능한 한도 내에서 사고의 위험이나 건강에 대한 부정적 영향을 예방하기 위해서 적절한 방호복과 보호장비를 제공하도록 요구되어야 한다(제17조).

기업은 필요한 경우 적절한 응급조치를 포함하여 긴급사태 및 사고에 대응하기 위한 조치를 규정하도록 요구되어 있다(제18조). 더불어 사업장 차원에서 다음 사항에 대한 합의가 있어야 하는 것을 요구하고 있다(제19조).

① 근로자는 작업수행과정에서 사용자가 의무를 완수하는 데 협력한다.

② 사업장의 근로자대표는 산업안전보건 분야에서 사용자와 협력한다.

③ 사업장의 근로자대표는 산업안전보건을 보장하기 위하여 사용자가 취한 조치들에 대한 적절한 정보를 제공받고, 영업상의 비밀을 누설하지 않을 것을 조건으로 그들의 대표단체와 그러한 정보에 관해서 협의할 수 있다.

④ 근로자와 사업장의 근로자대표는 산업안전보건에 관한 적절한 훈련을 제공받는다.

⑤ 근로자와 사업장의 근로자대표 그리고 경우에 따라서 사업장의 근로자 단체는 국내법과 관행에 따라 그들의 작업과 연관된 산업안전보건의 모든 측면에 대해서 사용자에게 질의할 수 있으며 사용자와 협의한다. 이를 위하여 상호 합의에 의해 사업장 외부에서 기술전문가를 영입할 수 있다.

⑥ 근로자는 자신의 생명이나 건강에 급박하고 심각한 위험이 존재한다고 믿을만한 합리적인 이유가 있는 상황을 자신의 직속관리자에게 즉시 보고한다. 사용자가 개선 조치를 취하기 이전에는 필요한 경우 생명이나 보건에 급박하고 심각한 위험이 계속되고 있는 작업 상황에 근로자가 복귀할 것을 요구할 수 없다.

기업의 입장에서 산업안전 및 보건 조치는 근로자에게 어떠한 비용도 부담시켜서는 안된다(제21조).

마) 최종규정(제5절, 제22조~30조)

최종규정에서는 동 협약의 비준등록, 효력발생, 회원국에 대한 비준의 통보, 폐기, 개정의 심의 등 협약의 발효 및 효력에 대한 사항을 설명하고 있다.

3) ILO C155의 국내법 적용

ILO C155 산업안전보건 협약의 조문에서 보는 바와 같이 동 협약은 산업안전보건에 대해 포괄적으로 포함하여야 할 내용을 다룸으로써 동 협약을 비준한 회원국이 적절한 관련법을 제정하도록 요구하고 있다. 우리나라의 경우에는 「산업안전보건법」이 이에 해당하는 것이며, 「중대재해처벌법」의 경우는 C155협약 제9조 2항의 내용에 대한 강화된 법규라고 볼 수 있다. 현재 우리나라의 경우 「중대재해처벌법」의 발효와 관련하여 다양한 자료 및 교육이 다양한 곳에서 수행되고 있는데 이는 C155 협약 제10조 및 제14조의 내용을 충족하는 조치라고 할 수 있다.

C155를 포함하여 다양한 안전보건협약 또는 법규를 적용하는데 있어 중요한 사항중 하나는 근로자의 교육·훈련이며 이를 충족시키기 위한 조치는 지속적으로 효과적인 방법을 통해서 제공되어야 한다. 이는 선택의 문제가 아니라 필수적인 사항이며 최고 경영자를 포함한 전체 근로자의 안전보건에 대한 인식이 매우 중요하다.

2.3 ISO 45001 안전정책

1) ISO 45001(안전보건 경영시스템)

ISO 45001 안전보건 경영시스템(Health and Safety Management Standards)은 직장 내 근로자의 안전과 보건(Occupational Health & Safety, OH&S) 을 위한 안전보건 목표를 설정하고 이를 달성하기 위한 경영시스템을 갖추고 있는지를 제3자가 국제기준에 의거 심사하고 인증해 주는 제도이다. OH&S의 목표는 근로자의 업무 관련 부상 및 질병을 예방하고 안전하고 건강한 작업장을 제공하는 것에 있으며, 결과적으로 조직이 효과적인 예방 및 보호 조치를 취하여 위험을 제거하고 OH&S위험을 최소화하는 것이다. 인증의 대상은 제조업, 서비스업, S/W업, 도소매업, 관공서 등 모든 산업분야를 대상으로 하며, 기본적으로 아래와 같은 구조를 가지고 있다. 이를 통해 근로자의 보건안전 위험성의 개선을 통한 생산성 향상 및 기업의 자율 안전보건관리 체제의 조속한 정착 기능, 산업재해에 대한 각종 소송 및 법규, 규제에 대한 대응 가능, 작업장 환경개선에 따른 불량률 감소, 안전보건 부문의 무역장벽 해소를 통한 수출력 증대에 대한 효과를 기대할 수 있다.

① 안전보건방침: 안전보건성과의 관련한 조직의 의지 및 원칙을 문서화하여 모든 직원들이 이해
② 계획: 조직의 활동, 서비스 및 제품에 관련된 중요 위험요소를 파악
③ 실행 및 운영: 조직의 활동, 서비스 및 제품에 관련된 위험요소를 적절히 관리
④ 점검 및 시정조치: 안전방침, 목표 및 법규사항에 대비하여 달성여부 및 적합성을 점검하고 필요 시 시정조치를 취함
⑤ 경영검토: 안전보건경영시스템을 검토하고 그 성과를 평가

OH&S 관리 시스템을 성공적으로 적용하기 위해서는 법적 요건 및 기타 요건의 충족을 위해 조직 내 모든 단계의 사람의 참여, 헌신 및 리더십이 필수적이다. 이러한 시스템의 구현, 유지, 효과 및 목표하는 결과를 달성하기 위해서는 다음과 같은 요소들이 중요하다.

① 최고경영진의 리더십, 헌신, 책임
② 최고경영진의 안전보건경영시스템이 목표한 결과 달성을 지원하는 조직문화 개발, 선도 및 촉진
③ 교류
④ 근로자 및 근로자 대표(있는 경우)의 협의 및 참여
⑤ 그것을 유지하기 위해 필요한 자원의 할당
⑥ 조직의 전반적인 전략적 목표 및 방향과 양립할 수 있는 안전보건 정책
⑦ 위험을 식별하고, 안전보건 위험을 통제하고, 안전보건 기회를 활용하기 위한 효과적인 프로세스
⑧ 안전보건 성과를 개선하기 위한 안전보건 경영시스템의 지속적인 성과 평가 및 모니터링
⑨ 안전보건 경영시스템을 조직의 비즈니스 프로세스에 통합
⑩ 안전보건 정책과 일치하고 조직의 위험, 안전보건 위험 및 안전보건 기회를 고려하는 안전보건 목표
⑪ 법적 요건 및 기타 요건의 준수

ISO 45001에서는 OH&S의 채택 자체가 작업 관련 부상 및 근로자의 질병 예방, 안전하고 건강한 작업장 제공 및 개선된 OH&S 성과를 보장하지는 않으며, 성공적인 시스템을 위한 세부사항의 수준, 복잡성, 문서화된 정보의 범위 및 자원은 조직적 특징(규모, 지역, 문화, 법적 요건 등), 조직이 정한 OH&S 관리 시스템의 범위 및 조직의 작업특성과 이와 관련된 OH&S관련 위험성에 따라 달라진다고 설명하고 있다.

가) ISO 45001의 적용

OH&S의 적용을 위한 가장 중요한 개념은 Plan - Do - Check - Act cycle(PDCA)이며, PDCA 개념은 조직에서 지속적인 개선을 달성하기 위해 사용하는 반복적인 프로세스이다. 동 프로세스는 관리시스템과 각 개별 요소에 다음과 같이 적용할 수 있다.

❖ 계획(Plan): 안전보건 리스크, 안전보건 기회 그리고 기타 리스크와 기타 기회를 결정 및 평가하고, 조직의 안전보건 방침에 따라서 결과를 만들어 내는데 필요한 안전보건 목표 및 프로세스 수립
❖ 시행(Do): 계획된 대로 프로세스를 실행

❖ 확인(Check): 안전보건 정책 및 안전보건 목표와 관련된 활동 및 프로세스를 모니터링 및 측정하고 결과를 보고한다.

❖ 행동(Act): 의도한 결과를 달성하기 위해 안전보건 성과를 지속적으로 개선하기 위한 조치를 취한다.

〈그림 1-2〉는 PDCA 개념을 프레임워크로 보여주고 있다[16].

〈그림 1-3〉 PDCA와 ISO 45001문서의 관계

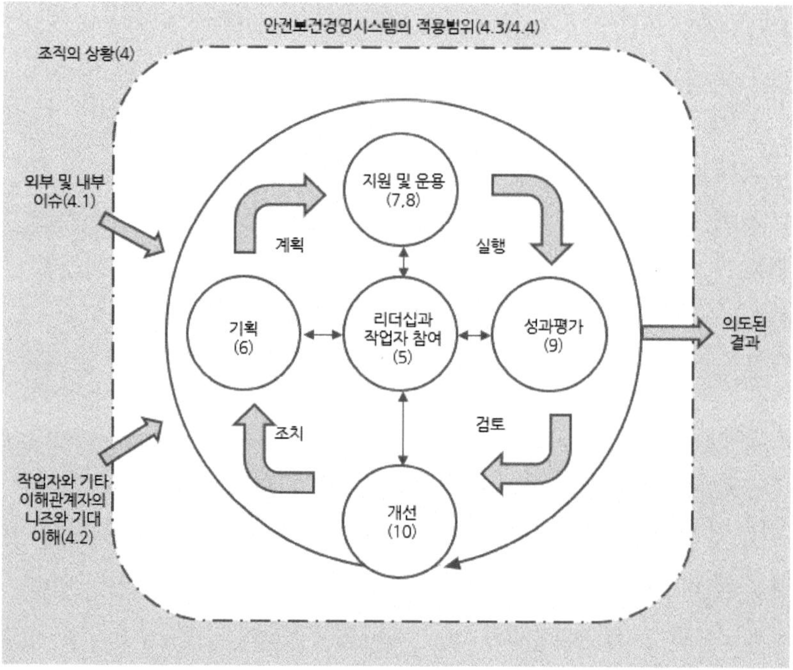

〈그림 1-2〉는 ISO 45001표준에서 설명하고 있는 일반적인 PDCA절차와 이와 관련된 규정항목을 보여주고 있다. 〈그림 1-3〉은 제조업에 PDCA를 적용하고 각 사항에 적용되는 규정을 상세하게 보여주고 있다[17]. 중요한 것은 이러한 사항들이 시스템적으로 유연하게 지속적으로 적용될 수 있도록 최고 책임자가 지속적으로 관심을 가지는 것이다. 더불어 이러한 시스템적 운용에 문제가 있다고 판단될 경우에는 전체 시스템을 바탕으로 지속적인 수정이 이루어져야 한다.

16) ISO 45001 안전보건경영시스템 소개, 괄호안의 번호는 ISO 45001의 연관 규정을 말함. (ISO 인증경영지원센터, 2022)

17) 경영과 안전, Module형 교재, 2015-M-052 (한국산업안전공단, 2015)

〈그림 1-4〉 안전보건경영시스템 구성요소

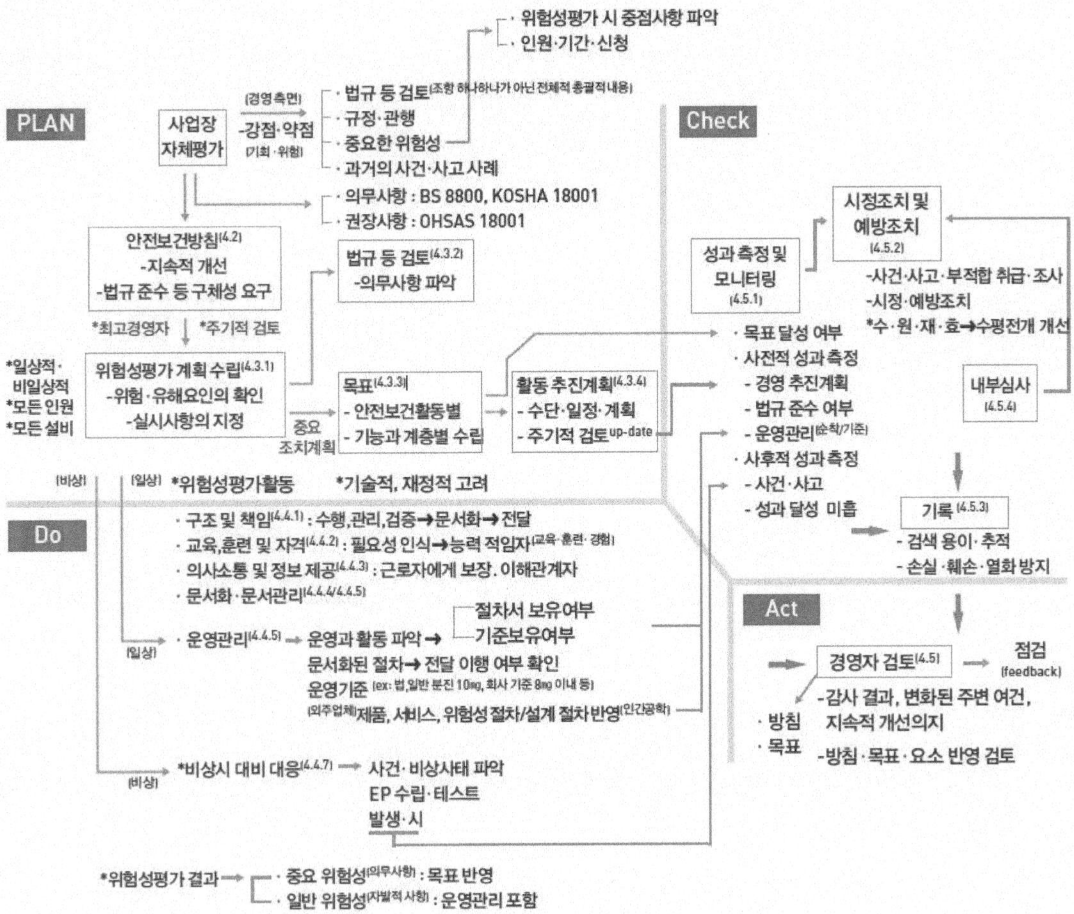

ISO 45001 안전경영 시스템에서 명확하게 설명하고 있는 PDCA는 모든 안전관련 경영에 있어 필수적인 절차이다. 이는 ISM Code를 포함하여 ILO C155 및 다음으로 설명할 「중대재해처벌법」에서도 모두 적용되는 개념이기 때문에 무엇보다 PDCA의 기본 개념에 대한 명확한 이해를 바탕으로 시스템의 정상유지 상태를 최고 관리자가 적극적으로 참여하여 지속적으로 모니터링하고 개선하는 것이 가장 중요한 안전경영시스템의 요소이다.

2) ISO 45001 내용

ISO 45001은 OHSAS 18001을 대체하는 것으로, 관리시스템에 대한 구현과 통합이 사용자에게 높은 가치를 제공하는 것이 특징이다. 기존의 OHSAS와 다른 점이 있다면 조직의 맥락(4.1장)에서 조직은 비즈니스 맥락의 체계적인 판단과 모니터링을 위해 새로운 조항을 도입하는 외부(기술, 경제, 법률 기타 사회적 요인)와 내부(문화, 지식, 가치 및 성과)문제를 모두 파악해야 한다. 이해관계자의 요구 및 근로자 참여(4.2장)에서는 사업에 적합한 이해관계자의 요구와 기대를 이해하고 근로자의 참여와 상담을 고려하도록 요구하고 있다. 무엇보다 중요한 사항인 리더십(5.1장)에서는 업무 관련 보건 및 위험요인을 식별하고 OH&S 요구사항을 비즈니스 프로세스에 통합할 수 있도록 최고경영진의 디 많은 침여를 요구하고 있다. 여기서는 ISO 45001의 모든 내용을 실명하기 어렵기에 주요한 부분만 발췌하여 간략히 설명한다.

가) ISO 45001 제1장~제3장

제1장~제3장에서는 ISO 45001의 범위 및 정의에 대해서 설명하고 있기 때문에 상세 설명은 생략한다. 제1장에서는 동 문서의 궁극적인 목표에 대해서 다음과 같이 설명하고 있다.

" ISO 45001은 조직이 안전보건경영시스템의 의도된 결과를 달성하도록 지원한다. 조직의 안전보건 방침과 일관성 있는 안전보건경영시스템의 의도된 결과는 다음 사항을 포함한다."(제1장 Scope)

① OH&S 성과의 지속적인 향상(Continual improvement of OH&S performance;) ② 법적 요건 및 기타 요건의 충족 (fulfillment of legal requirements and other requirements;) ③ OH&S의 달성(Achievement of OH&S objectives)

최고경영자의 주요 역할 조직은 다음과 같은 책임과 권한을 가진 "경영 대표자"를 임명해야 한다.

① OH&S 관리시스템의 프로세스 구축 및 유지 관리
② 위험상황에 대한 개선의 필요성 등 관리체계 성과에 대하여 감독 및 최고관리자에게 보고하여 시정 및 예방조치를 취할 수 있도록 해야 한다.
③ 해임, 징계 또는 기타 보복의 위협 없이 필요에 따라 책임자에게 불만 사항을 보고할 수 있어야 한다.

이러한 역할이 주어진 사람은 최고경영진이 OH&S관리 시스템의 상태와 성과 및 국제 표준 요구사항을 준수하는지 지속적으로 알 수 있도록 충분한 능력을 갖추고 최고경영진과 자원에 대한 충분한 가용성과 지원을 받아야 한다.

나) ISO 45001 제4장 이후

ISO 45001 제4장에서는 조직의 상황에 대해서 설명하고 있다. 먼저 조직과 조직 상황의 이해(4.1)가 필요하고, 작업자와 기타 이해관계자의 니즈와 기대를 이해해야하며(4.2), 이를 바탕으로 안전보건경영시스템의 적용범위를 결정해야 한다. 조직은 기본적으로 조직의 목적과 관련되고 안전보건경영시스템이 의도하는 결과를 달성하는데 있어 발휘되어야 하는 능력에 영향을 미치는 내부 및 외부 문제를 결정해야 한다. 이러한 시스템의 적용범위를 결정할 때는 조직 상황에 영향을 미치는 내부 및 외부 문제를 고려해야하고, 작업자와 다른 이해관계자의 기대를 고려하여 계획된 활동을 정해야 한다.

ISO 45001 제5장에서는 "리더십과 작업자 참여"를 언급하고 있다. 앞서 설명한 바와 같이 최고 관리자는 OH&S관리 시스템과 관련하여 리더십과 의지를 보여주기 위해서 솔선수범해야 한다. 이를 위해서 최고 경영자는 작업자와 관련된 사고의 예방을 위해 전체 책임을 지고, 조직의 전략적 방향과 OH&S 목적이 일치하도록 정책을 수립해야 하며, 조직의 비즈니스 절차와 OH&S 관리 시스템이 통합되도록 해야 한다. 또한, OH&S가 잘 수립, 적용, 유지 및 향상될 수 있도록 필요한 자원을 배치해야하며, OH&S가 목표한 바가 잘 달성될 수 있도록 담보해야 한다. 이를 위해서 조직 내에서 의도한 목표를 달성할 수 있도록 관련문화를 개발 및 장려해야 한다. 이러한 안전보건경영방침에는 안전보건 방침, 안전보건 목표를 위한 프레임워크 작성, 안전보건관련 법적 요건을 충족시키기 위한 내용, 안전보건 위험을 감소시키기 위한 사항, 지속 향상을 위한 조치, 작업자의 참여가 포함되어야 하는 것을 요구하고 있다. 조직의 역할, 책임 및 권한(5.3)에서는 안전보건경영 시스템이 기준에 적절하게 부합하는지와 최고 경영자에게 안전보건경영 시스템의 성과를 보고하는 체계가 갖추어 지도록 요구하고 있다. 그리고 이러한 목적의 달성에는 작업자의 협의와 참여(5.4)를 매우 중요시하고 있다.

ISO 45001 제6장 기획에서는 리스크 (Risk)와 기회를 다루기 위한 조치(6.1) 및 목표와 목표 달성을 위한 기획(6.2)을 다루고 있다. 즉, 본 장에서는 조직의 사전 예방적인 위험요인을 파악하기 위한 절차를 수립하여 실행하고 유지하도록 요구하고 있다. 이를 위해서 기본적으로 작업구성 방법, 사회적 요인(작업량, 작업시간, 괴롭힘 및 따돌림 등을 포함), 리더십 및 조직문화를 고려해야하고, 기반구조, 장비, 재료, 물질 및 작업자의 물리적 조건으로부터 발생하는 위험요인, 인적요인, 비상, 잠재적 비상상황, 인원 및 조직이 직접 관리하지 않는 장소에 있는 근로자와 같은 사항을 포함하여 일상적 및 비일상적 활동 및 상황을 반영한 기획이 필요하다.

ISO 45001 제7장 "지원"에서는 자원, 작업자의 역량, 인식, 의사소통 및 문서화된 정도에 대해서 요구하고 있다. 우선 자원은 OH&S 관리 시스템을 수립, 적용, 유지 및 지속적인 향상을 위한 자원을 확정하도록 요구하고 있다(7.1). 가장 먼저 작업자의 역량을 교육 및 훈련을 통해서 담보해야 하며, 필요한 역량의 유지를 위해서 필요시 평가를 수행할 수도 있도록 하고 있다(7.2). 이렇게 수립된 목적과 관련하여 작업자는 조직의 목표를 인식하고 있어야하며, 각 작업자의 수립된 목적을 달성하는데 어떠한 역할을 수행하는지 인식하고 있어야 한다. 더불어 OH&S 관리시스템을 수행하지 않을 경우의 잠재적인 결과에 대해서도 인식하고 있어야 함을 요구하고 있다. 의사소통에서는 어떠한 것을 언제 누구에게 전달해야 하는지에 대한 절차가 필요하다고 언급하고 있다(7.4). 그리고 마지막으로 이러한 것을 확인할 수 있는 문서화된 정보의 마련을 요구하고 있다(7.5).

ISO 45001 제8장 "운영(Operation)"에서는 제6장에서 식별된 조치들을 적용하기 위해서 절차의 기준을 수립하고, 기준에 따른 절차의 관리, 서류화된 정보를 바탕으로 계획된 사항이 절차에 따라 적용되도록 하여 작업자를 위한 작업을 채택하도록 한다. 이러한 운영 과정에서 발생할 수 있는 위험을 감소시키고, OH&S 위험성을 감소시키기 위해서 위험 제거, 위험한 작업의 대체, 작업의 기술적 제어 및 제 조직화, 훈련 등을 포함한 행정적 제어 및 적절한 PPE(Personal Protective Equipment, 개인보호구)의 사용절차를 수립해야 한다. 비상사태 대비와 대응(8.2)에서는 비상상황에서 계획된 대응, 계획된 대응에 대한 훈련, 정기적 비상 대응 훈련, 평가, 적절한 비상대응 관련 정보의 제공 및 타 관련 기관과의 필요정보의 교환 등을 요구하고 있다.

ISO 45001 제9장 "성과평가(Performance evaluation")에서는 수립된 OH&S가 적절히 수행되고 있는지 관리, 측정, 분석 및 평가 할 수 있는 절차를 수립하도록 요구하고 있다. 이에 따라 조직은 법적 요건과 다른 요건을 포함한 사항, 위험 및 위험성을 식별하기 위한 활동, 조직의 목표 달성을 위한 절차 및 관리의 효과를 포함하여 무엇을 관리하고 측정할 것인지를 결정해야 하도록 요구하고 있다. 그리고 관리, 측정, 분석 및 평가에 사용될 적절한 방법을 선택하여야 하고 평가의 기준을 수립해야 하며, 언제 관리, 측정, 분석 및 평가를 수행할지 결정해야 한다. 이러한 것의 일환으로 조직은 내부심사를 정기적으로 수행하도록 요구하고 있다. 이후 최고 경영자는 조직의 OH&S를 정기적으로 검토하여 그 적절성 및 효과를 보증해야 할 것을 요구하고 있다. 이를 통해 변경 필요사항의 인지, 필요한 자원의 배치, 필요한 조치 등을 시행하고 이를 바탕으로 OH&S를 지속적으로 향상시켜야 한다. 궁극적으로 이러한 향상을 조직의 전략방향에 적용하도록 요구하고 있다(9.3).

마지막으로 ISO 45001 제10장 "개선(Improvement)"에서는 OH&S의 의도한 결과의 달성을 위한 향상 조치 및 필요한 조치를 취하도록 요구하고 있다. 사건 또는 부적합이 발생할 시에는 '사건, 부적합 및 시정조치(10.2)'의 수행을 통하여 발생한 사건, 부적합에 대하여 시의 적절하게 대응하고 이후의 재발 방지를 위하여 작업자 및 다른 관련자들의 참여하에 필요한 조치를 취하여야 한다. 이러한 것에는 부적합 사항의 검토 및 사고 조사, 부적합 사항의 원인 확인 및 비슷한 사고 사례의 확인 등이 있다. 이를 바탕으로 현재의 OH&S를 검토하여 추가적으로 필요한 조치를 확인하여 향상시켜야 한다.

3) ISO 45001 적용 기대효과

가) 올바르게 설계되고 잘 구현된 안전보건경영시스템은 작업장에서의 질병 및 부상을 줄이고 생산성을 증가시켜 사업성과를 향상시킬 수 있다.
나) 국제사회에서 합의된 안전보건경영시스템을 구축한다.
다) 보험료를 낮추기 위한 플랫폼을 제공하고, 이에 대한 공신력 확보 및 증명한다.
라) 위험 식별이 용이해 진다.
마) 전 세계 모든 현행 법규를 준수 및 대응능력을 향상할 수 있다.
바) 사고, 위험 및 가동 중지 시간을 줄여 내부 운영의 효율성을 높인다.
사) 회사의 업무 활동과 관련한 이해 당사자의 안전을 향상 시킨다.

아) 안전사고의 처리 비용을 감소시킨다.
자) 근로자 이직률 감소 및 무재해 사업장 달성으로 기업 이미지 개선할 수 있다.
차) 조직을 예방모드로 변환한다.
카) 관리 감독을 개선한다.
타) 지속적인 개선을 촉진한다.

2.4 중대재해처벌법

1) 중대재해 처벌 등에 관한 법률 (이하 "중대재해처벌법" 이라 함)

가) 제정 배경

'18년.12월 태안화력발전소 압사사고, '20년 4월 물류창고 건설현장 화재사고, '20년 5월 xx 중공업 아르곤 가스 질식 사고와 같은 산업 재해로 인한 사망사고와 함께 가습기 살균제 사고 및 세월호 사건과 같은 사고로 인한 사망사고 발생이 사회적 문제로 부각되어 왔다. 즉, 안전/보건에 관한 법령상 제도 개편이 꾸준히 이어져 왔지만 이러한 재해가 지속적으로 발생하는 이유는 기업에 안전/보건을 체계적으로 관리하는 시스템의 부재라는 인식이 확대되었다. 이에 중대재해처벌법은 개인사업주, 법인 및 기관 등이 운영하는 사업장에서 발생한 중대 산업재해와 공중이용시설 또는 공중 교통수단을 운영하거나 위험한 원료 및 제조물을 취급하면서 안전/보건 확보 의무를 위반하여 인명사고가 발생하는 중대재해에 대하여 개인 사업주와 경영책임자 및 법인 등을 처벌함으로써 근로자를 포함한 종사자와 일반 시민의 안전권을 확보하기 위해서 재정되었다[18](중대재해처벌법 해설, 고용노동부). 중대재해처벌법의 적용은 아래와 같으며, 사업의 종류, 영리/비영리 여부를 불문하고 적용되며, 사업이 일회적이거나 사업기간이 일시적인 경우에도 적용된다. 단, 상시 근로자가 5명 미만인 사업 또는 사업장의 사업주 또는 경영책임자에게는 적용이 제외된다. 여기서 말하는 상시 근로자는 기한의 정함이 없는 근로계약을 체결한 근로자, 기간제 근로자, 일용근로자, 파견 근로자, 사무직 근로자, 공무원, 외국인 근로자를 말한다.

18) 중대재해처벌법 해설 (고용노동부, 2022)

♣ 중대재해처벌법 적용

○ 50명 이상인 사업 또는 사업장(건설업의 경우 공사금액 50억원이상의 공사) : 2022. 1. 27 시행

○ 개인사업주 또는 상시 근로자가 50명 미만인 사업 또는 사업장 (건설업의 경우 공사금액 50억원 미만의 공사): 2024. 1. 27 시행

나) 중대재해처벌법의 목적

중대재해처벌법은 사업 또는 사업장 공중이용시설 및 공중교통수단을 운영하거나 인체에 해로운 원료나 제조물을 취급하면서 안전·보건 확보를 위하여 요구되는 다양한 조치의무를 이행하지 않음으로써 인명 피해를 발생하게 한 사업주 경영책임자 공무원 및 법인의 처벌 등을 규정함으로써 중대재해를 예방하고 시민과 종사자의 생명과 신체를 보호함을 목적으로 한다[19].

사업주 또는 경영책임자 등에 대한 '처벌 규정'은 근로자를 포함한 종사자와 일반 시민의 생명과 신체를 보호하기 위한 불가피한 수단이며, 이 법을 통해 사업주 또는 경영책임자등이 사업 또는 사업장의 안전보건관리체계 구축 등 안전 및 보건 확보의무를 이행함으로써 산업안전보건법 등 안전·보건 관계 법령에 따른 안전·보건조치가 철저히 이루어지도록 하여 중대재해를 예방하는 데 궁극적인 목적이 있다고 설명하고 있다.

다) 산업안전보건법과 중대재해처벌법의 관계

산업안전보건법은 사업 또는 사업장의 산업 안전 및 보건에 관한기준을 확립하고 그 책임의 소재를 명확하게 하여 산업재해를 예방하는 데 주된 목적이 있고, 이에 따라 산업안전보건법은 사업장에 대한 구체적인 안전 보건에 관한 기준 및 그에 따른 사업주의 조치의무 그리고 해당 사업장의 산업재해 예방에 대한 책임자 등에 관하여 규정하고 있다. 반면에 중대재해처벌법은 사업 또는 사업장의 개인사업주 또는 사업주가 법인이나 기관인 경우 그 경영책임자등이 준수하여야 할 안전 및 보건 확보의무로서 안전보건관리체계 구축 및 운영 안전·보건 관계 법령에 따른 의무이행에 필요한 관리상의 조치 등을 규정하고 있다.

19) 중대재해처벌법 해설 (고용노동부, 2022)

〈그림 1-4〉 중대재해처벌법 상 전담조직 구성[20]

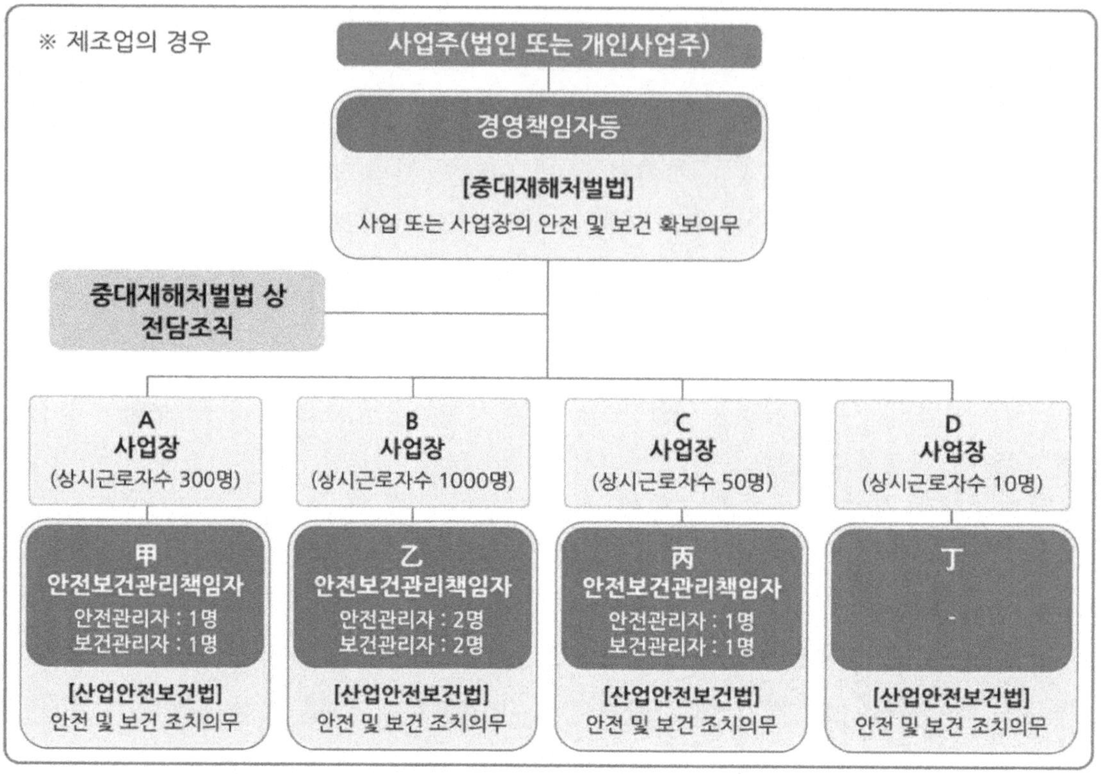

라) 산업재해보상보험법과 중대재해처벌법의 관계

산업재해보상보험법 (이하 산재보험법)은 근로자의 업무상의 재해를 신속하고 공정하게 보상하며 재해근로자의 재활 및 사회복귀를 촉진하는데 그 목적이 있다. 따라서 산재보험법은 사용자의 귀책사유 유무와 관계없이 업무상 사유에 따른 근로자의 부상·질병·장해 또는 사망(업무상 재해)을 적용대상으로 한다. 반면에 중대재해처벌법은 종사자의 중대 산업재해를 예방하기 위해 개인사업주 경영책임자등에게 안전 및 보건 확보의무를 부과하고 안전 및 보건 확보의무를 이행하지 아니하거나 방치함으로써 중대 산업재해가 발생하는 경우에는 형사 처벌을 한다는 점에서 산재보험법과 차이가 있다.

20) 중대재해처벌법 해설-중대산업재해 관련 (고용노동부 중대산업재해감독과, 2022)

2) 중대재해처벌법 주요내용

중대재해처벌법에서 중대재해란 “중대 산업재해”와 중대 시민재해“를 말하고, ”중대산업재해“는 산업안전보건법 제2조제1호에 따른 산업재해 중에서 다음과 같은 것을 말한다고 되어 있다.

가. 사망자가 1명 이상 나. 동일한 사고로 6개월 이상 치료가 필요한 부상자가 2명 이상 또는 다. 동일한 유해요인으로 급성 중독 등 대통령령으로 정하는 직업성 질병자가 1년 이내에 3명 이상 발생한 경우를 말한다.

이처럼 중대재해처벌법의 중대산업재해는 산업안전보건법의 산업재해를 전제로 하고 있어 산업안전보건법의 산업재해 개념에 포섭되지 않는다면 중대재해처벌법의 중대산업재해에 해당할 수 없다. 아래는 중요한 산업재해의 기준에 대해서 설명한다.

가) 사망자 1명 이상 발생한 경우

사망의 경우 그 원인 등 중대산업재해에 해당하기 위한 다른 요건을 규정하고 있지 않으므로 산업안전보건법상 산업재해에 해당한다면 사고에 의한 사망뿐만 아니라 직업성 질병에 의한 사망도 중대 산업재해에 포함된다고 하고 있다. 다만 직업성 질병은 산업안전보건법의 산업재해에 해당되어야하므로 업무에 관계되는 유해·위험요인에 의하거나 작업 또는 그 밖의 업무로 인하여 발생하였음이 명확한 것이어야 한다. 질병으로 인한 사망의 경우 종사자 개인의 고혈압이나 당뇨 생활 습관 등 다양한 요인이 영향을 미칠 수 있는바 질병의 원인이 업무로 인한 것인지 여부 등에 대해서는 구체적인 사정을 종합적으로 고려하여 판단하도록 하고 있다.

사망은 부상 또는 질병이 발생한 날부터 일정한 시간이 경과한 이후에 발생하는 경우가 있을 수 있기 때문에 이 경우 중대산업재해는 종사자의 사망 시 에 발생한 것으로 보아야 한다. 다만 이 경우 종사자의 사망은 당초 부상 또는 질병과 직접적인 인과관계가 있는 경우에 한 하는 것을 설명하고 있다.

나) 동일한 사고로 6개월 이상 치료가 필요한 부상자 2명 이상 발생

동일한 사고로 6개월 이상 치료가 필요한 부상자 2명 이상 발생한 경우란 하나의 사고 또는 장소적 · 시간적으로 근접성을 갖는 일련의 과정에서 발생한 사고로 인해 6개월 이상 치료가 필요한 부상자가 2명 이상 발생한 경우를 말한다. 예를 들어 화재 · 폭발사고 시 직접적으로 화상을 입은 경우 외에 폭발 충격으로 인한 추락, 파편으로 인한 충돌 등도 포함한다. 만약 사고가 발생하게 된 유해 위험요인 의 원인이 같은 경우라도 시간적 · 장소적 근접성이 없는 경우에는 각각의 사고가 별개의 사고에 해당할 뿐 동일한 사고에 해당하지 않는다고 설명하고 있다.

6개월 이상 치료가 필요한 기간 이란 해당 부상과 그로 인한 합병증 등에 대한 직접적 치료 행위가 6개월 이상 필요한 경우를 의미한다고 설명하고 있다. 다만 재활에 필요한 기간 등은 원칙적으로 포함하지 않는다. 치료 기간이 최초 진단일에는 6개월 미만이었으나 치료과정에서 기간이 늘어남으로 인해 6개월 이상 치료가 필요한 부상자가 2명 이상 발생하게 된 경우에는 그 진단한 시점에서 중대산업재해가 발생한 것으로 판단한다고 설명하고 있다.

다) 동일한 유해요인으로 직업성 질병자가 1년 이내에 3명 이상 발생

유해요인이란 중대재해처벌법 시행령 별표 1에서 급성중독 등 직업성 질병의 원인으로 열거하고 있는 각종 화학적 유해인자 유해 작업 등을 말하며 화학적 유해인자는 염화비닐 · 유기주석 · 메틸브로마이드 · 일산화탄소, 납 또는 그 화합물, 수은 또는 그 화합물, 크롬 또는 그 화합물, 벤젠, 이산화질소 등이 있고, 유해 작업은 보건의료 종사자의 종사작업(혈액 관련), 건강장해를 일으킬 수 있는 습한 상태에서 하는 작업, 오염된 냉각수에 노출된 장소에서 하는 작업, 공기 중 산소농도가 부족한 장소에서 하는 작업, 고열작업 또는 폭염에 노출되는 장소에서 하는 작업 등이 있다.

법에서 말하고 있는 유해요인의 동일성 이란 노출된 각 유해인자와 유해물질의 성분, 작업의 형태 측면에서 객관적으로 동일성이 인정되는 경우를 말한다. 다수의 종사자에게 발생한 급성중독 등 직업성 질병의 발생 원인이 동일하다고 객관적으로 증명되는 경우라면 각 종사자 간에 유해요인 노출 시기나 장소가 다르고 직업성 질병의 발병 시기가 상이하더라도 동일한 유해요인으로 판단될 수 있다는 것을 말한다.

라) 직업성 질병

직업성 질병은 작업환경 및 일과 관련한 활동에 기인한 건강장해를 의미하는 것으로 작업환경 및 일과 관련한 활동이 유일한 발병 원인이거나 그 원인이 되었을 것이 유력한 질병을 말한다. 종류로는 중금속 · 유기용제 중독, 생물체에 의한 감염질환 또는 기온 기압 등에 기인한 질병 등이 있다. "광의의 직업성 질병"에는 직업적 요인이 개인적 소인(素因)에 부가되어 발생하는 작업관련성 질병이 포함될 수 있고 이 또한 예방을 위해 최대한 유해요인을 억제하기 위한 노력은 필요하나, 인과관계, 예방가능성 등을 종합적으로 고려 할 때 "동일한 유해요인으로 급성중독 등 대통령령으로 정하는 직업성 질병"에 포함하기 어렵다고 설명하고 있다[21].

참고로 시행령은 제2조 별표1에서 인과관계의 명확성, 사업주의 예방 가능성 및 피해의 심각성을 주된 고려 요소로 삼아 직업성 질병을 24가지로 규정하고 있으며, 그 예시로는 중추신경계장해 등의 급성중독 · 의식장해, 경련, 급성 기질성 뇌증후군, 부정맥 등의 급성중독 · B형 간염, C형 간염, 매독 또는 후천성면역결핍증 등 혈액전파성 질병 · 렙토스피라증 · 레지오넬라증 · 열사병 등이 있다.

마) 1년 이내에 3명 이상 발생

동일한 유해요인으로 직업성 질병자가 1년 이내에 3명이 발생한 시점에 이를 중대산업재해가 발생한 것으로 판단하고, 발생한 시점과 관련하여 중대재해처벌법의 직업성 질병은 급성중독 등 사고성 재해와 유사하여 직업성 질병 여부 및 인과관계 등의 판단이 상대적으로 용이한 질병이므로 유해 · 위험요인에 노출된 날을 특정할 수 있는 경우는 노출된 날을 그 발생일로 특정할 수 없는 경우에는 의사의 최초 소견일 진단일을 발생일로 판단한다고 설명하고 있다. 아울러 1년 이내를 판단하는 기산점은 세 번째 직업성 질병자가 발생한 시점부터 역산하여 산정한다고 고용노동부의 중대재해처벌법 해설에서는 설명하고 있다. 더불어 동일한 유해요인으로 직업성 질병이 발생한 종사자들이 하나의 사업에 소속되어 있다면 사업장이나 발생 시점을 달리하는 경우라도 중대재해처벌법의 적용대상인 중대산업재해에 해당한다고 보아야 한다고 설명하고 있다. 예를 들어 폭염 경보가 발령된 여러 사업장에서 폭염에 노출되는 장소에서 작업을 한 경우, 사업장이 여러 곳에 분포하였더라도 각 사업장의 용광로에서 광물을 제련하는 동일 · 유사한 공정의 고열작업을 한 경우 등이 있다.

21) 중대재해처벌법 해설–중대산업재해 관련 (고용노동부 중대산업재해감독과, 2022)

바) 안전보건 확보의 주체

중대재해처벌법에서는 “사업주 및 경영책임자등”에 안전 및 보건 확보의무를 부과하는 것으로 설명하고 있다. 여기서 “사업주”는 자신의 사업을 영위하는 자, 타인의 노무를 제공받아 사업을 하는 자를 말하고, 경영책임자 등은 사업을 대표하고 사업을 총괄하는 권한과 책임이 있는 사람 또는 이에 준하여 안전보건에 관한 업무를 담당하는 사람을 말한다. 여기서 “경영책임자”에는 중앙행정기관, 지방자치단체, 지방공기업, 공공기관의 장도 해당된다. 더불어 중대재해처벌법에 따른 사업주는 산업안전보건법에 따른 사업주보다 넓은 개념으로 중대재해처벌법에서는 “자신의 사업을 영위하는 자”를 타인의 노무를 제공 받음이 없이 자신의 사업을 영위하는 자를 말한다고 하고 있다. 또한 중대재해처벌법의 중요한 사항중 하나는 사업의 대표자이자 사업 경영의 총괄책임자에게 종사자의 중대산업재해를 예방하도록 안전 및 보건확보의무를 부여하고 있다는 점이다.

3) 중대재해처벌법 상 사업주 또는 경영책임자 등의 안전보건 확보의무(법 제4조)

앞서 설명한 바와 같이 중대재해처벌법에서 중요한 내용 중 하나가 바로 사업주와 경영책임자등의 안전보건 확보의무사항이다. 사업주 또는 경영책임자등은 사업주나 법인 또는 기관이 실질적으로 지배·운영·관리하는 사업 또는 사업장에서 종사자의 안전·보건상 유해 또는 위험을 방지하기 위하여 그 사업 또는 사업장의 특성 및 규모 등을 고려하여 법 제4조(사업주와 경영책임자의 안전 및 보건 확보의무)에서는 다음과 같은 조치를 취해야 할 것을 요구하고 있다. 개인사업주 또는 경영책임자등이 법 제4조에 따른 안전 및 보건 확보의무를 위반하여 중대산업재해에 이르게 한 경우 법 제6조(중대산업재해 사업주와 경영책임자등의 처벌)에 따라 처벌하므로 안전 및 보건 확보의무는 중대재해처벌법의 핵심 사항이다.

① 재해예방에 필요한 인력 및 예산 등 안전보건관리체계의 구축 및 그 이행에 관한 조치
② 재해 발생 시 재발방지 대책의 수립 및 그 이행에 관한 조치
③ 중앙행정기관·지방자치단체가 관계 법령에 따라 개선, 시정 등을 명한 사항의 이행에 관한 조치
④ 안전·보건 관계 법령에 따른 의무이행에 필요한 관리상의 조치

가) 재해 발생 시 재발방지 대책의 수립 및 그 이행에 관한 조치

동 항목에서는 재해 발생 시 재발방지 대책의 수립 및 그 이행에 관한 조치를 요구하고 있고 그 조치에는 재해 조사 및 결과 분석, 현장 담당자 및 전문가 의견 수렴, 유해·위험요인 및 발생원인 파악, 유해·위험요인별 제거·대체 및 통제 방안 검토, 종합적인 개선대책 수립을 포함해야 한다.

나) 중앙행정기관등이 개선, 시정 등을 명한 사항의 이행 조치(법 제4조 제3호)

중앙행정기관·지방자치단체가 개선·시정 등을 명한 사항의 이행에 관한 조치와 관련해서는 개선·시정 명령 미 이행으로 중대 산업재해 발생 시 법 제6조에 따른 처벌대상이 될 수 있음을 이야기하고 있고, 중앙행정기관·지방자치단체로부터 행정처분을 받은 경우 그 구체적인 내용에 대해 개인사업주 또는 경영책임자등에게 보고하는 시스템 구축을 요구하고 있다.

다) 안전·보건 관계 법령에 따른 의무이행에 필요한 관리상의 조치 (법 제조 제4호, 시행령 제5조)

안전보건 확보의무 중 안전·보건 관계 법령에 따른 조치로는 안전·보건 관계 법령에 따른 의무 이행 여부 반기 1회 이상 점검을 하도록 하고 있고, 점검/보고 결과 안전·보건 관계 법령에 따른 의무 미이행 사실이 확인되는 경우, 인력 배치 또는 예산 추가 편성·집행 등 해당 의무 이행에 필요한 조치를 취해야 한다. 더불어 안전·보건 관계 법령에 따른 유해·위험작업에 관한 안전보건교육 실시여부 반기 1회 이상 점검하도록 하고 점검/보고 결과 교육이 실시되지 않은 경우, 지체 없이 그 이행의 지시, 예산의 확보 등 교육 실시에 필요한 조치를 취하도록 하고 있다.

이러한 조치사항 중에서도 핵심은 재해예방에 필요한 인력 및 예산을 바탕으로 안전보건관리체계를 구축하고 이행해야 한다는 것이 가장 핵심적인 사항일 것이다. 이러한 안전·보건 유해 또는 위험의 방지는 '종사자'를 대상으로 하는데 "종사자"의 범위는 안전/보건 상 유해 또는 위험 방지의 대상(보호대상)을 의미한다. 이는 개인사업주나 법인 또는 기관이 직접 고용한 근로자뿐만 아니라, 도급/용역/위탁 등 계약의 형식에 관계없이 대가를 목적으로 노무를 제공하는 자, 각 단계별 수급인 및 수급인의 근로자, 수급인에게 대가를 목적으로 노무를 제공하는 자를 모두 포함한다. 즉, 사업에 있어 직/간접으로 참여하는 모든 사람을 종사자의 범위로 보고 이들을 위한 안전보건 확보의무를 제공해야 한다.

4) 안전보건관리체계 구축 및 그 이행에 관한 조치(시행령 제4조)

가) 안전보건관리체계의 구축 및 이행

안전보건관리체계 구축 및 그 이행에 관한 조치는 기업 스스로 유해·위험요소를 파악하여 제거·대체·통제 방안을 마련 및 이행하며, 이를 지속적으로 개선하는 일련의 활동을 말한다. 여기서 확인해야 할 것은 중대재해처벌법의 '안전보건관리체계'는 산업안전보건법 제2장 제1절의 '안전보건관리체제'와 구별된다는 것이다. 즉 산업안전보건법에서 규정한 '안전보건관리체제'는 안전보건관리에 관여하는 조직의 구성 및 역할을 규정하는 용어이고, 중대재해처벌법의 '안전보건관리체계'는 단순히 조직 구성 및 역할 규정을 넘어서서, 사업장 안전보건 전반의 운영 또는 경영을 규정하고 있다는 점에서 다르다고 할 수 있다. 따라서 중대재해처벌법이 개인사업주 또는 경영책임자에게 요구하는 것은 단순히 조직의 구성과 역할 분담을 정하라는 것에 한정되는 것이 아니고 종사자의 안전과 보건이 유지 및 증진될 수 있도록 사업 전반을 운영하라는 의미로 이해되어야 한다. 그리고 중대재해처벌법 시행령에서는 다음과 같은 9가지 내용을 구성하도록 요구하고 있다.

① 안전 보건 목표와 경영방침의 설정
② 안전 보건 업무를 총괄 관리하는 전담 조직 설치
③ 유해 위험요인 확인 개선 절차 마련 점검 및 필요한 조치
④ 재해예방에 필요한 안전·보건에 관한 인력 시설 장비 구비와 유해·위험요인 개선에 필요한 예산 편성 및 집행
⑤ 안전보건관리책임자등의 충실한 업무수행 지원권한과 예산 부여 평가기준 마련 및 평가 관리
⑥ 산업안전보건법에 따른 안전관리자 보건관리자 등 전문인력 배치
⑦ 종사자 의견 청취 절차 마련 청취 및 개선방안 마련 이행 여부 점검
⑧ 중대산업재해 발생 시 등 조치 매뉴얼 마련 및 조치 여부 점검
⑨ 도급 용역 위탁 시 산재예방 조치 능력 및 기술에 관한 평가기준절차 및 관리비용 업무수행기관 관련 기준 마련·이행 여부 점검

사업 또는 사업장의 안전보건에 관한 목표와 경영방침을 설정할 때는 안전보건에 관한 기본적인 경영철학과 의사결정의 일반적인 지침이 담겨 있어야 하고 다음은 안전보건에 관한 목표와 경영방침 설정 시 고려해야 할 사항이다.

나) 사업 또는 사업장의 안전 및 보건에 관한 목표와 경영방침 설정(시행령 제4조제1호)

개인사업주나 법인 또는 기관이 실질적으로 지배 운영 관리하는 사업 또는 사업 장의 특성 및 규모 등을 고려하여 종사자의 안전 및 보건상 유해 또는 위험을 방지하기 위한 안전 보건에 관한 목표와 경영방침을 설정할 것을 요구하고 있다. 안전 및 보건에 관학 목표와 경영방침은 자율적으로 설정하되 다음과 같은 사항을 고려하여 수립해야 한다.

① 사업 또는 사업장의 유해·위험요인 등 특성과 조직 규모에 적합한 것으로 수립하여야 함
② 달성 가능한 내용으로서 측정 가능하거나 성과평가가 가능한 것으로 수립하여야 함
③ 안전보건에 관한 목표와 경영방침 간에는 일관성이 있어야 함
④ 종사자와의 협의를 통해 수립하는 것이 바람직하며 종사자가 인식하고 함께 노력하여야 함
⑤ 목표를 수정할 필요가 생겼을 때는 수정하여 추진하는 것이 합리적임

다) 안전·보건에 관한 업무를 총괄·관리하는 전담 조직 (시행령 제4조제2호)

「산업안전보건법」 제17~19조, 제22조에 따라 두어야 하는 인력이 총 3명 이상이고, 상시근로자 수가 500명 이상인 사업 또는 사업장인 경우 **안전보건에 관한 업무를 총괄·관리하는 전담조직**을 두도록 요구하고 있다. 여기에서 "안전보건에 관한 업무를 총괄·관리하는" 라는 문구의 의미는 ① 종사자의 안전·보건상 유해·위험방지 정책 수립, ② 안전보건 전문인력 배치, ③ 관련 예산 편성·집행관리 등 사업장의 안전보건 확보 의무 이행을 총괄·관리하는 것을 말하는 것이고, "전담 조직"의 경우 구성원은 2명 이상으로 하되, 사업 또는 사업장의 특성, 규모 등을 고려하여 합리적인 인원으로 구성하며, 전체 사업 또는 사업장의 안전보건에 관한 업무만 '전담' 하여 총괄·관리해야 하는 것을 요구하고 있다.

또한 시행령 제4조에서는 사업 또는 사업장의 특성에 따른 유해·위험요인을 확인하여 개선하는 업무절차 마련 및 해당 절차에 따라 유해·위험요인 확인 및 개선여부를

반기 1회 이상 점검 후 필요한 조치를 취하도록 요구하고 있다. 여기서 "유해 · 위험요인을 확인하여 개선하는 업무절차"는 사업장의 특성에 따른 업무로 인한 유해 · 위험요인의 확인 및 개선대책의 수립 · 이행까지 이르는 일련의 절차를 말하며, "유해 · 위험요인 확인 및 개선" 은 기계 · 기구, 설비, 원재료 등 신규 도입 또는 변경, 건설물 · 기계 · 기구 · 설비 등 정비 · 보수, 작업방법 · 절차 변경 등이 실행되기 전에 실시되어야 하는 것을 요구하고 있다.

동 법에서는 중대산업재해가 발생 또는 발생할 급박한 위험이 있을 경우를 대비하여 다음 내용을 포함한 매뉴얼 마련 및 해당 매뉴얼에 따라 조치하는지를 반기 1회 이상 점검하도록 하고 있다. 이러한 조치에는 작업 중지, 근로자 대피, 위험요인 제거 등 대응조치, 중대산업재해를 입은 사람에 대한 구호조치 및 추가 피해방지를 위한 조치를 포함한다고 설명하고 있다.

2.5 요약

지금까지 ISM Code(선박 및 선사 안전관리), ILO C155(산업안전보건협약), ISO 45001(안전보건 경영시스템), 및 우리나라 중대재해처벌법을 살펴보았다. 중대재해처벌법은 안전보건요건을 적절히 이행하지 않아 발생하는 중대 인명사상 사고에 처벌을 강화한 법이라는 점에서 다른 3가지 안전관리에 관한 규정과는 다소 다른 점이 있으나 그 기본적인 목적은 크게 다르지 않다. 이러한 규정들이 적용되는 분야 및 방법은 산업분야 및 국가에 따라 달라질 수 있겠으나 다음과 같은 공통점을 가지고 있다는 것을 확인 할 수 있다.

(1) 각 국가, 산업분야 및 기업에 따른 다양성을 인정하여 기본적인 규정의 내용은 폭넓게 일반적으로 설명되어 있음
(2) 경영책임자의 역할을 중요시 하고 있음. 즉, 최고책임자의 적극적인 참여를 바탕으로 모든 구성원이 안전관리에 대한 적극적 대응 및 개선을 요구하고 있음. 더불어 이러한 시스템의 유지를 위한 물적, 인적 자원의 적극적인 지원을 강조하고 있음
(3) PDCA를 통한 지속적인 개선을 강조하고 있음. 단기적인 안전관리에 대한 평가가 아니라 지속적인 모니터링 및 감독을 통한 지속가능한 안전관리를 강조하고 있음

(4) 적극적인 안전관리를 통한 물적, 인적 자원의 보호뿐만 아니라 사업의 지속성장에 안전관리의 중요성을 강조하고 있음
(5) 조직적이고, 체계적이며, 검증 가능한 안전관리 시스템을 강조하고 있음

따라서 어떠한 산업 분야 및 기관에서 일을 하던 최적의 안전관리 시스템을 구축하기 위해 조직의 이해(규모, 문화, 구성원 등), 구성원들의 안전경영목표달성을 위한 적극 참여 방법의 이해, 비상대응 절차의 명확한 이해, 필요한 교육의 이해에 대한 사항이 매우 중요하다고 할 수 있다.

3. 안전 · 보건정보의 종류

사업장에 맞는 체계적인 안전 · 보건 기준을 수립하기 위해서는 사업장과 관련된 안전 · 보건 정보를 확인하는 것이 필요하다. 안전 · 보건 정보는 사업장에서 자체적으로 생산하는 내부정보와 외부 기관에서 생산되어 사업장에 제공되는 외부정보로 구분할 수 있다.

3.1 내부정보

사업장에서 자체적으로 생산하는 안전 · 보건에 관한 정보에는 사고 · 질병 · 결근에 관한 자료, 사고조사보고서와 같이 산업재해와 관련된 자료, 시설 · 장비에 대한 유지 · 관리 보고서, 내부점검보고서 등이 포함된다.

1) 산업재해 관련 자료

산업재해는 노무를 제공하는 사람이 업무에 관계되는 건설물 · 설비 · 원재료 · 가스 · 증기 · 분진 등에 의하거나 작업 또는 그 밖의 업무로 인하여 사망 또는 부상하거나 질병에 걸리는 것을 말한다. 재해가 발생하면 부상 또는 질병으로 인하여 출근을 하지 못하는 휴업 손실이나 출근은 하였으나 부상 또는 질병의 치료 등에 의한 작업시간 단축, 작업량 감소, 작업전환 등 작업 제한을 야기하는 비휴업 손실이 발생할 수 있다.

사고, 질병, 결근 등과 같은 산업재해 관련 자료를 기록 · 보존하여 체계적으로 점검 · 관리하면 기업의 안전 · 보건에 관한 연간 성과를 측정하여 내부적으로 개선이 필요한 부분을 확인하거나 유사 기관과의 비교를 통해 기업의 현재 수준을 평가할 수 있다. 또한, 기업 내부 규정에 따른 다양한 형태의 보고서는 안전 · 보건 정보를 생산하는 외부 전문기관의 데이터와 서로 연관시켜 활용할 수 있다. 즉, 다양한 형태로 수집된 산업재해 관련 데이터는 통계적인 분석을 통해 재해와 관련된 제반요소 및 공통적인 발생요인을 수량적으로 해석하여, 효과적인 재해예방대책의 수립에 활용될 수 있다.

안전 · 보건 정보를 제공하는 대표적인 외부 전문기관은 아래와 같다.

- 세계보건기구 (World Health Organization, WHO)
- 국제노동기구 (International Labour Organization, ILO)
- 국제해사기구 (International Maritime Organization, IMO)
- 고용노동부
- 한국선원복지고용센터
- 중앙해양안전심판원

정부에서 산업재해를 예방하기 위한 목적을 달성하기 위하여 재해에 관련된 통계를 유지·관리하고 있다. 해양수산부 중앙해양안전심판원에서는 매년 해양에서 발생하는 선박관련 사고에 대한 조사와 심판을 통해 보유하고 있는 재결서, 해양안전 예보, 사고 통계자료 등을 공개하고 있다. 이와 더불어 정부에서는 「산업안전보건법」 제4조 제1항 제7호 등에 근거하여 산업재해에 관한 조사 및 통계를 유지·관리하고 있다.

우리나라는 매년 발생하는 산업재해의 요양재해율(천인율), 업무상사고 재해율(천인율), 업무상 질병 만인율, 사망만인율, 업무상사고 사망만인율, 업무상질병 사망만인율, 강도율, 도수율 현황을 분석하고 있다. 주요 산업재해통계의 산출방법은 아래와 같다.

가) 재해율(천인율) [%, ‰]

근로자 100(1,000)명당 발생하는 재해자수의 비율을 말하며, 아래와 같이 계산한다.

$$재해율(천인율) = \frac{재해자수}{근로자수} \times 100\ (1,000)$$

나) 사망만인율 [‱]

근로자 10,000명당 발생하는 사망자수의 비율을 말하며, 아래와 같이 계산한다.

$$사망만인율 = \frac{사망자수}{근로자수} \times 10,000$$

다) 도수율(빈도율)

근로시간 100만 시간당 재해발생 건수를 말하며, 아래와 같이 계산한다. (여기서, 근로총시간 = 근로자수 × 월평균근로시간 × 12)

$$도수율 = \frac{재해건수}{연근로시간수} \times 1,000,000$$

라) 강도율

근로시간 1,000 시간당 재해로 인한 근로손실일수를 말하며, 아래와 같이 계산한다. (여기서, 총요양근로손실일수는 재해자의 총 요양기간을 합산하여 산출)

$$강도율 = \frac{총요양근로손실일수}{연근로시간수} \times 1,000$$

재해에 의한 근로손실은 ① 사망한 경우, ② 출근을 하지 못한 경우, ③ 작업시간이 단축된 경우, ④ 작업량이 감소된 경우, ⑤ 다른 작업으로 전환이 된 경우 (중작업→경작업)의 손실을 말하며 재해당일을 포함한다.

근로손실일수는 사망 및 영구 전 노동불능 (장해등급 제1급~3급), 영구 일부 노동불능 (장해등급 제4급~14급), 일시적 노동불능 (장해판정을 받지 않은 자로서 휴업 및 비휴업 손실이 발생된 자)으로 인한 손실을 합산하여 산출한다. 근로손실일수의 세부적 산출방식은 사망 및 영구 전 노동불능과 영구 일부 노동불능의 경우 〈표 1-2〉의 요양근로손실일수 산정요령[22]을 적용하고, 사망 및 장해판정 이전의 입원, 치료 등 요양 및 작업제한으로 인한 손실일은 중복 산입하지 않는다. 일시적 노동불능에 해당하는 경우 휴업과 비휴업으로 구분하여 입원, 치료 등 요양 및 작업제한으로 인한 손실에 300/365을 곱한 값으로 산출한다.

22) 산업재해통계업무처리규정 (고용노동부예규, 2022)

〈표 1-2〉 신체장해등급이 결정되었을 때 요양근로손실일수 산정

구분	사망	신체장해자등급											
		1~3	4	5	6	7	8	9	10	11	12	13	14
근로손실일수	7,500	7,500	5,500	4,000	3,000	2,200	1,500	1,000	600	400	200	100	50

※ 부상 및 질병자의 요양근로손실일수는 요양신청서에 기재된 요양일수를 말한다.

마) 종합재해지수 (Frequency-Severity Indicator : F.S.I)

재해빈도 및 상해정도의 크기를 종합하여 나타낸 것으로 강도율과 도수율(빈도율)을 동시에 고려한 재해지수이다. 종합재해지수(綜合災害指數)는 그룹 간의 위험도 비교수단으로 사용할 수 있으며, 아래와 같이 계산한다.

$$\text{종합재해지수} = \sqrt{\text{강도율} \times \text{빈도율}}$$

재해는 인체에 유해한 가스, 분진, 소음, 고온, 화학물질 등과 같은 유해인자뿐만 아니라 직장 내 괴롭힘, 폭언 등과 같은 업무상 정신적 스트레스가 원인이 되어 발생할 수도 있다. 따라서 직원들의 결근에 대한 데이터를 체계적으로 관리하여 업무의 수행과 관련하여 조직 내부에 문제가 존재하는지, 결근의 인과적 영향이 무엇인지를 이해하여 재해를 예방하는 것이 필요하다. 이와같이 다양한 형태로 수집된 산업재해 관련 데이터의 통계적인 분석을 통해 재해와 관련된 제반요소 및 공통적인 발생요인을 수량적으로 해석하여, 사업장에 적합한 재해예방대책을 수립하는 것이 중요하다.

2) 사고조사보고서

사업장에서는 안전보건관리활동을 통해 재해를 예방하려 하지만, 재해를 완전히 예방하는 것에는 한계가 있다. 재해의 재발을 방지하기 위해서는 재해가 발생하였을 때 그 원인 규명을 통하여 사고 예방대책을 수립하는 것이 중요하다. 이에, 「산업안전보건법」 제57조(산업재해 발생 은폐 금지 및 보고 등)는 산업재해로 사망자가 발생하거나 3일 이상의 휴업이 필요한 부상을 입거나 질병에 걸린 사람이 발생한 경우에는 산업재해가 발생한 날부터 1개월 이내에 산업재해조사표를 작성하여 관한 지방고용노동관서의 장에

게 제출하도록 하고 있다. 산업재해조사표에는 ① 사업장 정보, ② 재해정보, ③ 재해 발생 개요 및 원인, ④ 재발방지계획이 포함된다.

해양 및 내수면(內水面)에서 발생하는 해양사고의 경우 해양안전의 확보를 위하여 「해양사고의 조사 및 심판에 관한 법률」에 따라 원인을 규명하고 있다. 「해양사고의 조사 및 심판에 관한 법률」에서는 해양사고 외에도 준해양사고를 규정하고 있으며, 준해양사고에 대한 정보도 사고재발 방지에 매우 유용하게 활용될 수 있다. 해양사고는 해양 및 내수면(內水面)에서 발생하여 실질적인 물적, 인적, 환경적 피해가 발생한 해양사고를 말하고, 준해양사고는 선박의 구조·설비 또는 운용과 관련하여 시정 또는 개선되지 않으면 선박과 사람의 안전 및 해양환경 등에 위해를 끼칠 수 있는 사태를 의미하며, 그 세부내용은 아래와 같다.

가) 해양사고

(1) 선박의 구조·설비 또는 운용과 관련하여 사람이 사망 또는 실종되거나 부상을 입은 사고
(2) 선박의 운용과 관련하여 선박이나 육상시설·해상시설이 손상된 사고
(3) 선박이 멸실·유기되거나 행방불명된 사고
(4) 선박이 충돌·좌초·전복·침몰되거나 선박을 조종할 수 없게 된 사고
(5) 선박의 운용과 관련하여 해양오염 피해가 발생한 사고

나) 준해양사고

(1) 항해 중 운항 부주의로 다른 선박에 근접하여 충돌할 상황이 발생하였으나 가까스로 피한 사태
(2) 항로 내에서의 정박 중 다른 선박에 근접하여 충돌할 상황이 발생하였으나 가까스로 피한 사태
(3) 입·출항 중 항로를 이탈하거나 예정된 항로를 이탈하여 좌초될 상황이 발생하였으나 가까스로 안전한 수역으로 피한 사태
(4) 화물을 싣거나 묶고 고정시킨 상태가 불량한 사유 등으로 선체가 기울어져 뒤집히거나 침몰할 상황이 발생하였으나 가까스로 피한 사태
(5) 전기설비의 상태 불량 등으로 화재가 발생할 상황이었으나 가까스로 화재가 나지 아니하도록 조치한 사태

(6) 해양오염설비의 조작 부주의 등으로 오염물질이 해양에 배출될 상황이 발생하였으나 가까스로 배출되지 아니하도록 조치한 사태

해양사고가 일어난 경우 「해사안전법」제43조(해양사고가 일어난 경우의 조치)에 따라 선장이나 선박소유자는 해양사고가 일어나 선박이 위험하게 되거나 다른 선박의 항행안전에 위험을 줄 우려가 있는 경우에는 위험을 방지하기 위하여 신속하게 필요한 조치를 취하고, 해양사고의 발생 사실과 조치 사실을 지체 없이 해양경찰서장이나 지방해양수산청장에게 신고하여야 한다.

해양사고사건을 심판하기 위하여 해양수산부장관 소속으로 해양안전심판원을 두고 있으며, 「해양사고의 조사 및 심판에 관한 법률」제4조(해양사고의 원인규명 등)에 따라 해양안전심판원에서는 다음 사항에 관하여 해양사고의 원인을 밝혀야 한다.

① 사람의 고의 또는 과실로 인하여 발생한 것인지 여부
② 선박승무원의 인원, 자격, 기능, 근로조건 또는 복무에 관한 사유로 발생한 것인지 여부
③ 선박의 선체 또는 기관의 구조 · 재질 · 공작이나 선박의 의장(艤裝) 또는 성능에 관한 사유로 발생한 것인지 여부
④ 수로도지(水路圖誌) · 항로표지 · 선박통신 · 기상통보 또는 구난시설 등의 항해보조시설에 관한 사유로 발생한 것인지 여부
⑤ 항만이나 수로의 상황에 관한 사유로 발생한 것인지 여부
⑥ 화물의 특성이나 적재에 관한 사유로 발생한 것인지 여부

「해양사고의 조사 및 심판에 관한 법률」은 선박소유자(운항자)가 준해양사고를 중앙수석조사관에게 통보하도록 하고 있으며, 준해양사고 통보서에는 ① 통보자 인적사항, ② 준해양사고명, ③ 준해양사고 종류, ④ 선종, ⑤ 선박상태, ⑥ 발생일시, 장소 및 지리적 위치, ⑧ 기상상태, 바람방향/세기, ⑨ 해상상태, 파고/조류, ⑩ 개요, ⑪ 원인, ⑫ 개선사항이 포함된다.

사고는 사업장에서 이루어지고 있는 안전보건관리활동의 취약점을 파악하는데 중요한 역할을 한다. 사고의 원인은 광범위하고 복잡하게 뒤얽혀 있다. 재해를 조사하는 것은 재해의 원인 및 구성요소의 파악을 통하여 유사 사고 및 동종의 재해가 발생되지 않도록 하는데 목적이 있다. 따라서 재해를 예방하기 위해서는 피해가 발생한 사고뿐만 아

니라 피해가 발생하지 않았으나 발생할 위험이 있는 상황인 아차사고 또한 발생원인을 철저히 규명하여 대책을 수립하는 것이 중요하다.

3) 시설 · 장비관리보고서

기업의 안전보건관리활동에는 시설 · 장비의 유지 · 관리 시스템 구축이 포함된다. 시설 · 장비의 경우 제조상의 결함, 부품 불량으로 인한 결함, 마모 · 노화에 의한 결함뿐만 아니라 시설 · 장비의 운용 중 우발적인 변화에 기인하여 고장이 발생하기도 한다. 따라서 정상운전 중 발생하는 모든 고장에 대하여 보고하고 조사를 수행함으로써 고장의 경향 및 형태를 분석하여 추후 고장을 예방할 수 있는 조치를 취하는 것이 중요하다. 기술발달, 안전관리체계의 강화 등에도 불구하고 시설 · 장비 결함에 의한 사고는 발생할 수 있다. 시설 · 장비 관리는 그 자체의 적정성 및 적합성을 유지하는 외에도 안전관리체계가 정상적이고 체계적으로 작동하는지를 가늠할 지표가 될 수 있어 소홀히 할 수 없다.

4) 내부심사보고서

내부심사는 안전보건관리시스템이 효율적으로 작동하고 있는지 확인하는 절차로써, 기업의 안전보건에 관한 목표, 계획 및 활동이 정상적으로 수행되고 있는지를 확인할 수 있다. 기업은 내부심사를 통해 법적 요구사항, 경영시스템 요구사항, 사규, 관련 지침 등을 충족시키지 못하는 부적합사항이나 향후 부적합사항으로 진전될 수 있는 관찰사항을 파악할 수 있으며, 안전보건관리시스템의 효율성과 효과성을 높이기 위해서는 발견된 부적합사항 및 관찰사항의 근본원인을 제거하여 재발을 방지하기 위한 조치를 취하여야 한다. 따라서 내부심사가 효율적으로 운영되기 위해서는 심사에서 발견된 문제점을 해결하기 위한 물적, 인적 또는 시스템적으로 필요한 조치들을 실제로 시행할 수 있는 체계를 마련하는 것이 중요하다.

내부심사원이 안전 · 보건에 관한 정보를 획득하는 주요 방법은 아래와 같다.

① 개인별 인터뷰 : 안전 · 보건관리시스템의 운영, 사례, 지식에 관한 사항 ② 문서확인 : 완결성, 정확성, 신뢰성 검사 ③ 현장확인 : 작업자(현장) 관찰을 통하여 기준의 준수 여부 파악

3.2 외부정보

외부 기관에서 생산되어 사업장에 제공되는 안전·보건에 관한 정보에는 물질안전보건자료나 절차서와 같이 제조사에서 제공하는 자료, 국내외 법령이나 기준에 관한 자료, 안전보건전문기관이나 국제기구에서 발행하는 자료 등이 포함된다.

1) 제조사(화주) 자료

「소비자기본법」 제4조(소비자의 기본적 권리)에 따라 모든 소비자는 물품 등을 선택함에 있어서 필요한 지식 및 정보를 제공받을 권리를 가지며, 제8조(위해의 방지)에 따라 사업자는 ① 물품등의 성분·함량·구조 등 안전에 관한 중요한 사항, ② 물품등을 사용할 때의 지시사항이나 경고 등 표시할 내용과 방법, ③ 그 밖에 위해방지를 위하여 필요하다고 인정되는 사항에 관하여 정해진 기준을 준수하여야 한다. 즉, 사업자는 물품등을 사용하는 사람이 합리적으로 예측 가능한 위험으로부터 안전할 수 있도록 충분한 정보를 제공하여야 한다.

「산업안전보건법」 제110조(물질안전보건자료의 작성 및 제출)에 따라 근로자에게 건강장해를 일으키는 화학물질 및 물리적 인자(유해인자)를 제조하거나 수입하려는 자는 물질안전보건자료를 고용노동부 장관에게 제출하여야 하며, 물질안전보건자료에는 다음의 사항이 포함되어야 한다.

① 제품명
② 화학물질의 명칭 및 함유량
③ 안전 및 보건상의 취급 주의사항
④ 건강 및 환경에 대한 유해성, 물리적 위험성
⑤ 고용노동부령으로 정하는 사항 (물리·화학적 특성, 독성에 관한 정보, 폭발·화재 시의 대처방법, 응급처치 요령, 그 밖에 고용노동부장관이 정하는 사항)

물질안전보건자료대상물질을 취급하는 사업장의 경우 사업주는 ① 물질안전보건자료대상물질을 취급하는 작업공정이 있는 장소, ② 작업장 내 근로자가 가장 보기 쉬운 장소, ③ 근로자가 작업 중 쉽게 접근할 수 있는 장소에 설치된 전산장비에 항상 물질안전보건자료를 게시하거나 갖추어 두어야 한다. 또한, 물질안전보건자료대상물질을 취급하는 근로자의 안전 및 보건을 위하여 해당 근로자를 대상으로 아래의 내용을 교육하여야 한다.

① 대상화학물질의 명칭(또는 제품명) ② 물리적 위험성 및 건강 유해성 ③ 취급상의 주의사항 ④ 적절한 보호구 ⑤ 응급조치 요령 및 사고시 대처방법 ⑥ 물질안전보건자료 및 경고표지를 이해하는 방법

「선박안전법」 제36조(화물정보의 제공)에 따라 화주(貨主)는 화물을 안전하게 싣고 운송하기 위하여 화물을 싣기 전에 그 화물에 관한 정보를 선장에게 제공하여야 하며, 정보가 제공되지 않는 경우 선장은 해당 화물의 적재를 거부할 수 있다. 화물의 종류 및 화물별로 제공하여야 하는 정보는 다음과 같다.

가) 일반화물, 화물유니트 또는 컨테이너에 의하여 운송되는 화물

(1) 화물명세
(2) 화물의 총중량(화물유니트 또는 컨테이너의 중량을 포함)
(3) 화물특성

나) 산적화물

(1) 화물명세
(2) 화물의 총중량(화물유니트 또는 컨테이너의 중량을 포함)
(3) 화물특성
(4) 화물의 적하계수(무게 1톤에 대하여 ㎥로 표시된 부피) 및 짐 고르기 방법
(5) 선적 후 화물표면 경사각도를 포함한 화물 이동의 특성
(6) 응집되거나 액화될 수 있는 화물의 경우 화물 수분량 및 운송허용 수분값

다) 해를 입힐 수 있는 화학성질을 가진 산적화물

(1) 화물명세
(2) 화물의 총중량(화물유니트 또는 컨테이너의 중량을 포함)
(3) 화물특성
(4) 화물의 적하계수(무게 1톤에 대하여 ㎥로 표시된 부피) 및 짐 고르기 방법
(5) 선적 후 화물표면 경사각도를 포함한 화물 이동의 특성
(6) 응집되거나 액화될 수 있는 화물의 경우 화물 수분량 및 운송허용 수분값
(7) 화학성질에 관한 정보

제조사(화주)로부터 제공된 정보는 합리적으로 예측 가능한 위험에 대한 내용을 포함하여 사업주가 제공된 물품 또는 물질을 안전하게 사용할 수 있도록 충분해야 한다. 따라서 사업주는 제공된 정보를 바탕으로 합리적으로 실행 가능한 조치를 통하여 사업장의 물품 또는 물질을 안전하게 사용하기 위해 필요한 안전·보건시스템을 유지·관리하여야 한다.

2) 법령 및 지침

안전·보건과 관련된 법령과 지침은 법제처 국가법령정보센터, 한국산업안전보건공단에서 확인할 수 있다. 선원의 안전·보건과 관련된 대표적인 법령으로는 「선박안전법」, 「선박법」, 「선원법」, 「선박직원법」, 「해사안전법」, 「해양환경관리법」, 「국제항해선박 및 항만시설의 보안에 관한 법률」, 「산업안전보건법」 등이 있다. 국가법령정보센터에서는 법령, 자치법규, 행정규칙뿐만 아니라 법령용어에 대한 설명을 통하여 최신의 법령정보를 쉽게 확인하고 이해할 수 있도록 하고 있다. 한국산업안전보건공단에서는 안전보건 일반지침, 조선항만하역지침, 리스크관리지침 등 분야별로 다양한 지침 등을 제공하고 있다. 지침은 법령이 요구하는 최소요구사항을 준수하면서 사업장에 맞는 체계적인 안전·보건 기준을 수립하기 위한 참고자료로 활용할 수 있다.

3) 국제기구나 산업계 단체 자료

국제노동기구(ILO), 국제표준화기구(ISO), 국제전기기술위원회(IEC) 등의 단체에서는 다양한 형태의 안전·보건 관련 자료를 발행하고 있다. 국제노동기구에서는 노동에 관

한 기준, 기본원칙 및 권리에 관한 정보를 무료로 확인할 수 있다. 국제표준화기구에서는 산업 보건 및 안전관리 경영시스템, 품질관리, 환경관리 등에 관한 국제표준을 제시하고 있으며, 대표적인 ISO 표준에는 ISO 9000 (품질관리), ISO 14000 (환경관리), ISO 45000 (직업 건강 및 안전), ISO/IEC 27001 (정보보안관리) 등이 있다. 국제기구나 단체의 정보는 사업장의 안전·보건시스템을 국제적인 수준으로 유지·관리하는데 도움이 될 수 있다.

4) 외부심사보고서

외부심사는 자격을 갖춘 외부전문기관을 통해 사업장의 안전·보건 실태를 평가하기 때문에 객관적인 시선으로 개선이 필요한 부분을 파악할 수 있다. 선사에서는 인명과 선박, 환경을 보존하기 위하여 국내법, 기국의 법령, 국제협약, 선급 등에서 요구하는 검사를 정기적으로 수검하여 관련 증서 및 보고서를 유지·보관하며, 선사의 주요 수검 검사는 아래와 같다.

가) 항만국통제 (Port state control, PSC)

항만국이 자국 연안의 항해상 안전과 환경 보호를 도모하기 위하여 자국에 기항하는 외국선박의 구조·설비·화물운송방법 및 선원의 선박운항지식 등이 선박안전에 관한 국제협약에 적합한지 여부를 확인하고 그에 미달하는 선박을 규제하는 것을 말한다. 선박안전에 관한 국제협약으로는 ① 「해상에서의 인명안전을 위한 국제협약」, ② 「만재흘수선에 관한 국제협약」, ③ 「국제 해상충돌 예방규칙 협약」, ④ 「선박톤수 측정에 관한 국제협약」, ⑤ 「상선의 최저기준에 관한 국제협약」, ⑥ 「선박으로부터의 오염방지를 위한 국제협약」, ⑦ 「선원의 훈련·자격증명 및 당직근무에 관한 국제협약」이 포함된다.

항만국통제의 결과 선박의 감항성, 인명의 안전에 현저한 위험을 초래할 수 있는 결함이 식별되는 선박에 대하여 시정조치명령 또는 출항정지명령을 할 수 있으며, 이 경우 선박의 선장에게 항만국통제점검보고서가 발급된다. 이 경우 외국선박의 소유자가 시정조치명령 또는 출항정지명령에 불복하는 경우, 불복사유를 기재하여 이의신청을 할 수 있도록 이의신청에 대한 안내문이 포함되어야 한다.

항만국통제점검보고서에는 ① name of reporting authority (항만국명), ② name of ship (선명), ③ flag of ship (기국), ④ type of ship (용도), ⑤ a. call sign (호출부호), b. MMSI number (해상이동업무식별부호) ⑥ IMO number (IMO 번호), ⑦ gross tonnage

(총톤수), ⑧ deadweight (재화중량톤수), ⑨ date keel laid (용골거치일), ⑩ date of inspection (점검일), ⑪ place of inspection (점검장소), ⑫ classification society (선급), ⑬ date of release from detention (출항정지 해제일), ⑭ a. IMO company number (IMO 회사 고유번호), b. particulars of company (회사 정보), ⑮ name and signature of master (선장 성명 및 서명), ⑯ details of ship certificates (선박 증서 현황), ⑰ deficiencies (지적사항 여부), ⑱ ship detained (출항정지 여부), ⑲ supporting documentation (첨부 서류 여부), ⑳ deficiency (결함사항) 등의 내용이 포함된다.

나) 기국통제 (Flag state control, FSC)

기국이 자국에 등록되어 있는 선박의 안전관리체제, 선박의 구조·시설, 선원의 선박 운항지식 등에 대하여 점검하여, 필요한 경우 선박의 소유자 또는 해당 사업장을 규제함으로써 선박의 안전 확보를 도모하는 것을 말한다. 점검 결과 선박의 안전 확보를 위하여 필요한 경우 선박 소유자 또는 해당 사업장에 대하여 시정·보완 또는 항행정지를 명할 수 있으며, 이 경우 선박의 선장에게 기국통제점검보고서가 발급된다. 이 경우 항행정지명령 또는 시정·보완 명령에 불복하는 선박소유자가 그 불복 사유를 적어 이의신청을 할 수 있도록 이의신청에 대한 안내문이 포함되어야 한다.

기국통제서에는 ① 선명, ② 용도, ③ IMO 번호, ④ 총톤수, ⑤ 건조년도, ⑥ 선급, ⑦ 점검일, ⑧ 점검장소, ⑨ 선박소유자, ⑩ 선장 성명 및 서명, ⑪ 증서현황, ⑫ 최근 선박검사 종류/일자, ⑬ 지적사항 여부, ⑭ 출항정지 여부, ⑮ 선급 관련 중대 결함 여부, ⑯ 첨부서류 여부, ⑰ 결함사항 등의 내용이 포함된다.

다) 선박보험검사

선주(선사)가 선박보험(공제) 또는 선주배상책임보험(공제) 가입을 위하여 보험사의 요청에 의하여 선박의 감항성 유지 확인을 위하여 실시하는 검사를 말한다. 한국해운조합에서는 보상의 대상이 되는 손해 및 비용을 방지하기 위하여 공제가입자에게 조합이 지정하는 검사기관에서 기간 내 가입 선박의 감항성 등에 관한 검사를 요구하고 있다. 선주배상의 안전검사에는 현상검사(Condition survey), 예인검사(Towing survey), 위험성검사(Risk survey)가 있으며, 선박공제의 경우에는 현상검사(Condition survey), 예인검사(Towing survey), 계선검사(Lay-up survey)가 있다. 안전검사결과 검사기관으로부터 권고 또는 지적이 있는 경우 공제계약자는 권고 또는 지적된 사항을 이행하여야 하며, 이를 이행하지 아니한 경우 조합에서 가입선박의 공제계약을 해지하거나 당해 권고 또는 지적에 따른 이행을 해태한 것으로 인한 손해 및 비용의 보상을 거부하거나 보상액을 감액할 수 있다.

라) 선급검사

선급(Classification)이란 선박의 등급이란 뜻으로 해상 고유의 위험에 따른 선박의 위험을 분산시키기 위한 해상보험의 목적상 선박의 감항능력에 대한 등급을 지정하는 것에서 출발하였다. 현재는 선박보험의 가입·유지를 위하여 선박의 등록 및 감항성에 관한 평가의 업무를 선급업무(船級業務)라 하고 있으며, 선급법인이 해당 선급법인이 관리하는 명부에 등록하였거나 등록하려는 선박(선급등록선박)에 대하여 검사업무를 수행한다. 선급법인은 독자적인 기술규칙을 보유하고 선주, 조선사, 해상보험업자의 입장에서 벗어나 객관적인 입장에서 선박의 구조, 강도, 시설 등에 대한 검사를 실시한다. 선급법인의 선급등록원부에 등록하고 선급 증서를 발급받기 위해서는 제조 중 등록검사 또는 제조 후 등록검사에 합격하여야 한다. 선급등록선박이 계속 선급을 유지하기 위해서는 선급법인의 규칙이 정하는 바에 따라 ① 정기검사, 중간검사, 연차검사, ② 프로펠러축검사, ③ 입거검사, ④ 보일러 검사, ⑤ 계속검사, ⑥ 임시검사와 개조검사를 받고 유효한 상태를 유지하여야 한다.

마) 안전관리체제에 대한 인증심사

선박의 안전운항을 위한 해당선박과 사업장에 대한 안전관리체제가 적절하게 수립·시행되고 있는지 여부를 확인하기 위하여 실시하는 심사를 말한다. 안전관리체제에 대한 심사에는 ① 최초인증심사, ② 갱신인증심사, ③ 중간인증심사, ④ 임시인증심사, ⑤ 수시인증심사가 있다. 최초인증심사나 갱신인증심사에 합격하면 그 선박에 대하여는 선박안전관리증서(Safety Management Certificate, SMC), 그 사업장에 대하여는 안전관리적합증서(Document of Compliance, DOC)가 발급된다. 임시인증심사에 합격하면 그 선박에 대하여는 임시선박안전관리증서, 그 사업장에 대하여는 임시안전관리적합증서가 발급된다. 중간인증심사 또는 수시인증심사에 선박소유자가 합격하지 못한 경우 그 인증심사에 합격할 때까지 안전관리적합증서 또는 선박안전관리증서의 효력이 정지되며, 인증심사에 합격하지 못한 선박은 항행에 사용해서는 안된다. 선박소유자는 선박에는 선박안전관리증서 또는 임시선박안전관리증서의 원본과 안전관리적합증서나 임시

안전관리적합증서의 사본을 갖추어 두어야 하며, 그 사업장에는 안전관리적합증서 또는 임시안전관리적합증서의 원본을 갖추어 두어야 한다. 선박안전관리증서와 안전관리적합증서의 유효기간은 각각 5년이며, 임시안전관리적합증서의 유효기간은 1년, 임시선박안전관리증서의 유효기간은 6개월이다.

안전관리체제에는 다음과 같은 사항이 포함된다.

① 해상에서의 안전과 환경 보호에 관한 기본방침
② 선박소유자의 책임과 권한에 관한 사항
③ 안전관리책임자와 안전관리자의 임무에 관한 사항
④ 선장의 책임과 권한에 관한 사항
⑤ 인력의 배치와 운영에 관한 사항
⑥ 선박의 안전관리체제 수립에 관한 사항
⑦ 선박충돌사고 등 발생 시 비상대책의 수립에 관한 사항
⑧ 사고, 위험 상황 및 안전관리체제의 결함에 관한 보고와 분석에 관한 사항
⑨ 선박의 정비에 관한 사항
⑩ 안전관리체제와 관련된 지침서 등 문서 및 자료 관리에 관한 사항
⑪ 안전관리체제에 대한 선박소유자의 확인 · 검토 및 평가에 관한 사항

제 2 장

안전보건관리 체계

1. 안전보건조직 및 개념
2. 안전 관리 조직
3. 안전보건위원회 기능

제2장 안전보건관리 체계

1. 안전보건조직 및 개념

기업 조직의 많은 부분은 일반적으로 시스템으로 설명되며 (재무 회계 시스템, 내부 포스트 시스템, 이메일 시스템, IT 시스템 등) 전체 조직을 하나의 시스템 그 자체로 나타낼 수 있다.

"시스템"이라는 용어는 상호 관련되고 기능하는 부분으로 구성된 전체 엔터티(Entity)를 의미한다. 기업 조직의 대표 기능은 크기와 상관없이 각 부분의 성능에 달려 있다. 조직에 중요한 특정 부분의 기능이 실패하면 전체 조직의 기능을 상실하게 된다. 예를 들어, 조직의 재무 관리 및 운영이 실패하면 운영자금이 부족하여 사업유지가 어렵게 된다. 마찬가지로 조직의 일부 변경이나 실패는 조직의 다른 구성요소에도 영향을 미친다. 이것은 조직을 구성하는 시스템의 각 부분들이 기능적으로 상호 연관되어 있다는 것을 의미한다.

아래의 〈그림 2-1〉은 개방형 조직 구성을 나타내는 것으로 "입력"(원자재, 자원 및 기술 등)후 결과가 처리되는 시스템 조직을 나타낸다. 이 "전환과정"(고용인의 업무, 활동, 관리활동, 기술 및 작동 방법 등)을 통해 결과인 "출력"(제품 또는 서비스, 재정적 결과, 인적 결과 등)이 생산된다. 이 가운데 피드백은 올바른 출력의 일관성을 유지하도록 한다.

안전보건의 관점에서 보면 조직은 하나의 시스템이다. 입력, 전환과정 및 출력이 있으며 모두 외부 환경과 상호 작용한다. 세 영역은 위험사항이 발생 가능하며, 조직은 이러한 위험을 줄이기 위해 다양한 제어를 도입할 수 있다.

〈그림 2-7〉 개방형 조직 구성

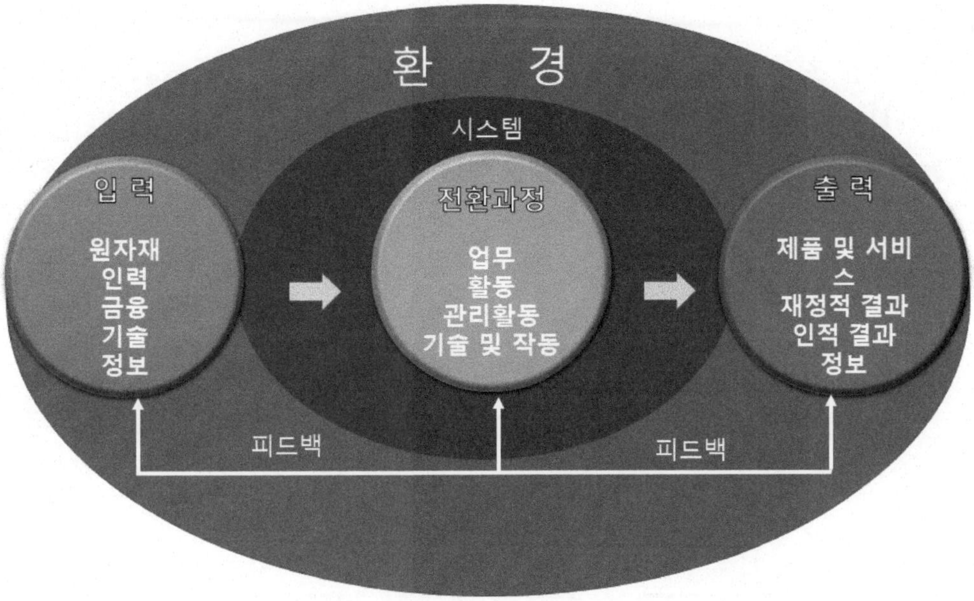

입력을 제어하는 방법은 안전한 장비만을 구매하도록 하는 조달기준, 유능한 작업자 채용, 장비 및 물질에 관한 안전정보 수집, 물품의 품질점검, 공급망 관리, 정보를 최신 상태로 유지, 연간 기준 등이 있다. 프로세스에 대한 제어 방법은 위험 평가, 통제 계층의 사용, 작업 시스템, 작업 교육, 감독 등이 있다. 출력은 폐기물 관리 절차, 제조물 책임 및 사용자 책임 등과 같은 보험, 고객 사후관리, 사건 조사, 클레임 처리 절차 등을 통하여 관리할 수 있다.

1.1 기업 조직 구조 및 기능

기업 조직은 명시된 목표를 달성하기 위해 서로 상호 작용하는 사람들의 그룹을 포함한다. 개인의 관점에서 목표는 개인 수입을 얻는 것이며, 조직의 관점에서의 목표는 일반적으로 이윤을 창출하는 것이다.

1) 공식 및 비공식 구조

대부분의 기업 조직에는 작업 프로세스를 제어하고 통합하는 데 필요한 절차가 포함된 직함 및 작업 설명에 따라 작업 역할이 공식적으로 할당된다. 그러나 개인 간의 관계에는 비공식적인 관계가 존재 가능하며, 근로자와 관리자 간의 상호 작용은 항상 준수하지 않을 수 있다.

대부분의 기업 조직은 조직도의 형태로 구조를 설명한다. 이것은 조직의 최고 경영자에서 가장 기본적인 작업을 수행하는 작업자에 이르기까지 관계를 나타낸다. 아래 〈그림 2-2〉는 일반적인 조직도의 구조를 나타낸다.

〈그림 2-8〉 일반 조직도

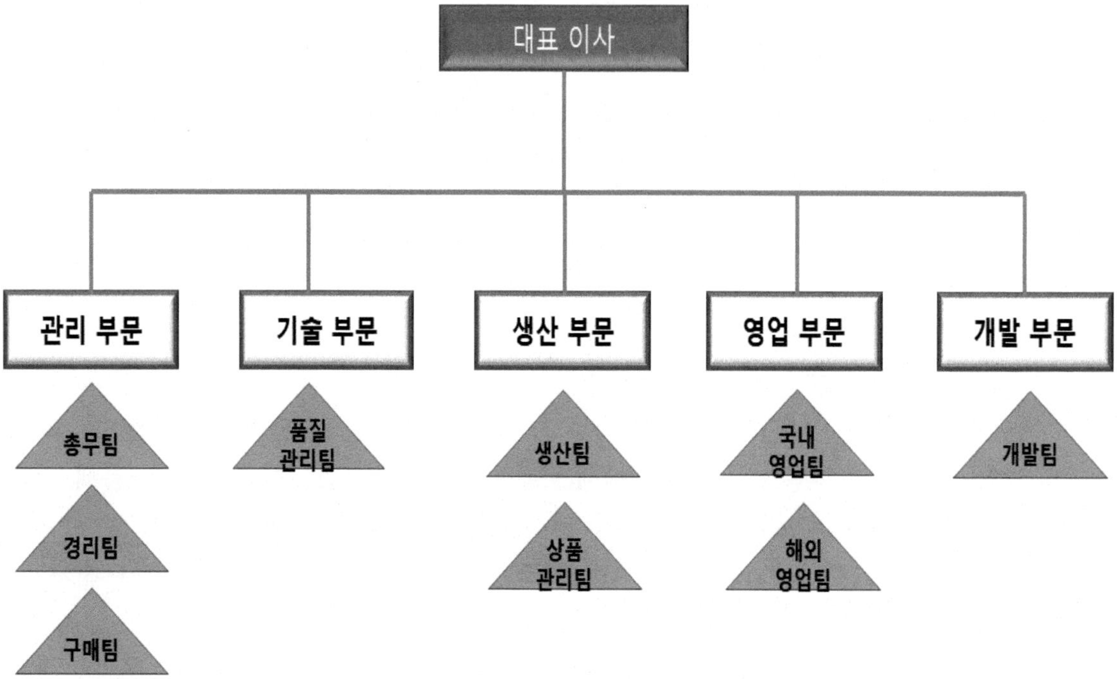

조직 구조 내의 모든 사람은 명확한 보고 및 의사소통 라인을 통해 정의된 역할을 가져야 한다. 근로자에게는 작업의 성과에 대한 명확한 지침이 필요하다. 이러한 역할은 조직의 다른 작업자가 이해하여야 조직의 목표를 위해 모든 사람이 함께 일할 수 있다. 조직 내에 직원들이 서로 상호작용하는 다양한 방식을 모두 식별할 수는 없다. 일반적으로 조직 내에서 의사소통이 어떻게 진행되고 목표가 달성되는지를 결정하는 것은 계층 구조가 아니라 개인 관계이다.

비공식 조직은 조직의 작동 방식에 영향을 미치는 사회적 위치, 관계 및 상호 작용의 합으로 구성된다. 비공식 조직은 개인적이며, 모든 사회적 상호 작용과 회원 간의 관계에 관한 것이다. 비공식 조직의 구성원은 공식적인 직책과 직무를 가질 수 있지만 자신의 가치, 개인적 이익 및 가정을 행동 방식에 반영하기도 한다. 이러한 사회적 영향으로 인해 비공식 조직의 구성원은 조직과 함께 또는 조직과 병행하거나 심지어 반대의 작업을 수행할 수 있다.

아래 〈그림 2-3〉은 공식적 구조와 비공식적 구조를 나타낸다.

〈그림 2-9〉 공식적 집단 및 비공식적 집단 관계

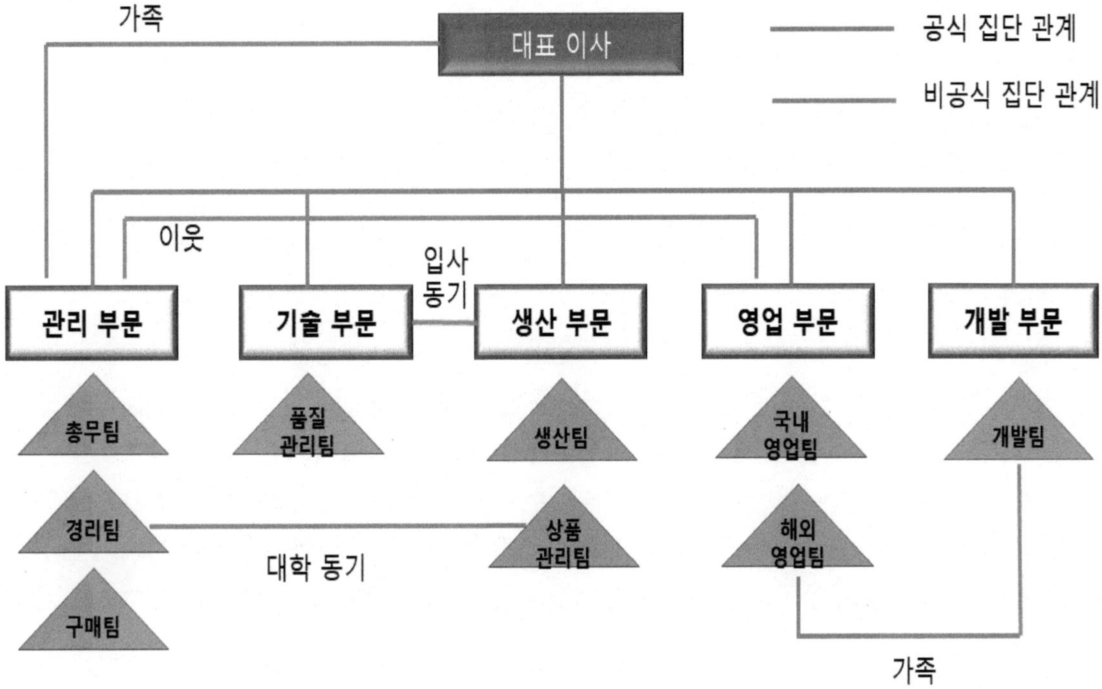

가) 공식적 집단

- 전체 기업 조직의 목표와 관련된 사업을 수행하거나 특별한 필요가 있는 경우에 공식적으로 만들어진 집단
- 각 구성원들의 직무가 명확하고 집단의 목표나 계층도 잘 규정되어 있음
- 권력, 권한, 책임, 업무, 의사소통의 경로도 명확하게 표시됨
- 공식적 집단은 명령집단(직장내 상하관계)과 과업집단(프로젝트에 따른 직무관계)이 있음

나) 비공식적 집단

- 각 구성원들이 작업환경에서 사회적 욕구를 충족하기 위해 형성된 모임
- 비공식 집단은 여러 가지 형태
- 이익집단은 공통적인 이해와 태도에 따라 형성되는 집단
- 우정집단은 구성원 상호간의 우호관계를 위하여 모인 집단

1.2 계층적 관리 구조 및 평면적 관리 구조

소규모 기업 조직은 일반적으로 대규모 기업 조직보다 관리 계층과 직원이 적기 때문에 조직도가 수평적 구조로 보이는 경우가 많다. 그 결과 상위 직책에 있는 근로자들은 대기업에서 비슷한 직위를 가진 근로자들보다 더 넓은 범위의 업무와 더 많은 책임을 지게 된다.

더 큰 기업 조직 구조는 더 피라미드 모양을 나타낸다. 그들은 종종 여러 관리 계층을 가지고 있다. 이는 보다 복잡한 보고 및 통신 구조를 생성한다. 이러한 대규모 조직에서는 특정 역할에 더 많은 직원을 사용할 수 있으므로 책임이 더 부가된다.

전략적인 의사 결정은 일반적으로 관리자 수가 적기 때문에 대규모 조직보다 소규모 조직에서 더 중앙 집중화된다. 하지만 조직이 확장되기 시작하면 한 사람 또는 소수의 소유자 팀이 모든 결정을 내리는 것이 불가능해지고 의사결정 권한이 다양한 관리 계층으로 분산되기 시작한다.

〈그림 2-10〉 소규모 조직도

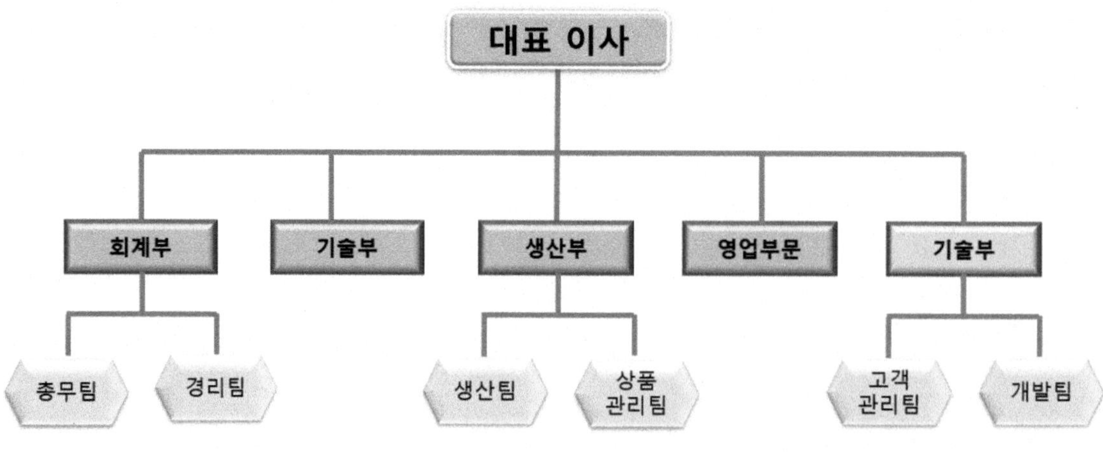

공식적인 의사소통 방식 또는 운영 정보의 흐름은 조직 구조의 일부이다. 소규모 조직에서는 특히 조직이 단일 위치에서만 운영되는 경우 작업자 간의 의사소통이 대부분 직접 처리된다. 특히 일선 직원이 경영진과 직접 상호 작용할 수 있는 기회가 더 많다. 하지만 조직이 성장함에 따라 이러한 수준의 의사소통은 줄어든다.

대규모 기업 조직에서는 대부분의 의사소통이 다양한 매체를 통한 원거리에서 이루어진다. 이러한 경우는 고립된 위치에서 일하는 작업자들이 직접 만나는 경우가 거의 없다.

〈그림 2-11〉 대규모 조직도

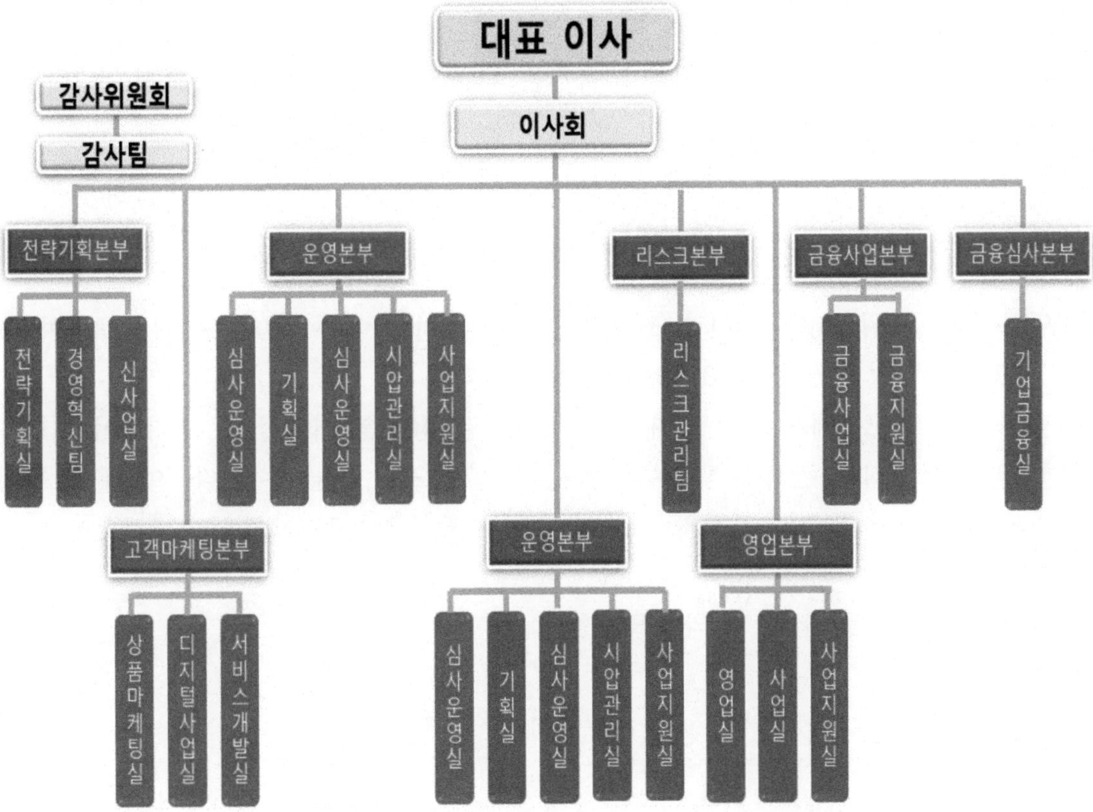

1) 관리의 역할

기본적으로 관리자의 역할은 목표 달성을 위해 기업 조직을 안내하는 것이다. 모든 조직은 특정 목적이나 목표를 위해 존재하며, 관리자는 조직이 목적을 달성할 수 있도록 조직 자원을 결합하고 사용할 책임이 있다. 하나의 관리 역할은 조직 작업자가 수행하는 의무와 작업을 할당하여 조직이 목적이나 목표를 달성할 수 있도록 하는 것이다. 모든 활동이 관리자에 의해 잘 설계되면 각 개별 작업자는 조직 목표 달성에 생산적으로 기여할 것이다. 경영진은 조직 목표 달성으로 이어질 개인 활동을 장려하고 조직 목표 달성을 방해하는 개인 활동을 억제하기 위해 노력한다.

1.3 기업 조직과 개인 목표의 충돌

개인의 이익과 목표가 기업 조직 구조에 어떻게 부합하는지 이해하면 이해 상충 문제를 줄일 수 있다. 개인은 조직의 방향과 일치하지 않을 때 자신의 개인적인 목표를 추구하려는 유혹을 받아 조직의 성공을 방해하는 문제를 일으킬 수 있다. 조직 내의 개인은 일반적으로 재정적 보상, 승진 및 동료 인지도를 높이는 목표를 위해 일하도록 동기를 부여받는다. 그러나 대부분의 경우 이러한 개인의 동기는 조직의 목표와 직접적으로 일치하지 않는다. 부정적인 결과는 조직의 개인이 개인적인 동기 부여를 위해 노력하지만 조직의 목표에 직접적으로 관심을 갖는 사람이 거의 없다는 것이다.

사업의 성공을 위해서는 개인과 조직의 목표가 일치 되어야 한다. 조직은 개인이 조직의 목표를 달성할 수 있는 목표를 갖게 해야 한다.

조직의 목표가 모두에게 공유될 때 목표 일치라는 용어를 사용할 수 있다. 이 개념을 설명하기 위해 조직을 관리자 및 부하 직원 두 그룹으로 나눌 수 있다. 이 두 그룹의 각각의 목표와 그들이 속한 조직의 목표 달성은 아래 〈그림 2-6〉과 같다.

〈그림 2-12〉 조직, 관리자 및 직원의 목표 방향 ①

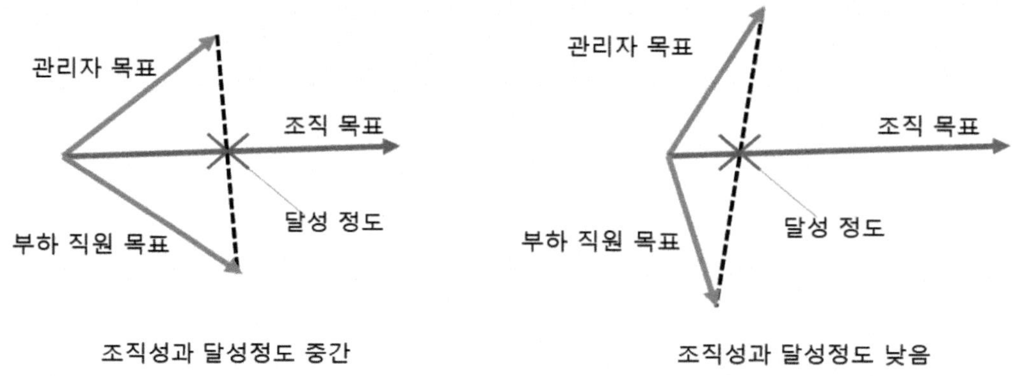

이 경우 관리자의 목표는 조직의 목표와 양립할 수 있지만 동일하지는 않는다. 반면에 부하 직원의 목표는 조직의 목표와 직접적으로 차이가 발생한다. 조직 경영 목표와 부하 직원의 목표는 성공적인 성과를 위해서 타협 및 조정을 통한 두 요소의 조합이 중요하다.

이러한 상황은 〈그림 2-7〉의 좌측 그림과 같이 조직 목표의 달성이 불가능할 경우, 훨씬 더 악화될 수 있다. 관리자와 근로자 모두는 자신의 목표가 조직의 목표와 상충된다고 볼 수 있다.

결과적으로 사기와 성과 모두 낮게 나타나며 조직의 성취도는 무시될 수 있다. 어떤 경우에는 조직의 목표가 너무 반대되어 긍정적인 진전이 이루어지지 않을 수 있다. 그 결과 상당한 손실이 발생하거나 목표 달성이 어려워질 경우가 많다.

〈그림 2-13〉 조직, 관리자 및 직원의 목표 방향 ②

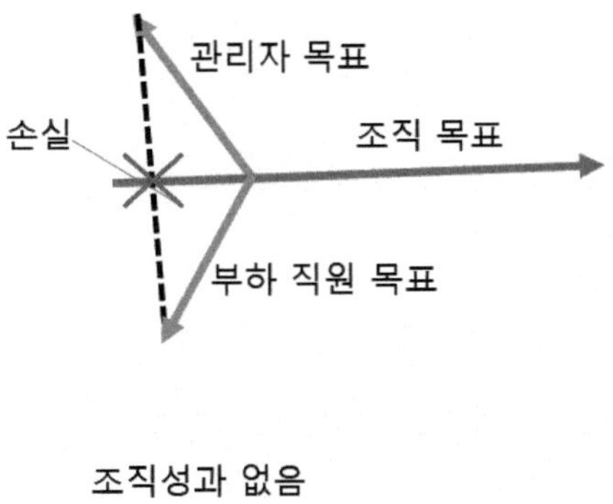

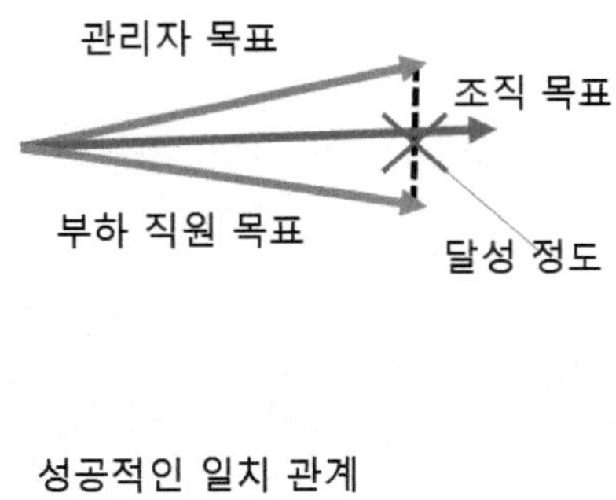

조직은 다음과 같은 분위기를 조성하기 위해 노력해야 한다.

- 조직의 개인(관리자 및 부하 직원 모두)은 조직의 목표를 동일하게 본다.
- 개인은 조직의 목표를 위해 일할 때 만족하는 자신의 목표를 나타낼 수 있다.

결과적으로 개인의 목적과 목표가 조직의 목표에 가까울수록 조직의 성과는 더 커질 것이다.

효과적인 리더가 개인과 조직의 목표 사이의 간극을 메울 수 있는 한 가지 방법은 근무자들과의 신뢰도를 쌓는 것이다. 이것은 근로자와 고위 경영진에게 영향력 있는 대변인이 됨으로써 달성할 수 있다. 이러한 유형의 리더는 조직의 목표를 편하게 직원들에게 전달하며, 직원은 조직의 목표를 향해 일하며 동시에 개인의 만족을 쉽게 연관시킬 수 있다.

1.4 개인의 요구와 기업 조직 목표 통합

조직이 목표를 달성하기 위해서는 근로자의 참여와 주인의식을 갖게 할 필요가 있다. 이러한 소유권은 직원들이 조직의 목표에 동의하는데 중요한 요소이다. 작업자는 작업을 수행할 때 권한과 책임이 주어진다. 예를 들어, 직원이 작업의 모든 측면을 수행할 수 있는 권한이 부여되며 해당 직원은 합의된 시간 내에 작업을 안전하게 완료할 책임이 있고, 만약 작업을 수행하지 못하면 자신의 행위에 대해 책임을 져야 한다. 이러한 권한과 책임은 근로자가 수행 가능여부, 범위 및 한계를 인식할 수 있도록 명확하게 정의되어야 한다.

1.5 안전보건에 영향을 미치는 기업 조직의 내부 요소

1) 재원

회사의 설립 및 운영하기 위해서는 상당한 재정적 투자가 필요하다. 일단 회사가 설립되면 회사는 운영 비용(건물 비용, 공장, 임금, 보험료 등)에 지출하는 것보다 더 많은 수입을 창출해야 한다. 이를 위해 회사는 각 부서에서 사용할 수 있는 금액을 산정하여 연간 예산을 설정한다. 운영 비용 및 생산 목표를 최선의 목표로 설정하고, 비용 절약을 위해 예산을 줄일 경우 일부의 안전보건 요구 사항은 아래 순위로 설정하거나 생략하는 경우가 있다. 재정의 부족은 필연적으로 안전보건을 관리하는데 필요한 자원의 감소로 이어질 수 있다. 그리고 재정적 자원이 제한된 조직은 비용·효율성을 고려하여 올바른 방법을 선택하지만 그것이 만약 고비용과 장기간 발생하게 될 경우, 단기적인 방법(근로자의 PPE제공 등)을 선택하려 할 수 있다. 안전보건 비용은 다른 조직 비용과 다르지 않다. 그러나 안전보건은 법적, 도덕적, 사회적 요구 사항이며 상당한 재정적 이점이 있으므로 일반적인 예산 절차에서 제외하는 것이 좋다. 회사는 법적 및 도덕적 요구 사항을 준수하기 위해 필요한 모든 비용을 지출해야 한다.

2) 생산 대상

생산 또는 서비스 목표는 조직 운영에 필수적인 요소이다. 목표가 현실적이고 달성 가능하며 안전을 손상시키지 않고 달성할 수 있어야 한다. 만약 달성할 수 없는 목표를 설정하게 되면 종종 위험을 증가시킬 수 있다.

많은 조직이 최우선 가치를 안전으로 설정하지만 현실적으로는 한계가 있다. 상업 조직은 재화와 서비스를 제공하고 그 결과로 이윤을 남기기 위해 존재한다. 그러나 생산이 안전에 희생되어서는 안 되며, 생산을 위한 작업은 안전하게 완료될 수 있는 경우에만 완료되어야 한다. 따라서 생산과 안전은 동등한 가치를 가져야 한다.

3) 노동조합

노동조합은 설립 초기부터 노동조건 개선을 최우선 과제로 여겨왔다. 지난 세기 동안 산업화된 세계에서 작업 관련 사고의 감소, 작업 방식의 개선, 산업에서의 인간 행동의 영향에 대한 인식은 조직화된 노동 조합의 노력 덕분에 발전하여왔다.

노사간의 의사소통과 합의에 기반한 의사결정은 오늘날까지 이어져 오고 있는 중요과정이다. 근로자의 참여는 주요 요소이며 긍정적인 결과를 제공한다. 근로자 대표는 근로조건이 수용할 수 없다고 결론을 내리는 경우, 개선을 위해 사측과의 논의를 한다. 노동조합과 조직이 근로자의 안전보건을 위해 필요한 조치에 대해 합의가 어려울 경우 분쟁이 발생할 수 있다.

4) 조직 목표

안전을 위한 목표와 목적을 설정하는 것은 사업 목표를 설정하는 것만큼이나 중요하다. 안전 목표와 목적은 조직의 정책과 계획에 명확하게 명시되어야 하며 근로자에게 전달되어야 한다. 이는 안전의 중요성이 사업 목표만큼이나 조직의 관리에 중요하다는 점을 근로자에게 알려져야 한다.

이러한 목표와 목적은 법규 준수를 보장해야 한다. 조직 목표는 조직의 일반화된 목표이자 전반적인 의도이다. 따라서 목표는 일반적으로 광범위하며 구체적이다.

① 조직 목표는 그 업적을 달성하기 위해 다음의 내용이 포함되어야 한다.

- 구체적 - 해야 할 일에 대해 정확
- 측정 가능 - 예상 결과에 대해 모니터링 및 측정
- 달성 가능 - 관련된 사람들의 능력 수준에 적합
- 현실적 - 목표를 달성하는데 필요한 사용 자원(시간, 재정, 직원, 장비 등)에 적합
- 시간 제약 - 예상 못한 상황을 위한 예정된 완료 날짜 지연에 관한 사항

5) 문화

조직의 문화는 관리 시스템 자체만큼이나 건강과 안전에 영향을 미친다. 근로자, 관리자 및 지도자의 태도는 안전보건에 대한 사람들의 인식은 물론 모든 규칙과 절차에 대한 행동과 준수에 영향을 미친다. 부정적인 문화는 여러 가지 문제점을 발생시킬 수 있으며, 이는 무관심, 지름길을 택하는 사람들, 조직 내 사기 저하로 이어질 수 있다.

부정적인 문화를 해결하기 위한 해결 사항은 아래와 같다.

- 의사소통 - 노사간 양방향으로 효과적이어야 하며, 안전보건 역할, 그들이 기여하는 방식 및 중요한 이유에 대한 모든 관련 정보를 제공해야 한다. 그리고 명확한 의사소통 라인을 구축해야 한다.
- 주인의식을 주기 위해 새로운 절차와 아이디어에 근로자를 참여시킨다.
- 모범을 보이는 리더와 관리자를 선발한다.
- 사용 가능한 적절한 자원과 정기적인 안전보건 문제에 대한 참여 및 토론한다.

1.6 안전보건에 영향을 미치는 기업 조직의 외부 요소

1) 법률

대부분의 선진국에는 안전보건 법규가 있다. 이를 무시한 조직은 민·형사상의 책임을 감수해야 한다. 안전보건 법률의 변경 사항은 확인 가능하며, 안전보건 전문가의 임무는 법률의 변경 사항과 조직의 법률 준수 요건을 최신 상태로 유지하는 것이다. 대부분의 경우 법은 시간의 경과에 따라 요구 사항 또한 비례하여 증가하기에 조직은 더욱 강화된 안전 규정을 준수하여야 한다.

2) 집행 기관

집행 기관은 여러 방식으로 조직에 영향을 미친다. 첫째, 안전법령을 위반한 조직을 소송할 수 있는 권한이 있다. 비공식적인 집행조치가 선행될 수 있으며, 조직은 집행조치 명령을 받은 경우 대부분은 이를 준수해야 한다. 둘째, 집행 기관은 일반적으로 안전보건 간행물 및 지침의 형태로 조언을 제공한다. 대부분의 조직은 이와 같은 지침 및 규정을 준수한다.

3) 법원 및 재판소

형사 재판에서 법원은 피고가 범죄에 대해 유죄인지 무죄인지를 결정한다. 유죄가 인정되면 벌금이나 집행유예가 선고 될 수 있다. 그 결과 기업의 평판에 악영향을 끼치며 잠재적으로 판매 또는 계약 감소를 야기할 수 있다. 형사 법원은 또한 조직에 명령을 부과할 권한이 있다. 이것은 시정 조치와 같은 조치를 취하거나 재판 결과를 공개하도록 요구할 수 있다. 민사 재판은 개인 상해 또는 질병에 대한 보상 청구를 수렴하고 재정적 보상을 제공하여 조직의 이익에 영향을 미칠 수 있다. 법원은 근로자 또는 그 대표자와 조직 간의 불만을 중재하거나 들을 수 있다.

4) 고객 및 계약자

고객 및 계약자 간의 관계는 계약에 있어서 안전보건에 중대한 영향을 미칠 수 있다. 고객과 계약자는 안전보건과 관련하여 자신의 의무와 책임을 인식해야 한다.

계약자는 필요한 작업을 수행할 수 있는 적절한 기술, 경험 및 능력을 갖도록 충분한 시간과 자원이 할당되도록 신중하게 계약해야 한다. 여기에는 안전보건에 대한 과거 기록을 살펴보고, 참고 자료를 수집하고, 계약자가 고용한 직원의 역량을 확인하고, 계약자가 사용하는 모든 하청 계약자에 대해 동일한 수준의 평가를 사용하도록 하는 것이 포함된다. 이러한 점검이 이루어지지 않으면 계약 작업 중 안전보건 관련된 사고가 발생할 경우 계약자의 과실로 판명될 수 있다.

작업을 시작하기 전에 고객과 계약자 사이에 책임과 기대치를 명확하게 정의해야 한다. 여기에는 명확한 의사소통 방식이 포함되어야 한다. 작업 전이나 작업 중에 수정사항이 있는 경우 이러한 책임과 기대치는 변경 사항이 적용되기 전에 수정되고 동의되어야 한다.

5) 보험 회사

보험 회사는 근로자에 대한 책임 보험을 마련해야 하는 국가적 요구 사항이 있는 조직에 직접적인 영향을 미친다. 회사가 비정상적으로 사고 발생률이 높은 경우 손실로 이어질 수 있기 때문에 보험료를 인상하거나 회사에 위험 감소 조치를 요구할 수 있다.

6) 여론

여론은 언론과 텔레비전, 잡지, 소셜 미디어(인터넷 및 SNS 등을 통해)와 같은 기타 미디어에 의해 형성된다. 보도 내용도 편향되어 사실보다는 의견을 표현할 수 있다. 조직은 지역사회 활동의 영향도 고려해야 한다.

〈그림 2-14〉 안전보건에 영향을 미치는 외부 요소

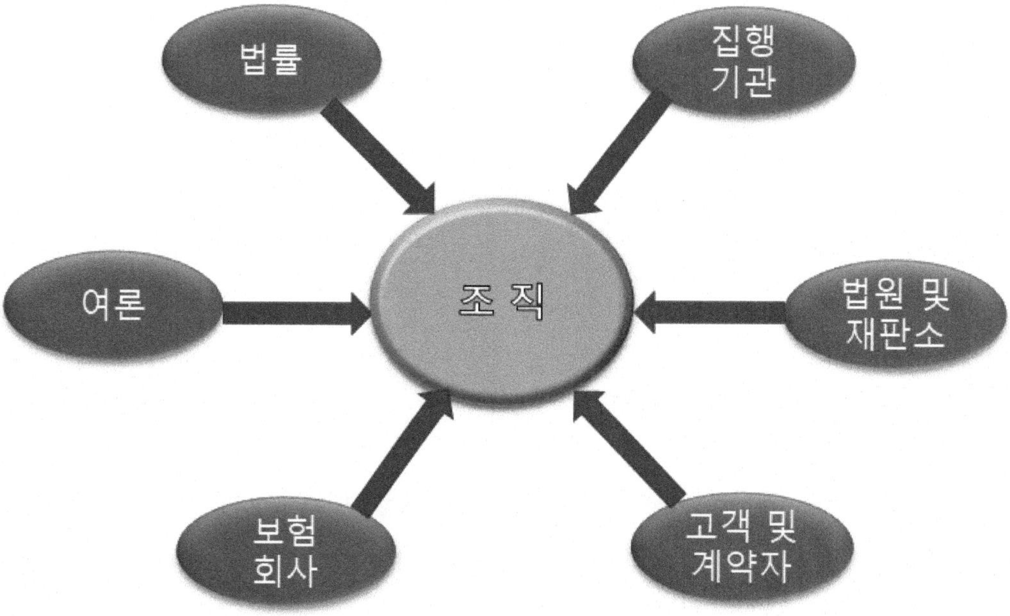

1.7 협의

1) 협의의 역할

ILO[23] Occupational Safety and Health Convention(산업안전보건협약) 제20조 및 ILO Occupational Safety and Health Recommendation(산업안전보건 권고) R164에 따르면 협의는 조직 경영진과 근로자가 공동으로 상호 관심 문제를 검토하고

23) 국제노동기구 (International Labour Organization) 사회정의 향상과 노동조건 개선 및 노동자 생활수준의 향상을 목적으로 하는 유엔 전문기구

논의하는 과정이다. 여기에는 협의와 정보의 교환을 통해 문제에 대한 해결책을 찾는 것이 포함된다. 또한 ILO Occupational Safety and Health Convention C155의 20조에는 회사 내에서 경영진과 근로자 및 그 대표자 간의 협력은 본 협약의 16~19조에 따라 취해진 조직 및 기타 조치의 필수 요소라 명시되어 있다.

그리고 ILO Occupational Safety and Health Recommendation R164 12.1에는 협약 제20조에 언급된 협력을 촉진하기 위해 국가 관행에 따라 시행하고, 필요한 경우 근로자 안전 대표, 근로자 안전보건 위원회의 임명이 포함되어야 한다. 안전보건 위원회에서 근로자는 고용주 대표와 최소한 동등한 대표성을 가져야 한다고 명시되어 있다.

안전보건에 대한 근로자와의 협의는 건강 및 안전이 효과적으로 관리되도록 하는데 있어 매우 중요하다. 고용주는 모든 근로자의 건강, 안전 및 복지와 관련된 모든 문제 또는 우려 사항에 주의를 기울여야 한다. 협의는 긍정적인 안전보건 문화를 촉진하고 모든 사람이 안전보건 정책 및 절차에 영향을 미칠 수 있는 기회를 갖도록 해야 한다. 고용주와 근로자 간의 협력이 없으면 건강과 안전을 효과적으로 관리하기가 어려워진다. 그러한 의사소통이 실패하면 모든 사람이 영향을 받을 수 있으며 일이 잘못될 가능성이 높아져 사고로 이어질 가능성이 높아진다.

가) 협의에 대한 정의

안전보건에 있어 협의는 고용주와 근로자 간의 양방향 프로세스이다. 의사소통과 협의는 안전보건 관리에 대한 근로자 참여의 가장 기본적인 형태이다. 안전보건에 대한 협의는 법적으로 요구되는 것이기 때문에 조직은 이를 올바르게 수행하는 것이 중요하며, 나아가 더 안전하고 건강한 작업장으로 이어지기 위한 관리자와 근로자의 행동 변화 유형을 달성하기 위해서는 조직 내 인력을 완전히 참여시키는 기반으로 형성되어야 한다. 상담은 공식 또는 비공식 형태로 진행할 수 있으며 이는 개인 간 대면, 근로자와의 간접적 방식 또는 근로자 대표를 통하여 이루어질 수 있다.

나) 공식 협의

(1) 근로자 대표의 임명과 그 기능

ILO Occupational Safety and Health Recommendation(산업안전보건 권고) R164에 따르면 근로자 안전 대표, 근로자 안전보건 위원회, 합동 안전보건 위원회 또는 근로자 대표는 다음을 수행한다. ①안전보건 문제에 대한 적절한 정보를 제공하고,

②안전보건에 영향을 미치는 요인을 조사할 수 있으며 이와 관련된 조치를 제안할 수 있다. ③안전보건 조치의 계획 및 실행단계에서 안전보건에 영향을 미칠 수 있는 계획의 변경과 같은 사항에서는 근로자의 협의와 지지를 얻어야 한다. ④안전보건 문제에 관한 사업 수준에서 의사 결정 과정에 기여할 수 있어야 한다. ⑤작업장의 모든 부분에 접근할 수 있고 작업장에서 근무하는 시간 동안 안전보건 문제에 대해 근로자와 의사소통할 수 있다. ⑥안전보건 관련 문제 해결을 위해 노동 감독관에게 연락을 취할 수 있고, 안전보건 문제에 관한 협상에 참여할 수 있다. 그리고 ⑦특정 안전보건 문제에 대해 조언하기 위해 전문가에게 상의가능하다. 그리고 ⑧근로자를 대표하여 안전보건 위원회 회의에 참석하여야 한다.

조직이 근로자 대표 선정을 위한 선거를 결정한 경우에는 직원이 선출할 수도 있다. 근로자 대표가 하는 일에 대해 자세히 알아보려면 근로자 대표의 역할과 기능에 대한 영국의 접근 방식을 살펴보는 것이 좋다.

고용주는 다음 사항에 대해 협의해야 한다.

- 근로자의 안전보건에 실질적으로 영향을 미칠 수 있는 시스템의 도입
- 안전보건 전문가의 관련 법률을 준수하기 위한 조치
- 근로자에게 작업에서 발생할 수 있는 위험 및 이와 관련된 정보 제공
- 안전보건 교육의 계획 및 조직
- 최신기술 도입에 따른 안전보건 결과

근로자 대표의 기능은 다음과 같다.

- 근로자들을 대표하고 안전보건을 고려하여 이와 관련하여 영향을 미칠 수 있는 문제에 대하여 근로자들과의 상의
- 집행 당국의 안전보건 검사관이 근로자를 상담할 때 근로자를 대표
- 작업장에서 사고, 아차사고, 기타 잠재적 위험 및 위험한 상황을 조사
- 직원의 건강, 안전 또는 복지에 대해 제기한 불만 사항을 조사
- 조사 결과를 고용주에게 제출
- 작업장을 검사

다) 안전보건 위원회

안전보건 위원회는 조직의 경영진과 근로자 또는 근로자 대표가 작업장의 안전보건 문제에 대해 논의 및 협의할 수 있는 기회를 제공하는 수단이다. 미국, 영국, 한국 등 일부 국가에서는 보건 및 안전 위원회를 구성하는 것이 법적 요구 사항이다.

효과적인 보건 및 안전 위원회는 다음을 갖추어야 한다.

- 적절한 수와 구성원의 조합(경영진 및 근로자)
- 결정을 승인할 적절한 권한
- 정해진 의제
- 회의 주재자
- 직원들과 원활한 의사소통 방식
- 행동 및 행동 당사자를 식별하는 회의록
- 정기적인 회의

안전 위원회의 기능은 다음과 같다.

- 건강 및 안전 목표에 대한 진행 상황 모니터링
- 안전보건 정책을 모니터링하고 적절한 경우 검토
- 사고 및 질병 경향 검토
- 모니터링(예: 감사 또는 검사 보고서)에서 발생하는 문제 보고
- 집행 당국에 보고
- 안전보건 규칙 및 절차 개발 지원
- 안전보건에 영향을 미칠 수 있는 작업장 변경 또는 법률 변경 검토
- 보건 및 안전 교육 프로그램을 고려

라) 근로자와 직접 협의

소규모 기업 조직에서는 각 근로자와 직접 협의하는 것이 더 효율적일 수 있다. 설문조사는 직원에게 컨설팅을 제공하는 데에는 유용하지만, 신뢰가 부족하면 설문조사가 훼손되고 응답률이 낮아질 수 있다. 설문조사의 신뢰도 향상을 위해서는 답변자의 익명성이 보장되어야 하며, 답변자의 설문 문항에 대한 이해력 또는 언어 능력을 고려해야 한다.

모든 근로자가 그룹 회의 또는 개별 1:1 회의에서 상담할 수 있다.

기업 조직이 근로자와 상담할 수 있는 몇 가지 비공식적인 방법이 있다. 특정 안전보건 문제를 해결하고 변화를 만드는 방법을 모색하기 위해 토론 그룹을 구성한다. 그룹에 관련된 작업자는 검토 중인 문제에 직접 관여해야 문제해결에 실제로 기여할 수 있다. 특정 안전보건 문제에 대한 위험을 탐색하고 위험을 처리하는 방법을 나눌 수 있는 안전위원회를 마련할 수 있다. 근로자의 견해를 피드백 할 수 있는 부서회의 의제를 안전보건을 주제로 설정하여 안전보건 문제를 논의할 수 있다.

고위 관리자가 직원을 직접 만나 아이디어와 문제 사항을 공유할 수 있도록 관리자가 정기적으로 접근할 수 있는 경우 근로자는 위험에 대해 더 개방적일 가능성이 높으며 특히 제기된 문제에 대해 조치를 취하는 경우에는 더욱 그렇다.

특별 인력 회의는 전체 인력을 모아 그들의 견해와 의견을 취합할 수 있다. 이것은 정기적인 팀 회의에 추가될 수 있다. 대규모 회의에서 의견과 아이디어를 교환하는 것이 사람들이 자신의 의견을 더 편안하게 공유할 수 있는 소규모 모임에서만큼 효과적이지 않을 수 있다.

뉴스, 이메일 및 웹 기반 포럼을 통해 조직은 작업자의 개별적인 견해와 제안을 회신받을 수 있다.

마) 상담의 4단계(참조: 안전보건에 근로자 참여, UK HSE HSG263)

(1) 시작하기: 준비

이 단계에서는 근로자의 참여를 위한 준비과정으로 다음을 포함해야 한다.

- 직원과 안전보건에 대한 협의 이유
- 법적 구성과 사업장 적용 방법
- 문제에 대한 공동 해결책 마련
- 사업과 직원 참여에 대한 약속

(2) 정리하기: 계획하기

효과적인 계획을 수립하기 위한 과정이며, 다음의 사항을 고려하여야 한다.

- 직원과 안전보건에 대한 협의 이유
- 법적 구성과 사업장 적용 방법
- 문제에 대한 공동 해결책 마련
- 사업과 직원 참여에 대한 약속

(3) 완료하기: 상담 및 참여

직원 또는 직원 대표자와 상의하고 참여시키는 방법에 대한 실용적인 조언을 제공한다. 다음과 같은 사항을 논의한다.

- 안전보건 대표자의 의무
- 직원 참여 방법
- 조사 및 검사에 대표자 참여 방법
- 안전보건 위원회 구성 및 운영

(4) 바로잡기: 계속 개선하기

인력 참여를 위한 준비가 가능한 효과적인지 확인하는 방법과 개선할 수 있는 방법을 다룬다.

- 모니터링(감사 또는 검사 보고서 등)
- 진행 상황 검토
- 비상사항 조치

2) 협의 시 고려 사항

가) 집단 압력

다른 구성원들과 차별화된 특성과 배경을 가진 사람은 집단의 지배적인 구성원의 가치관에 동조해야 할 것 같은 압력을 받을 수 있다. 이러한 집단 압력은 또래 그룹, 관찰자 또는 개인에게 자신의 태도, 가치 또는 행동을 변경하도록 영향을 미친다. 비공식 그룹은 협의 과정과 안전보건 전반을 방해할 수 있으며, 반대로 근로자가 경영진과의 회의에서 토론을 독려함으로써 긍정적인 영향을 미칠 수도 있다.

나) 토크니즘의 위험

사회적 소수 집단의 일부만을 대표로 뽑아 구색을 갖추는 정책적 조치 또는 관행을 말한다. 근로자 대표를 안전 위원회에 임명하는 것은 인정하지만 견해는 무시하거나 협의를 단순한 행위로 수행할 경우 안전에 위험이 발생할 수 있다. 결정을 내리는 것은 경영진의 권리이지만 협의 후에도 결정에 대한 이유를 제시해야 한다.

다) 잠재적 갈등

필연적으로 이해가 충돌이 되는 경우가 있다. 예를 들어, 근로자 대표가 근로자의 안전보건에 관한 사항을 대표할 수 있을 뿐만 아니라 노동조합을 대표하는 경우이다. 이러한 경우, 만약 노동조합과 조직 경영진이 충돌하는 경우, 안전보건위원회에서 근로자 대표의 조치는 안전 문제 해결보다 조직의 경영진 의사가 더 반영될 수 있다.

라) 협의 과정에서 안전보건 전문가의 역할

안전보건 전문가는 안전보건 위원회 회의에 참석하는 조직 구성원에게 필요한 교육을 제공하고, 관리자, 근로자 또는 근로자 대표와의 상호 작용을 통해 안전보건 협의를 촉진하며, 국가 법률과 안전보건 표준 및 절차에 따른 책임을 이해하는데 중요한 역할을 한다. 안전보건 전문가는 직장에서 조직 구성원간의 파트너십을 구축·유지하고 안전보건 목적을 달성하기 위한 사업의 모든 사항을 지원하는 핵심 역할을 한다.

1.8 안전보건 및 행동 변화 프로그램

1) 안전보건 문화와 안전보건 분위기의 의미

가) 문화(장기 목표와 결과)

안전문화는 직장 내 안전과 관련하여 근로자가 공유하는 태도, 신념, 인식 및 가치로 정의되며, 이는 조직문화와 연결되어 있다. 문화는 사람들이 자신의 행동에 대한 적절성을 판단하는 맥락을 형성한다. 조직의 문화는 직장에서 인간의 행동과 성과에 영향을 미친다. 조직의 문화는 안전 관리 시스템만큼 안전보건 결과에 큰 영향을 미칠 수 있다.

나) 안전 분위기(단기 목표와 결과)

안전 분위기는 조직분위기의 특수한 형태로 작업환경에서 안전문제에 대한 구성원 개인들의 인지도를 지칭한다.[24] 그것은 기업의 분위기나 작업장의 분위기와 관련이 있다. 안전 분위기는 단기적으로 변하기 쉬우며 리더십, 구조, 보상 및 인정을 포함한 많은 요인에 의해 결정된다.

다) 긍정적인 안전보건 문화 및 분위기를 촉진할 수 있는 요소

긍정적인 안전보건 문화가 있는 조직의 근로자는 소속감을 가지며 건강 및 안전이 중요하다고 판단할 수 있다. 이를 위해선 명확한 정책 및 관리 시스템과 조직 관리자의 리더십 등이 필요하다. 이것은 건강과 안전이 관리자와 감독자가 지속적으로 수행해야 하는 의사결정 과정의 고려사항으로 관리 구조 전체에 영향을 끼친다. 다음 요소는 긍정적인 안전보건 문화와 분위기를 조성하는 요소들이다.

- 경영진의 헌신과 리더십
- 안전보건 관리 절차
- 정보 제공
- 근로자 참여 및 협의
- 훈련
- 소유권 촉진
- 목표 설정 및 달성

라) 부정적인 안전보건 문화 및 기후를 조장할 수 있는 요인

열악한 조직문화는 작업 규칙의 미준수와 같은 불안전한 행동을 용인하는 분위기를 조장하며, 조직이 안전보건 문제해결에 효과적인 조치를 취하는데 어려움을 초래할 수 있다. 이와 같이 열악한 안전보건 문화를 가진 조직은 모든 공정과 절차에 악영향을 주며, 이는 제품의 품질 불량 및 재정 감소를 야기하여 근로자의 건강과 안전을 악화시킬 수 있다.

다음 항목은 부정적인 안전보건 문화와 관련된 사항들이다.

24) 안관영(2006), 안전분위기 안전사고의 관계 및 인적요인과 물적요인의 상호작용효과, 대한안전경영과학회지, 8권 6호, p3

• 조직의 변화와 불확실성
• 조직의 목표 또는 방법에 대한 자신감 부족
• 불확실성
• 상호 신뢰를 저해하거나 약속에 대한 혼란을 초래하는 경영진 결정

1.9 안전보건 문화 개선

변화는 현대 조직 생활의 보편적인 특징이지만, 변화가 개인적으로 영향을 주는 경우에는 사람들에게 스트레스와 긴장을 유발하여 불편함을 유발할 수 있다.

이를 개선을 위해서는 해당 변경에 대한 계획이 필요하다. 일반적으로 이는 적절한 지침, 명확한 목표 및 작업, 지정된 개인에게 주어진 현실적인 시간 척도가 포함된 구체화 및 구조화된 계획을 사용하여 수행할 수 있다.

1) 기획 및 커뮤니케이션

문화 개선에 대한 계획은 조직의 최고 경영진에서 시작되지만 모든 구성원의 참여가 권장되어야 한다. 계획에는 개선의 목적, 달성 수단, 구현에 대한 책임, 필요한 시간 및 자원이 포함되어야 한다. 계획은 또한 발생할 수 있는 문제, 가능한 이의 제기, 잠재적 영향 및 이러한 문제를 해결하기 위한 조치를 포함하여야 한다. 추측과 오해를 막으려면 변경 프로세스에 대한 정보를 가능한 빨리 전달하고 변경이 진행됨에 따라 정기적으로 업데이트해야 한다.

2) 점진적(단계적) 접근

변화의 방법 중 한가지는 시간이 지남에 따라 변화가 점진적으로 도입되는 점진적 접근 방식을 채택하는 것이다. 이는 변경 사항이 채택되고 확립되는데 긴 시간이 걸리기 때문이다.

John Kotter(1996)[25]는 미국 조직에 대한 연구를 통해 대규모 조직의 변화를 관리하기 위한 8단계 변화 프로세스를 설명하였다.

25) John P. Kotter는 국제적으로 알려져 있으며 리더십과 변화의 주제에 관한 최고의 연사로 널리 알려져 있음. Konosuke Matsushita 리더십 교수, 하버드 비즈니스 스쿨의 명예 교수, MIT와 하버드를 졸업하였으며, Kotter의 성공적인 변화 및 리더십에 대한 관련 연구함.

• 긴박감 조성: 변화의 필요성
• 지도 연합 결성(권위와 신뢰성을 갖춘 지도 연합)
• 비전과 전략 개발: 명확한 목표
• 변화 비전 전달: 이해와 헌신을 촉진
• 행동 장벽 제거
• 단기적 성과 달성: 동기를 부여 및 추가 지원을 보장
• 변화 모멘텀 유지: 이익을 통합하고 변화 유도
• 새로운 가치, 태도, 행동과 같은 새로운 접근 방식을 문화에 정착

〈그림 2-15〉 John Kotter의 점진적 접근 프로세스

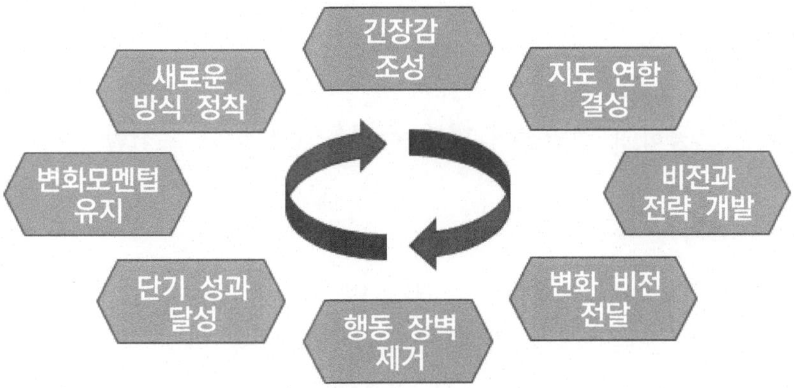

가) 직접 방법

이것은 조직의 문화적 변화에 영향을 주기 위해 조치가 필요하며, 이러한 조치를 통하여 변화가 일어난다. 즉, 변경 프로그램의 프로세스, 목표 및 시간 규모를 해결하기 위해 설정된 공식적인 구조이다.

나) 간접 방법

간접적인 방법은 문화적 개선이라는 목적 없이 취해진 조치이다. 예를 들어, 건강 및 안전 검사 또는 위험 평가는 작업장의 건강 및 안전 결함을 식별하고 사람, 절차 또는 프로세스와 관련된 시정 조치를 구현하여 시정한다. 위험성 평가에 근로자를 참여시키는 것은 근로자가 안전 관리 방법에 대한 변경 사항을 수용하고 동의하도록 하는 간접적인 방법이다.

다) 작업자 참여

다른 안전보건 문제와 마찬가지로 개선의 과정은 근로자의 참여와 헌신 없이는 성공할 수 없다. 직원 또는 대표자는 프로세스의 모든 단계에 참여해야 한다.

라) 교육 및 성과 측정

훈련만으로는 문화를 바꿀 수 없지만 기대치를 전달하고 새로운 행동을 가르치는데 매우 유용할 수 있다. 성과 측정 기술을 도입하여 변화의 효과를 평가하고 효과를 주기적으로 평가할 수 있다. 또한 사고율, 결근율 및 감사 결과와 같은 측정 도구를 사용하여 문화 개선 프로그램의 개선 항목을 평가할 수 있다.

마) 피드백의 중요성

피드백은 성공 여부를 결정하는데 중요하다. 피드백은 경영진이 근로자에게 또는 근로자가 경영진에게 제공하여 경영진이 변경 측면을 검토하고 수정할 수 있도록 한다.

바) 작업 환경의 변화

작업장 환경은 작업자의 성과, 생산성, 건강 및 안전에 중요한 역할을 한다.

열악한 작업 환경은 근로자의 사기에 부정적인 영향을 미칠 수 있으며, 의사소통이 원활하고 관리/감독 지원이 있는 쾌적하고 깨끗한 작업환경은 사기와 생산성을 크게 향상시키고 건강과 안전의 위협을 줄일 수 있다.

사) 인력에 대한 신뢰 구축

안전보건 문화를 긍정적으로 개선하거나 추진하는데 중요한 것은 신뢰 구축이다. 건강과 안전이 생산만큼 중요하다는 것을 보여주고, 직원의 의견을 경청하고 수용함으로써 경영진이 건강과 안전에 대해 진지하다는 것을 알 때 신뢰가 구축된다.

3) 문화 변화의 함정과 문제

- 문화를 너무 빨리 바꾸려는 시도
- 너무 광범위한 접근 방식 채택
- 의사소통 방식의 신뢰 문제
- 변화에 대한 저항

1.10 안전보건 정책

1) 소개

안전보건 관리를 위해서는 명확한 정책이 필요하며, 이를 통해 조직과 관련된 모든 사람은 조직의 안전보건 목표와 달성 방법을 알 수 있다. 안전보건 정책은 운영 전반에 걸쳐 비즈니스 효율성과 지속적인 개선에 기여한다.

경영진의 참여를 통해 조직이 모든 이해 관계자에게 사람과 환경에 대한 책임을 고려하고 있음을 나타낸다. 정책은 모든 안전보건 문제에 대한 명확한 목표, 목적, 조직, 준비 및 비즈니스의 목적을 명시해야 한다.

일부 정책은 근로자에 대한 요구 사항에 국한되거나 일부 모호한 해석으로 관리자의 책임만을 다룰 수 있지만, 이러한 정책은 효과적인 정책을 요구하는 국가의 안전보건정책을 충족하기 어렵다. 올바른 안전보건 정책은 또한 안전보건 이외의 영역에서 조직의 성과를 향상시키고 인력의 개인적 발전을 돕고 재정적 손실을 줄일 수 있다.

ILO의 ILO-OSH 2001 관리 시스템에서는 고용주가 근로자 및 근로자 대표와 협의하여 다음과 같은 안전보건 정책을 마련해야 한다고 권장한다.

- 조직에 고유하고 조직의 규모와 활동의 성격에 적합하다.
- 고용주 또는 조직의 최고 책임자의 서명 또는 승인에 의해 간결하고 명확하게 작성되고 날짜가 기입되어야 효력이 발생한다.
- 작업장에 있는 모든 사람에게 전달되고 쉽게 접근할 수 있어야 한다.
- 지속적인 적합성에 대해 검토됨
- 적절한 경우 관련 외부 이해 관계자에게 제공된다.

또한 ILO는 보건 및 안전 정책에 조직이 전념하는 다음과 같은 주요 원칙과 목표를 최소한 포함해야 한다고 권장한다.

2) 정책서

안전보건 정책서는 종종 안전보건 정책 선언문 또는 안전보건 정책으로 조직 또는 회사의 목적[26]과 목표[27]가 포함되어야 한다. 목적은 변경되지 않은 상태로 유지되지만

26) 노력하여 구체적으로 성취하려는 대상
27) 최종적으로 달성되는 결과

목표는 매년 검토 및 수정된다.

정책서는 조직의 가장 고위직이 서명하고 날짜를 기입해야 한다. 이것은 건강과 안전에 대한 경영진의 의지를 보여주고 정책에 권한을 부여한다. 여기에는 궁극적인 책임이 있는 위치와 정책 설명을 검토하는 빈도가 표시된다.

안전보건 정책을 개발하고 조직의 모든 직원에게 전달하는 것은 가장 고위 관리자의 책임이다. 그는 다음을 확인해야 한다.

- 모니터링 및 감사, 사고 조사 및 교육
- 안전보건을 관리하기 위한 적절한 자원을 사용
- 규칙과 절차의 측면에서 다양한 건강 및 안전 조치
- 직원의 복지를 위한 조치
- 정기적인 검토 및 필요한 경우 건강 및 안전 정책 개정

정책 선언문은 조직 내의 특정 안전보건 문제와 위험을 다루어야 하므로 외부 컨설턴트가 아닌 조직에서 작성해야 한다. 대규모 조직에서는 개별 정책을 통합하는 포괄적인 일반 정책과 함께 각 부서 또는 현장에 대한 안전보건 정책이 필요할 수 있다.

안전보건 정책 성명을 작성할 때 다음 사항을 고려해야 한다.

- 건강과 안전, 복지 및 관련 환경 문제를 다루어야 하는 목표
- 건강과 안전을 책임지는 조직이나 회사의 경영진
- 안전보건 고문 및 안전 대표자 또는 기타 유능한 보건 및 안전 담당자
- 접근, 탈출, 위험 평가, 안전한 공장 및 작업 시스템, 사용, 취급, 운송 및 취급의 기본 요구 사항에 대한 약속
- 물품 및 물질, 정보, 교육 및 감독
- 비상 절차, 건강 감시 및 고용에 대한 추가 요구 사항에 대한 약속
- 계약자, 고객, 학생 등에 대한 의무
- 조직의 주요 위험 요소
- 조직의 특정 정책(예: 흡연 정책, 직원에 대한 폭력 등)
- 안전보건위원회를 통한 직원 협의에 대한 약속
- 직원의 의무와 권리
- 구체적인 안전보건 성과 목표
- 정책 성명서에 명시된 목표를 달성하기 위한 필요한 자원 제공

2. 안전 관리 조직

2.1 기업 조직 종류

1) 기업 조직 관리의 개요

가) 기업 조직의 정의[28]

(1) 공식적 목표를 달성하기 위한 집합체나 사회적 단위
(2) 개인이 완수할 수 없는 목적을 달성하기 위한 협동 체제
(3) 환경에 대하여 적응하는 사회적 단위로 보는 개방적 체제
(4) 집단 혹은 공동체가 일정한 목적 또는 의사를 달성하기 위해서, 지휘 관리와 역할 분담이 정해져 계속적인 결합이 유지되고 있는 상태
(5) 조직은 자체의 생명력을 가진 유기체로서 개인들의 집합체 이상의 것이며, 스스로 생존시키고 유지시키려는 속성을 가지고 있다

2) 기업 조직의 기본형태

가) 기업 조직의 기본적 방향

(1) 조직의 구성원을 모두 참여시킬 것
(2) 각 계층 간에 종적, 횡적, 기능적으로 유대관계를 이룰 것
(3) 조직의 기능을 충분히 발휘할 수 있을 것

나) 기업 조직 이론

(1) 전통적 관리조직의 이론[29]

- 과학적 관리론 : 최소의 노동과 비용으로 최대의 생산효과를 확보할 수 있는 방법을 찾아내기 위한 이론

28) https://ko.wikipedia.org/wiki/조직 (사회과학)
29) https://ko.wikipedia.org/wiki/조직이론 (조직이론)

• 행정관리론 : 행정학의 원칙인 조직의 능률성, 경제성, 효과성 제고를 위한 것이며, 조직의 최고 관리층에서 맡아야 할 보편적인 조직의 원리들을 제시

• 관리과정론 : 기업경영을 기술활동, 상업활동, 재무활동, 보호활동, 회계활동, 관리활동 등 6가지로 구분

• 관료제론 : 계층제적 형태를 띤 복잡한 대규모 조직의 구조로 거대 조직을 지식을 통한 통부의 통치

(2) 신고전주의 이론

• 인간관계론 : 조직 내에서 비공식 집단과 집단적 관계를 중시하고, 민주적이고 참여적인 관리를 통하여 목표 달성을 도모하는 조직 이론

(3) 근대적 관리조직의 이론

• 행태 과학론 : 조직의 인간적 요소 그리고 조직의 심리적 체제에 주의를 집중하고 경험적인 조사연구의 방법을 중요시하는 접근방법

• 의사결정이론 : 현대 조직이론에서 합리적 관점에 의거한 의사결정에 따라 판단한다는 조직이론

• 경영과학 모형 : 당면한 문제가 분석가능하고 변수 정의와 측정이 가능할 때 조직의 의사결정을 정하는 방법

• 카네기 모형 : 제한된 합리성에 근거한 조직의사결정 모형

• 시스템 이론 : 시스템은 목표, 구조, 기능이라는 요소로 구성되어 있으며 이를 바탕으로 조직을 이해하는 이론

다) 기업 조직 이론의 특징

(1) 조직은 공통의 목적을 가지며, 이 목적을 달성하기 위하여 인적, 물적 요소의 상호작용을 통하여 하나의 구조적 과정을 형성한다.

(2) 구조적 과정을 형성하기 위하여 제 기능을 분화하고 권한을 배분하여 개개인에게 할당하여 목적 달성에 기여토록 한다.

(3) 활동을 조정함으로써 유효한 사회체제로서 유지시켜 나가는 특성을 갖는다.

(4) 조직은 일정한 공통된 목적을 달성하려는 인간의 복합적인 의사결정의 체계로 정의할 수 있다.

3) 기업 조직의 종류

가) 직계식 조직

(1) 개요

직계식 조직은 최상위에서 최하위에 이르는 모든 직위가 단일 명령권한의 라인으로 연결된 조직이다. 직계식 조직에서 하위 그룹에 속한 자는 직속 상위자와의 직접적인 관계만을 갖는다. 라인 관계는 모든 조직과 단위 조직에 조직편성의 기본이 되지만, 대규모 및 환경변화가 많은 현대의 산업조직에서 라인 관계만으로는 적용하기엔 한계가 있다.

(2) 직계식 조직의 장 · 단점

- 장점
  - 조직은 명령계통이 매우 간단하면서 일관성
  - 책임과 권한의 구속이 분명
  - 경영 전체의 질서유지
- 단점
  - 상위자의 1인에 권한이 집중되어 있기 때문에 과중한 책임 발생
  - 권한을 위양하여 관리단계가 길어지면 상하 의사소통에 시간이 걸림
  - 횡적 의사소통에 한계

〈그림 2-16〉 직계식 조직도

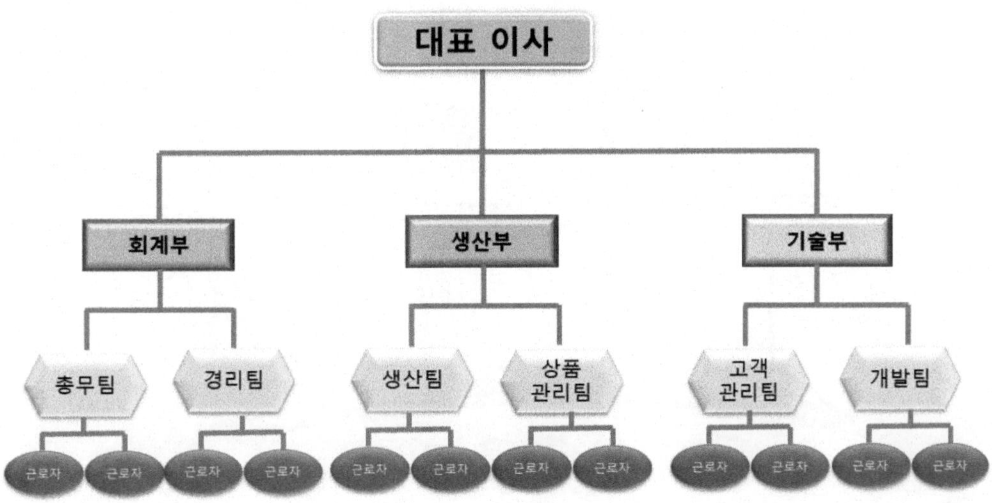

나) 직능식 조직

(1) 개요

직능식 조직은 관리자가 일정한 관리기능을 담당하도록 기능별로 전문화가 이루어지고, 각 관리자는 관리직능에 따라 다른 부문이 부하에 명령 · 지휘할 수 있는 권한이 있는 조직을 말한다.

(2) 직능식 조직의 장 · 단점

- 장점
  - 상위자의 관리직능을 직능별 전문화에 의하여 배분함으로써 그 부담을 경감 가능
  - 상위자의 전문적 능력을 충분히 발휘
  - 관리자의 양성이 용이
- 단점
  - 하위자는 다수 상위자로부터 명령을 받을 수 있어 혼란 발생 가능
  - 책임의 소재가 불분명 가능
  - 동기계층의 관리자간의 의견대립이 있을 때에 그 조정이 어려움

〈그림 2-17〉 직능식 조직도

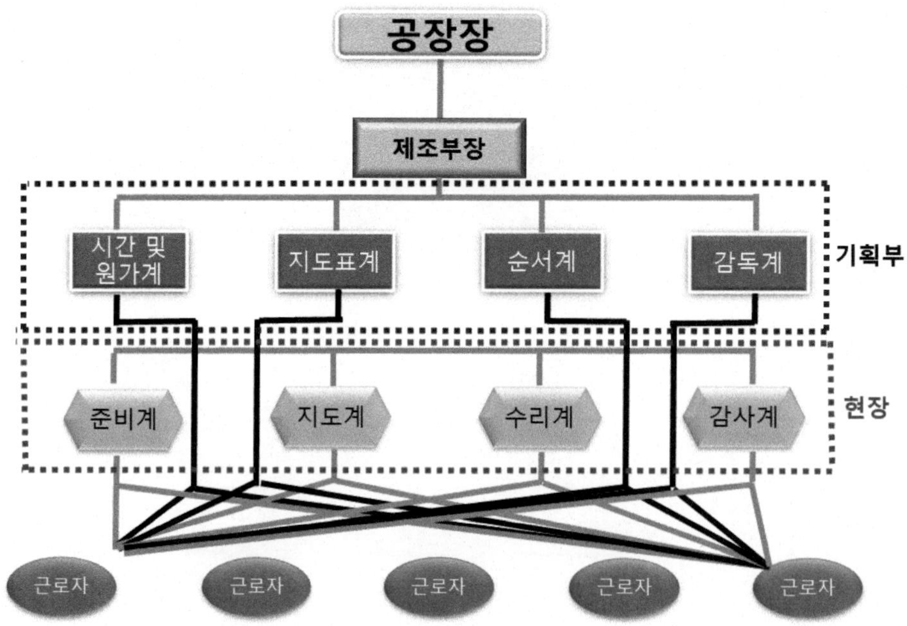

다) 직계참모 조직

(1) 개요

직능별 전문화의 원리와 명령 일원화의 원리를 조화 목적으로 라인과 스태프의 구성을 결합한 조직이다. 본 조직은 라인의 결정과 명령을 실시할 수 있는 체계로 보고, 스태프는 라인에 대하여 조력을 행하는 체계이다. 조직형태는 라인과 스태프의 관계를 명확히 하며, 양자 관계의 조화를 위한 노력이 필요하다.

(2) 직계 참모 조직의 장 · 단점

- 장점
  - 명령의 통일성을 확보 가능
  - 전문가를 활용함에 따라 업무의 질과 능률을 향상 가능
- 단점
  - 스태프를 임용 시 스태프가 라인부문의 집행에 개입하여 명령 체계의 혼란 발생 가능
  - 스태프가 경시되면 조력이 라인에 의해 활용되지 못하는 결과발생

〈그림 2-18〉 직계 참모 조직도

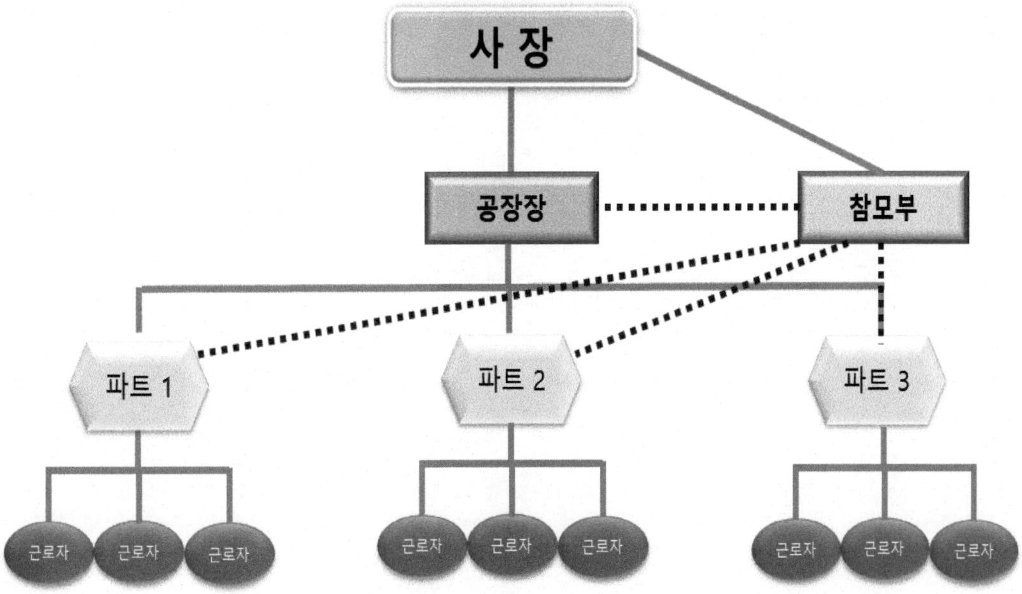

라) 사업부제 조직

(1) 개요

사업부제 조직은 기업의 경영활동을 사업부별로 시장책임단위와 독립채산적인 관리제도를 행하는 이익책임단위, 그리고 타 기업과도 같은 이권화단위의 세가지 형태를 가진 조직이다. 기업경영의 이익관리를 위한 책임중심점으로서 제품의 생산계획 및 판매계획 등을 독자적으로 수행하게 되는 것이다.

(2) 대기업이 사업부제 조직을 채택하게 된 이유

- 경영의 다각화 전략에 적응 위함
- 마케팅의 요구에 부응 위함
- 의사결정의 합리화를 위함
- 책임체제의 명확화를 위함
- 실천에 의한 경영자를 양성 위함
- 동기 부여를 개선하기 위함

(3) 제품별 사업부제 조직

이 조직은 분리할 수 있는 제품의 종류마다 독립된 사업체이며, 대표는 제품, 판매 기타 모든 직능에 관한 책임을 지는 조직체이다. 제품별 사업부제 조직은 제품계열 중에서 동질성이 있는 제품을 분리하여 독립적으로 구분되도록 독자적인 제품사업부를 나누는 것이다.

(4) 지역별 사업부제 조직

이 조직은 지역의 구분을 명확히 하고, 그에 따라 사업부장이 책임과 관리를 하는 조직이다. 기업의 사업단위를 지역단위로 나눠 책임경영을 위한 구조이다. 사업부의 책임자는 지역의 경영 활동에 권한과 책임을 가진다.

〈그림 2-19〉 사업부제 조직도

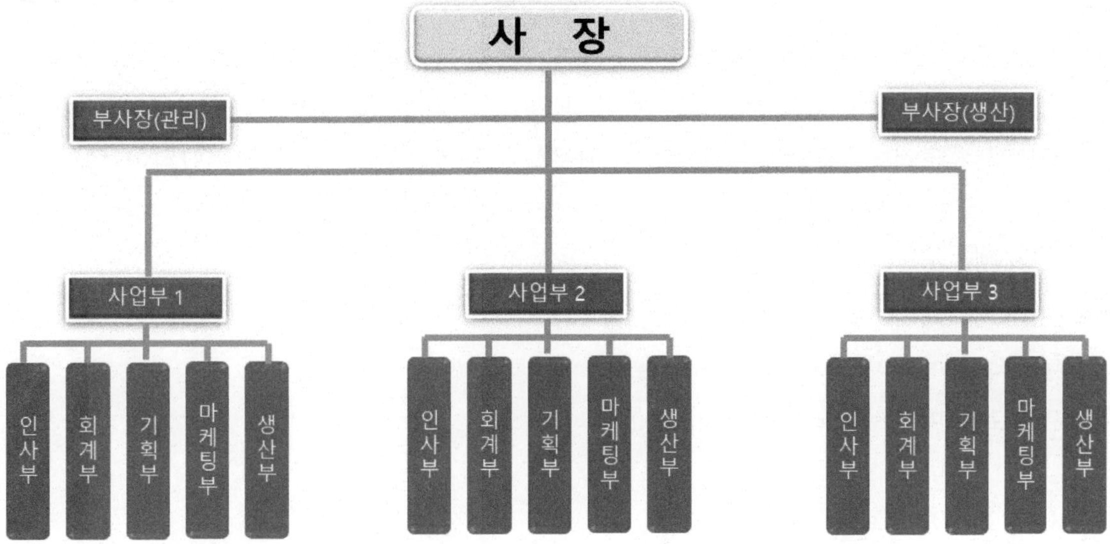

마) 프로젝트 조직

(1) 개요

- 프로젝트 조직은 특정한 프로젝트, 즉 과제를 처리하기 위하여 일시적·잠정적으로 형성된 조직체를 말한다.
- 오늘날 경영자는 경영상 어떤 사안을 아이디어로서 제기시켜서 그것을 효율적으로 제품화하고, 또 그것을 판매할 구체화된 계획을 세워 나갈 수 있고, 또한 그것을 집행하지 않으면 안된다.
- 프로젝트를 처리함에 있어서 직능별 조직이나 사업부 조직 또는 직계참모 조직으로는 불가능하다. 예컨대, 우주개발 프로젝트, 미사일 개발 프로젝트, 플랜트 건설 프로젝트, 도시개발 프로젝트, 연구개발 프로젝트 등 이들 모든 프로젝트를 유효하게 실현하기 위해서는 확고한 책임자 중심의 계획과 그 추진을 위한 조직이 필요하다.
- 프로젝트 조직 또는 과제 기동식 조직이라고 말한다.

(2) 프로젝트 조직의 특성

- 경영조직 내부에 프로젝트별로 조직화를 꾀한 조직형태이다.
- 원칙적으로 일시적이며, 잠정적인 조직이다.

• 프로젝트 매니저는 라인의 장이며, 프로젝트를 기획·실시하는 권한과 책임을 가지고 있다.
• 직능부문 조직이나 사업부제 조직이 조직구조를 중심으로 한 것임에 비하여 프로젝트 조직은 과정을 중심으로 하여 이것과 구조를 통합하는 새로운 조직이다.
• 프로젝트 조직에는 직능분화에 의한 전문화가 이루어지지 못한다는 단점이 있다.

(3) 프로젝트 조직의 책임자 유형

• 프로덕트 매니저(product manager)
• 프로젝트 매니저(project manager)
• 프로그램 매니저(program manager)

〈그림 2-20〉 프로젝트 조직도

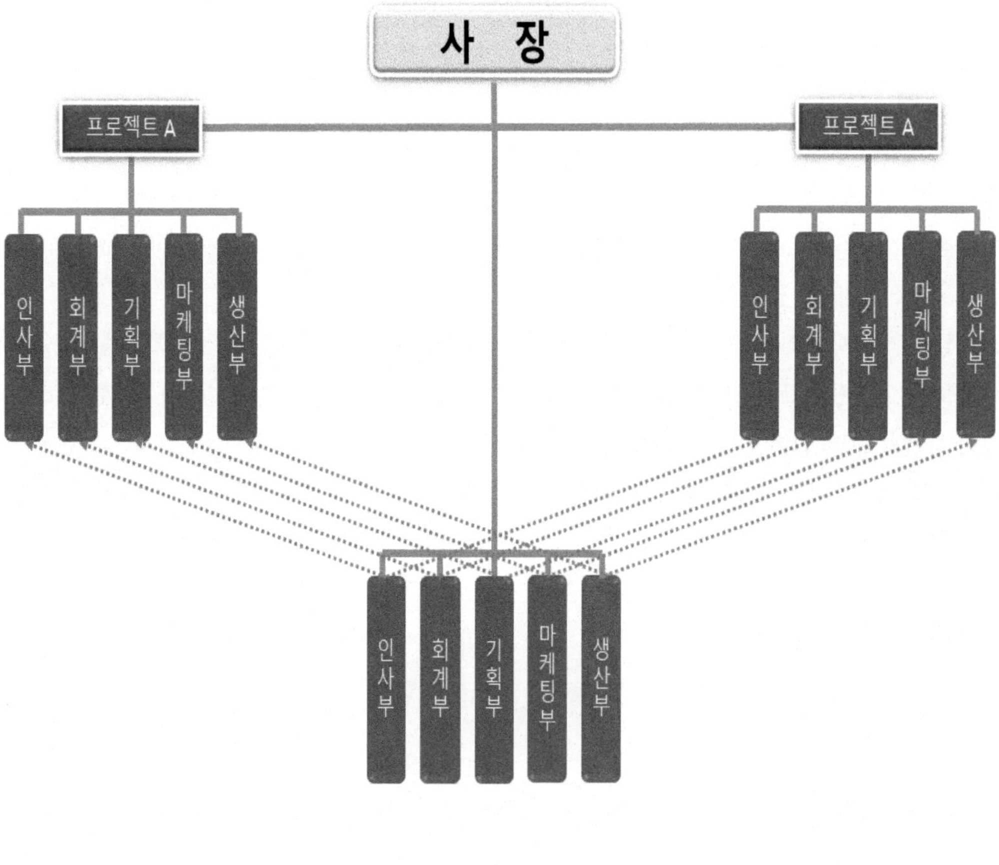

바) 위원회 조직

직계식 조직, 직능식 조직 그리고 직계 · 참모조직식의 3가지 형태를 보완한 조직이다. 특정 목적을 위하여 공동의사를 결정하는 집단이다. 집단에 의한 공동의사 결정 이라는데서 찾을 수 있으며, 이 조직에 있어서 결정은 대체로 조언적 성질을 가지는 경우가 많지만 기능적으로는 협의 또는 조정기능이 높이 평가되고 있다.

사) 안전관리 조직(safety and management organization)

- 안전관리를 효율적으로 수행하고 성과를 올리기 위해서는 우선 다음과 같은 안전의 근원적인 문제에 대한 검토가 필요하다.
- 기업의 관리에 적합한 형태로 유도(변환)하는 방법이 강구되지 않으면 안전관리의 효율이 오르지 않는다.
- 관리하여야 할 내용을 정확하게 파악하는 것이 유효한 안전관리를 실시하기 위한 문제이다.
- 안전관리는 기업의 조직활동으로 실천되지 않으면 안되는 것이므로 이 문제를 관리하는데 적합한 조직을 생각하여야 한다.
- 사업장에서 안전관리를 조직적으로 추진하고 재해 예방의 성과를 올리기 위해서는 다음과 같은 사항들이 필요하다.
- 경영자는 안전우선의 자세를 스스로의 경영 기본방침 및 안전방침에 공표하여야 한다.
- 안전보건관리책임자는 경영자의 기본방침에 의거하여 안전관리자 및 보건관리자를 지휘하여 산업재해예방시책을 적극적으로 추진 · 관리하여야 한다.
- 경영자의 기본방침에 의한 안전활동을 조직적으로 추진하기 위해서는 각 계층의 합의에 의한 공장 안전관리 계획을 수립하고 실시 · 통제하여야 한다.
- 안전활동을 효과적으로 추진하기 위해서는 무엇보다도 라인의 책임자가 활동하기 쉽도록 다음의 조건을 정비하여야 한다.
  - ▷ 생산조직에 준하는 안전관리체제를 확립. 즉, 생산라인의 각 계층의 안전확보와 관련되는 책임, 직무 및 권한을 분명하게 결정
  - ▷ 안전관리 예산을 편성
  - ▷ 안전활동의 근거가 되는 안전관리 규정, 안전기준, 안전수칙 등을 정함
  - ▷ 관계자에 대한 교육을 통해 안전활동에 필요한 능력을 부여

▷ 직장 내에 인간관계를 형성

▷ 산업재해 예방을 위한 기준 준수

▷ 근로자의 신체적 피로와 정신적 스트레스 등을 줄일 수 있는 쾌적한 작업환경 조성 및 근로조건 개선

▷ 사업장의 안전 및 보건에 관한 정보 제공

〈그림 2-21〉 안전관리의 조직적 추진기구

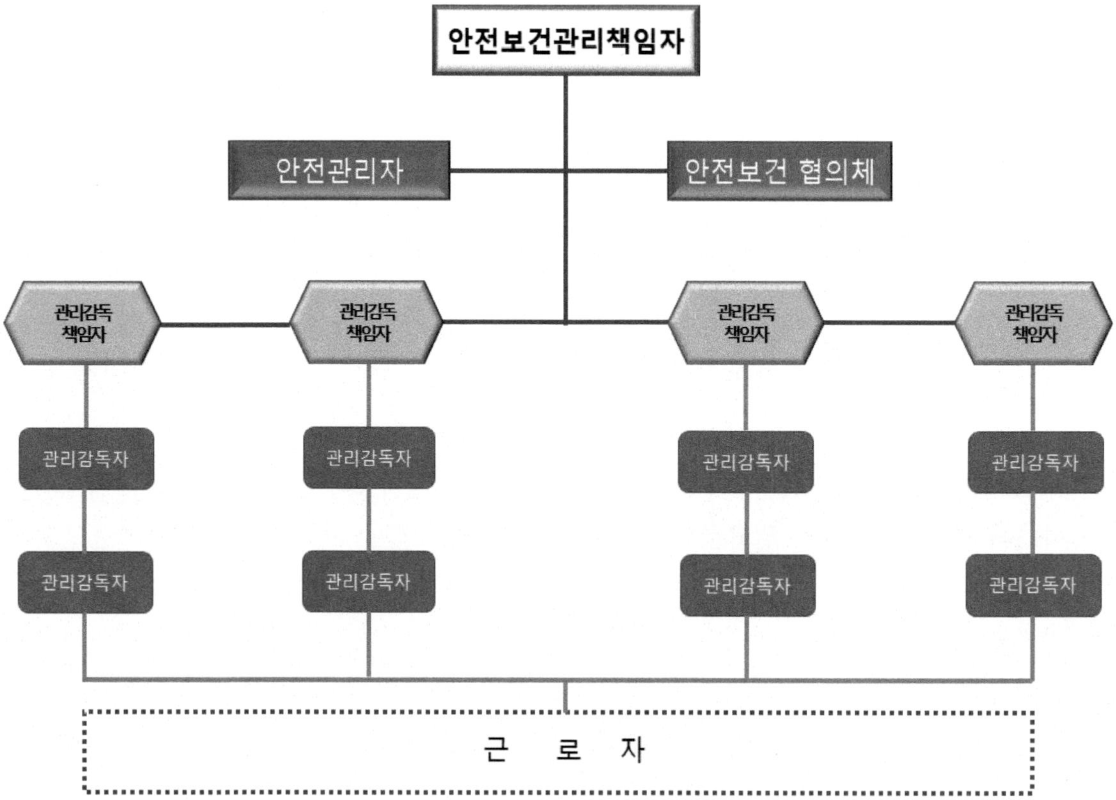

2.2 집단관리

1) 집단의 정의

공동의 목표를 달성하기 위하여 조직된 소수의 상호 의존적이고 상호 작용적인 인간의 집합체이다.

가) 집단의 개념적 요소

(1) 집단은 소수의 인원으로 구성되며 최소한 2인 이상으로 구성되는 사회적 집합체이다. 규모의 최대 한계가 없으며, 매일 직접적인 접촉이 가능한 정도로 국한된다고 본다. 다수는 집단을 형성하더라도 그것은 이미 집단이 아니고 조직으로 변한다.

(2) 집단은 공동의 목표를 가지고 있으며, 공식적 집단은 조직이 부여한 임무와 기능을 수행한다. 비공식집단도 각자의 욕구를 달성 하려는 공동의 목표를 가지고 있다. 그들은 상호 의존 관계로 공동의 목표를 달성하기 위해 노력한다. 이를 위해서는 상호 간의 일정한 질서와 규범이 존재한다.

(3) 집단은 집단구성원 간에 상호 작용과 의존적인 관계이며 교호 작용을 계속적으로 유지한다.

(4) 사회집단의 유형

- 결합의지
  - 공동사회 : 집단이 본인의 의지 혹은 선택이 아닌 선천적, 자연발생적 결성된 집단
  - 이익사회 : 의지나 선택에 의해 후천적 결성된 집단
- 접촉방식
  - 1차 집단 : 직접적이고 영구적이며 친밀한 관계
  - 2차 집단 : 간접적, 형식적, 사무적 접촉 방식
- 소속감
  - 내집단 : 구성원간 공동체 의식이 강한 집단
  - 외집단 : 적대의식이나 이질감을 갖는 타인 집단
- 결합의지에 따라 공동사회와 이익사회로 구분

- 공동사회 : 인간의 자연적 의지에 의해 형성된 집단으로 감정적이고, 전통과 관습에 의해 행동하고, 전인적인 관계가 형성되는 비공식적 집단
- 이익사회 : 합리적 의지에 의하여 결합, 인간 관계가 수단적이며, 일시적이고, 공식적인 집단

나) 인간관계의 구조

심리학적으로 인간의 정신 발달과정은 다음과 같이 구분된다. 각 단계는 일정한 시기에 시작하여 끝나는 단계는 명확치 않고 일생 동안 계속되는 경우가 대부분이다.

(1) 일체화 : 인간의 심리적 결합
(2) 동일화 : 다른 사람의 행동양식이나 태도를 투입시키거나 다른 사람 가운데서 자기와 비슷한 것을 발견하려는 것
(3) 역할 학습 : 유희
(4) 투사 : 자기 속에 억압된 것을 다른 사람의 것으로 생각하는 것
(5) 의사소통 : 여러 행동인식이나 기호를 통하여 타인에게 전달되는 과정(언어, 몸짓, 신호, 기호 등)
(6) 공감 : 이입 공감, 그러나 동정과 구분
(7) 모방 : 타인의 행동이나 판단을 표본으로 하여 그것에 같도록 행동, 또는 판단을 취하려는 것
(8) 암시 : 다른 사람으로부터의 판단이나 행동을 무비판적으로는 논리적, 사실적 근거 없이 받아들이는 것

다) 집단에 있어서 사회 행동의 기초

(1) 욕구

- 1차적 욕구 : 생명유지와 종족 보존을 위해 기본적 필요한 것을 추구하는 욕구 , 물리적 욕구(기아, 갈증, 성, 호흡, 배설 등)와 위급 욕구(유해한 자극 배제)
- 2차적 욕구 : 경험적으로 획득된 것으로 사회적 욕구(지위, 명예 등)
- 개성 : 성격, 능력, 기질의 3가지 요인이 결합
- 인지 : 사태 또는 사상에 관련된 지식
- 신념 : 본인 및 타인의 경험을 통한 지식 체계로 판단 기준
- 태도 : 사태 또는 사상에 대하여 개인 또는 집단의 지속적 반응성 경향

라) 집단에서의 인간관계

- 경쟁 : 상대방보다 목표에 빨리 도달하고자 하는 노력
- 공격 : 상대방을 가해하거나 또는 압도하여 어떤 목적을 달성하는 것
- 융합 : 상반되는 목표가 강제, 타협, 통합에 의하여 공통된 하나가 되는 것
- 코퍼레이션 : 인간들의 힘을 함께 모으는 것, 협력, 조력, 분업
- 도피와 고립 : 인간의 열등감에서 오며, 자기가 소속된 인간관계에서 이탈함으로써 얻는 것

마) 집단의 3가지 기능

(1) 집단 응집성 : 내부로부터 생기는 힘

응집성 지수 = 실제 상호작용의 수 / 가능한 상호작용의 수

(2) 행동의 규범

- 집단규범은 집단 유지 및 집단 목표를 위한 것으로 집단에 의해 지지되며 통제된다.
- 집단의 존속과 집단 구성원간의 상호작용으로 구성되고 있으며, 이를 위한 집단규범은 그 집단을 유지하며, 집단의 목표를 달성하는데 필수적인 것으로서 자연 발생적으로 성립되는 것이다.

(3) 집단의 목표 : 집단 목표는 집단이 역할을 하기 위해 필요한 사항이다.

바) 집단효과 : 개인이나 집단 속에 있는 경우 개인에게 미치는 집단의 영향

(1) 동조효과 : 특정인 및 집단의 영향을 받아 개인의 생각을 바꾸는 효과로 복잡한 사고과정을 단순화 가능
(2) 시너지 효과 : 하나의 기능이 다중으로 이용될 때 생성되는 것으로 상승효과
(3) 견물 효과 : 개인보다 집단을 자랑스럽게 생각

사) 집단효과의 결정요인

(1) 참여와 분배
(2) 문제해결과정
(3) 갈등해소

(4) 영향력과 동조
(5) 의사결정 과정
(6) 리더십
(7) 의사소통
(8) 지지도 및 신뢰

아) 집단 관리시 유의 사항

(1) 집단규범 : 집단의 존속이 유지되며 구성원간의 상호작용이 이루어지고 있는 동안 집단규범은 그 집단을 유지하며, 집단의 목표를 달성하는 데 필수적인 것으로서 자연 발생적으로 성립되는 것이다.

(2) 집단 참가감 : 구성원이 그 집단에 기여하는 공헌도는 중요한 역할을 맡는 지위의 높이만큼 크며, 이것이 소속 집단에 대한 참가감과 결부되어 목적달성을 위한 근무 의욕을 향상시킨다.

자) 집단 갈등

(1) 정의 : 갈등이란 개인이나 집단이 함께 일을 수행하는데 애로를 겪는 형태로서 정상적인 활동이 방해되거나 파괴되는 상태

(2) 집단간 갈등 원인

- 상호의존성 : 둘 이상의 집단이 목표 달성을 위하여 상대방에게 의존하는 상황
- 의사소통 결함 : 타집단에 송신한 메시지에 대한 잘못된 해석
- 영역 모호성 : 집단내 개인의 수행업무에 불분명하게 구분된 상태
- 자원부족 : 한정된 자원으로 집단내 배분하는 경우 자원 확보를 위해 갈등 발생

(3) 갈등의 촉진 방법

- 의사소통 : 관리자들은 의도적으로 의사소통 방식을 조종 가능하며, 이는 전달자의 의도에 따라 모호성, 긴장감, 위기감을 발생시킬 수 있다. 이러한 공식 및 비공식적인 방식의 정보는 조직 구성원 간의 갈등을 촉진할 수 있다. 하지만 이와 같은 의사소통은 조직 구성원들의 참여를 자극하고, 구성원 간의 의견을 나눌 수 있으며, 시스템에 대한 피드백을 받을 수 있다.

- 구성원의 이질화 : 이는 일정한 특성을 나타내는 단위부서에 그 구성과 다른 구성원이 추가되어 발생할 수 있는 차이를 나타낸다. 이러한 이질화는 새로운 구성원이 이질적인 역할을 수행하며, 단위부서의 동질성에 영향을 주게 되어 혼란이 발생 가능하다.
- 조직구조의 변경 : 기존에 설정된 목표 및 특성에 따라 분류된 조직구조가 새로운 목표설정 및 내외부적인 시스템 변경으로 조직 개편이 발생하여 조직 구성원의 변경이 발생 될 경우, 새로운 목표달성을 위한 집단 구성원간의 업무, 이해관계 등에 의해 갈등이 발생 될 수 있다.
- 경쟁에 의한 자극 : 관리자에 의해 조직 내 경쟁상황이 조성될 경우 갈등이 발생 될 수 있다. 이는 조직 내 집단 간 혹은 개인 간의 부여된 목표 달성을 위해 경쟁의식을 유발하게 되어 갈등이 발생 될 수 있다.

(4) 갈등해결의 방법

- 상위 목표의 설정 : 갈등구성원 간의 목표차이 발생 시 상위 목표를 설정하여 집단 간의 상호의존관계를 형성
- 자원의 확충 : 갈등구성원 양자 간의 문제를 해결하기 위해 추가 자원 확보
- 타협 : 자신 및 상대의 이익을 양보
- 전제적 명령 : 갈등상황에서 상위자가 권한을 이용하여 갈등 해결
- 조직구조의 변경 : 집단구성원간의 상호교류 통해 긴밀한 인간관계 유지
- 공동의 적을 설정 : 공동으로 위협을 느낄만한 적 설정

3. 안전보건위원회 기능

3.1 산업안전보건위원회

1) 기업 조직 관리의 개요

가) 정의

산업안전보건위원회는 사업장의 안전과 보건에 관한 중요시항을 사업주와 근로자들이 함께 참여하여 심의·의결하는 회의체이며, 안전과 보건의 유지·증진을 위한 중요한 사항을 노·사가 함께 논의하고 결정함으로써 근로자의 이해와 협력을 구하고, 의견을 반영한다.

나) 관련법령 사항

산업안전보건법 제24조 및 같은 법 시행령 제34조~제39조에 의거하여 사업의 종류와 규모에 따라 50인, 100인 또는 300인 이상 사업장에 구성을 의무화하며 그 내용은 아래의 〈표 2-1〉과 같다.

〈표 2-3〉 산업안전보건위원회 의무화 규모

사업의 종류	사업장의 상시근로자 수
1.토사석 광업 2.목재 및 나무제품 제조업; 가구제외 3.화학물질 및 화학제품 제조업; 의약품 제외(세제, 화장품 및 광택제 제조업과 화학섬유 제조업은 제외한다) 4.비금속 광물제품 제조업 5.1차 금속제조업 6.금속가공제품 제조업; 기계 및 가구 제외 7.자동차 및 트레일러 제조업 8.기타 기계 및 장비 제조업 (사무용 기계 및 장비 제조업은 제외한다) 9.기타 운송장비 제조업(전투용 차량 제조업은 제외한다)	상시근로자 50명 이상

사업의 종류	사업장의 상시근로자 수
10.농업 11.어업 12.소프트웨어 개발 및 공급업 13.컴퓨터 프로그래밍, 시스템 통합 및 관리업 14.정보서비스업 15.금융 및 보험업 16.임대업; 부동산 제외 17.전문, 과학 및 기술 서비스업(연구개발업은 제외한다) 18.사업지원 서비스업 19.사회복지 서비스업	상시근로자 300명 이상
20.건설업	공사금액 120억원 이상(「건설산업기본법 시행령」 별표 1의 종합공사를 시공하는 업종의 건설업종란 제1호에 따른 토목 공사업의 경우에는 150억원 이상)
21.제1호부터 제20호까지의 사업을 제외한 사업	상시근로자 100명 이상

다) 중대재해처벌법상의 산업안전보건위원회 규정

중대재해처벌법은 사업주 등에 대해서 제2장 중대산업재해 제4조사업주와 경영책임자 등의 안전 및 보건 확보의무에 따라 "안전보건관리체계의 구축 · 이행 의무"를 명시적으로 부과한다.

산업안전보건위원회는 노사 동수로 구성되어 사업장의 안전과 보건에 관한 사항을 자율적으로 심의 · 의결하는 기구이며, 종사자의 의견이 사업장의 의사결정으로 이어질 수 있는 통로이다

이에 따라 산업안전보건위원회를 구성 · 운영해야 하는 사업장에서는 근로자 참여를 위한 핵심 수단으로 동 위원회를 활성화하여 운영하는 것이 필요하다.

안전 및 보건 확보의무는 다음과 같다.

① 재해예방에 필요한 안전보건관리체계의 구축 및 이행
② 재해발생시 재발방지 대책의 수립 및 이행

③ 중앙행정기관 · 지방자치단체가 관계 법령에 따라 개선, 시정 등을 명한 사항의 이행
④ 안전 · 보건관계 법령에 따른 의무이행에 필요한 관리상 조치

2) 산업안전보건위원회 구성 및 운영 의무

산업안전보건위원회의 구성 및 운영의 의무는 사업주에게 있으며, 사업주는 노사 동수로 구성 및 운영하며 일반적으로 근로자, 사용자위원 각 4인 이상 10인 이내로 구성한다.

- (근로자위원)근로자대표, 명예산업안전감독관, 근로자대표 지명 9명 이내 근로자
- (사용자위원) 사업의 대표자, 안전 · 보건관리자, 대표자 지명 9명 이내 부서장
  시행령 37조 제1항에 따라 정기회의(분기별), 임시회의(위원장 필요시) 개최 · 운영
- 회의록 작성 · 보관, 심의 · 의결사항의 성실한 이행, 불리한 처우 금지 등 규정

가) 산업안전보건의원회 심의 및 의결 사항

안전보건관리책임자의 업무 중 중요한 사항으로, 구체적인 내용은 산업안전보건법 제15조제1항에서 정하고 있으며, 그 내용은 아래와 같다.

(1) 사업장의 산업재해예방계획의 수립
(2) 안전보건관리규정의 작성 및 변경
(3) 근로자에 대한 안전보건교육
(4) 작업환경측정 등 작업환경의 점검 및 개선
(5) 근로자의 건강진단 등 건강관리
(6) 산업재해의 원인조사 및 재발 방지대책 수립 등에 관한 사항 등
(7) 산업재해에 관한 통계의 기록 및 유지에 관한 사항
(8) 안전장치 및 보호구 구입 시 적격품 여부 확인에 관한 사항
(9) 그 밖에 근로자의 유해·위험 방지조치에 관한 사항

산업안전보건위원회를 구성 · 운영하지 않은 경우, 심의 · 의결한 사항을 성실하게 이행하지 않은 경우 5백만 원 이하의 과태료가 부과된다. (법 제175조제5항제1호)

3.2 산업안전보건위원회 구성

1) 위원회 구성 절차

산업안전보건위원회를 보다 효율적으로 구성하기 위해서는 ① 위원회 구성 공고, ② 준비위원회 구성, ③ 위원 지명, ④ 운영규정 제정 등의 절차를 거치는 것이 바람직하다.

〈표 2-4〉 산업안전보건위원회 절차

산업안전보건위원회 구성 절차	내용
산업안전보건위원회 구성 공고	사업주는 산업안전보건위원회의 구성 사유가 발생한 경우, 절차에 따라 신속하게 위원회가 설치될 수 있도록 하며, 위원회의 의미 · 구성에 필요한 사항 · 준비위원회 구성 등에 관한 사항을 모든 근로자가 알 수 있도록 공고하는 것이 필요
준비위원회 구성	산업안전보건위원회의 위원 구성 및 규정 작성전 위원회의 역할을 명확히 위해 준비위원회 구성 구성과정에 근로자의 의견을 반영
위원 구성의 준비	위원회 위원 수 및 위원 구성방법 등을 정하고 위원회 운영규정을 검토
운영 규정 제정	산업안전보건위원회의 실효성을 높이고 원활한 운영을 위함 노사 위원의 구성방법 · 위원의 신분 보장 · 회의 운영 방법 등 세부적이고 구체적인 사항은 노 · 사 자율로 정함 구성과 운영을 준비하는 과정에서 노 · 사간에 협의를 통해 운영규정을 마련하고, 마련된 운영규정은 사업장에 갖추어 두도록 함

2) 구성원칙과 위원장 선출

산업안전보건법 제24조(산업안전보건위원회)에 따르면 사업주는 사업장의 안전 및 보건에 관한 중요 사항을 심의 · 의결하기 위하여 사업장에 근로자위원과 같은 수로 구성되는 산업안전보건위원회를 구성 · 운영하여야 한다.

사업장의 안전보건에 관한 중요 문제를 노 · 사가 협력하여 논의하기 위한 균형적인 참여가 보장되어야 하기에 근로자위원과 사용자위원은 같은 수로 구성하여야 한다. 일반적으로 위원의 수는 근로자위원과 사용자위원 각 4인 이상 10인 이내로 구성한다.

3) 근로자 위원 구성

근로자대표란 근로자의 과반수로 조직된 노동조합이 있는 경우에는 그 노동조합을, 근로자의 과반수로 조직된 노동조합이 없는 경우에는 근로자의 과반수를 대표하는 자를 말한다. 산업안전보건위원회의 근로자위원은 그 실체를 '사람'으로 규정하므로 근로자의 과반수로 조직된 노동조합이 있는 경우에는 그 노동조합의 대표가 근로자대표가 된다.

과반수로 조직된 노동조합이 없는 경우 근로자의 과반수를 대표하는 자의 선출 방법 · 절차에 관하여 규정은 없으므로 근로자 간 합의로 정하여 선출한다.

4) 사용자위원 구성

산업안전보건법 시행령 제35조 산업안전보건위원회의 구성에 따르면 사용자위원으로 다음의 해당하는 사람으로 구성해야 한다.

① 해당 사업의 대표자(같은 사업으로서 다른 지역에 사업장이 있는 경우에는 그 사업장의 안전보건관리책임자를 말한다. 이하 같다)
② 안전관리자(산업안전보건법 제17조제2항에 따라 안전관리자를 두어야 하는 사업장으로 한정하되, 안전관리자의 업무를 안전관리전문기관에 위탁한 사업장의 경우에는 그 안전관리전문기관의 해당 사업장 담당자를 말한다) 1명
③ 보건관리자(산업안전보건법 제18조제2항에 따라 보건관리자를 두어야 하는 사업장으로 한정하되, 보건관리자의 업무를 보건관리전문기관에 위탁한 사업장의 경우에는 그 보건관리전문기관의 해당 사업장 담당자를 말한다) 1명
④ 산업보건의(해당 사업장에 선임되어있는 경우로 한정한다)
⑤ 해당 사업의 대표자가 지명하는 9명 이내의 해당 사업장 부서의 장(상시근로자 50명이상 100미만 사업장 제외 가능)

5) 위원의 신분 보장 및 임기

사업주는 산업안전보건위원회의 위원에 대하여 직무수행과 관련한 사유로 불리한 처우를 하여서는 안되며, 이러한 불리한 처분이란, 배치전환, 강등, 임금삭감 등은 물론 승진, 승급 기타 대우에 관한 일체의 불리한 처분을 말한다.

그 외 위원의 신분 보장과 관련된 명시적 규정은 없으나, 비상임 · 무보수로 하여야 한다.

산업안전보건위원회 위원의 임기에 관하여 명시적 규정은 없으므로 위원회에서의 합의를 통해 임기를 정할 수 있다.

3.3 산업안전보건위원회 운영

1) 운영 흐름도

〈그림 2-22〉 산업안전보건위원회 운영

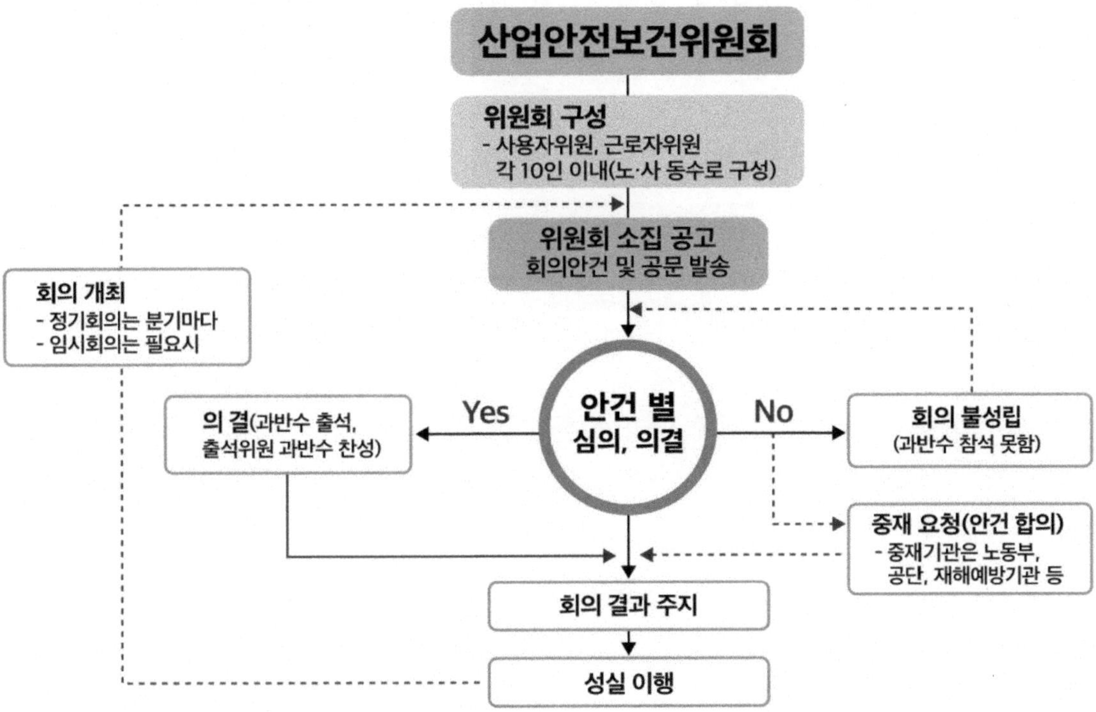

* 출처: 산업안전보건위원회 매뉴얼, 2021

2) 회의 개최

산업안전보건법 시행령 제37조에 따르면 산업안전보건위원회의 회의는 정기회의와 임시회의로 구분하되, 정기회의는 분기마다 산업안전보건위원회의 위원장이 소집하고, 일반적으로 개최일 최소 7일전에 관련사항을 통보하며, 임시회의는 위원장이 필요하다고 인정할 때에 소집한다.

회의는 근로자위원 및 사용자위원 각 과반수의 출석으로 개의하고 출석위원 과반수의 찬성으로 의결한다.

근로자대표, 명예산업안전감독관, 해당 사업의 대표자, 안전관리자 또는 보건관리자는 회의에 출석할 수 없는 경우에는 해당 사업에 종사하는 사람 중에서 1명을 지정하여 위원으로서의 직무를 대리하게 할 수 있다

3) 회의록 작성 비치

회의록은 심의·의결 사항에 대한 자료로서 중요한 기록물이며, ① 개최 일시 및 장소, ② 출석위원, ③ 심의 내용 및 의결·결정 사항, ④ 그 밖의 토의사항을 기재하여야 한다.

4) 의결되지 않은 사항 처리

산업안전보건위원회에서 의결되지 않은 사항이 발생하거나, 의결 사항의 해석 및 이행방법에 대한 이견이 발생한 경우 근로자위원과 사용자위원의 합의에 따라 산업안전보건위원회에 중재기구를 두어 해결하거나 제3자에 의한 중재를 받아야 한다. 이와 같은 절차를 통해 중재 결정이 있는 경우에는 산업안전보건위원회의 의결을 거친 것으로 보며, 사업주와 근로자는 그 결정에 따라야 한다.

5) 회의 결과 처리 및 이행

산업안전보건법 시행령 제39조에 의거하여 위원장은 산업안전보건위원회에 심의·의결된 내용 등 회의 결과와 중재 결정된 내용 등을 적절한 방법(공문, 사내 전산망 등)으로 근로자에게 신속히 알려야 한다.

3.4 해외 산업안전보건위원회 규정

미국의 주연방에는 OSHA[30]에 의거한 산업안전위원회 의무 규칙이 없으나, 22개 주

30) 미국 직업안전 위생국(Occupational Safety and Health Administration : OSHA)으로, 안전 프로그램들의 실시, 안전보건 기준 설정, 기업체 감찰, 프로그램들 조사, 질병 및 상해의 발생 비율 감시, 소환장 발부, 벌과금의 산정, 상해방지 컨설팅 제공, 위생 및 안전에 관한 통계 데이터 관리 등 수행

에 따라 OSHA에서 승인한 안전보건 프로그램에 대한 규정이 되어 있는 State plan이 별로도 마련되어 있다. 민간 부문과 주 및 지방 정부 근로자를 포함한 22개의 State plan이 있으며, 주 및 지방 정부 근로자만 다루는 여섯 가지 State plan이 있다. 이러한 State plan에 따라 안전위원회의 구성을 필요로 한다.

1) 오레곤

직원이 20명 이하인 경우 최소 2명 이상의 직원이 있어야 한다. 직원이 20명 이상인 경우 최소 4명 이상이어야 한다. 고용주가 선택한 회원과 직원 선출 또는 자원 봉사자 회원의 수가 동일해야 한다. 양 당사자가 동의하는 경우, 위원회는 더 많은 직원 선출 또는 자원 봉사자 회원을 보유 할 수 있다.

2) 워싱턴 주

매월 안전회의를 개최해야 하며, 한명 이상의 관리 담당자를 포함해야 한다.

3) 캐나다의 안전 위원회 회의 요구 사항

Canada Occupational Health and Safety Regulations SOR/86-304에 따라 개별 작업장에 대한 안전위원회를 요구한다.

정규직 직원이 20명 이상인 고용주는 지역 안전위원회를 설립해야 한다.

정책 안전위원회는 300명 이상의 직원이 있는 모든 민간 및 공공 부문 고용주에게 필요하다. 정책위원회는 그 특성상 지역 안전위원회가 처리 할 수 없는 문제를 해결한다. 각 작업장의 안전보건위원회는 일년에 9번, 정기적인 간격 및 정규 근무 시간 동안 만나야 한다. 상황에 따라 추가 회의가 필요한 경우 필요한 모든 것을 정규 시간 중 또는 외부에서 개최해야 한다. 위원회는 두 명의 위원장이 이끌며, 그 중 하나는 고용주-구성원이 선택하고 다른 하나는 직원-구성원이 선택한다.

대부분의 안전위원회는 한 달에 한 번 만나야 한다. OSHA 최소 요구 사항을 초과한 만남을 수행할 수 있으면 이러한 만남을 직장에서의 위험 (또는 변화)이 클수록 더 자주 만나야 한다.

안전 회의에는 일부 또는 모든 직원과 일반적으로 중요한 안전 문제가 해결되도록 하는 관리 담당자가 포함되어야 한다. 회의의 주된 이유는 안전 정책, 절차, 규칙 및 당일 기대치에 대해 직원을 개선하는 것이다. 안전 회의에서 일반적인 안전 교육도 포함될 수도 있다.

안전위원회 회의는 안전검사 및 조사 결과 논의, 안전 제안 고려 및 안전위원회 교육 실시 등 안전 관련 사업을 수행하기 위해 정기적으로 만나는 공식적이고 구조화된 개인 그룹에 의해 수행된다.

제 3 장

위험성평가

1. 위험성평가의 개요
2. 위험성평가의 절차
3. 위험성평가의 종류와 기법

제3장 위험성평가

1. 위험성평가의 개요

"위험성평가(Risk assessment)"란 유해·위험요인을 파악하고 해당 유해·위험요인에 의한 부상 또는 질병의 발생 가능성(빈도)과 중대성(강도)을 추정·결정하고 감소대책을 수립하여 실행하는 일련의 과정이다. 근로자의 안전을 보호하기 위한 조치를 취하는 것은 사업주의 책무이며 사업주는 법률 및 국가에서 정한 지침에 따라 사업주 스스로 적절한 절차로 위험성평가를 수행해야 한다.

1.1 위험성평가의 목적과 효과

1) 위험성평가의 목적

위험성평가의 목적은 직장인 모두가 참여하여 직장에 존재하는 유해·위험요인을 파악하여 재해발생 우려가 있는 위험을 사전에 제거하여 산업재해가 발생하지 않는 쾌적한 직장을 만드는 것이다. 이와 같이 기업 전체가 위험성평가를 실시함으로써 사업장의 안전보건을 조직적·계속적으로 유지하는 것이 가능해진다.

2) 위험성평가의 효과

가) 직장에 잠재하는 위험성이나 유해성의 근원을 제거하여 산업재해를 예방할 수 있다.
나) 위험성평가는 현장의 작업자나 감독자가 함께 참가하여 실시하기 때문에 직장 전체가 리스크(Risk)에 대한 같은 인식을 가질 수 있다.
다) 안전보건대책의 합리적인 우선순위를 결정할 수 있다.

라) 잔류 리스크에 대해 왜 주의해야 하는지 이유가 명확해진다.

마) 직장 구성원 전체가 참가함으로써 위험에 대한 감수성이 높아지고 업무 경험이 부족한 근로자도 직장에 잠재하는 위험성이나 유해성을 파악할 수 있다.

1.2 도입배경과 관련 법규

1) 도입배경

안전보건에 관한 로벤스 보고(1972년)에서 종래의 법규 준거형에서 자주관리형으로의 전환이 제창되었으며[31], 사업자는 합리적으로 예측할 수 있는 위험·유해성 등으로부터 근로자를 지킬 의무가 있다고 하는 위험성평가의 견해가 제시되었다. 이후 여러 나라에서 아래와 같이 위험성평가를 도입하여 시행 중이다[32].

우리나라는 2009년 산업안전법 제5조(사업주의 의무)에 사업주가 위험성평가를 실시하여야 할 법적 근거를 마련하였으며 이후 전부 개정된 산업안전보건법의 제36조(위험성평가의 실시) 및 산업안전보건법 시행규칙 제37조(위험성평가 실시내용 및 결과의 기록보존), 사업장 위험성평가에 관한 지침(고용노동부고시 제2020-53호)에 위험성평가 대상, 방법 등을 구체적으로 명시하고 하고 있다.

〈표 3-5〉 국가별 위험성평가 규정

구분	근거법령	도입시기
영국	사업장안전관리시행령 (The Management of Health and Safety at Work Regulations 1992)	1992년
독일	산업안전보건법 (Arbeitsschutzgesetz)	1996년
일본	노동안전위생법 (労働安全衛生法)	2006년
싱가폴	작업장안전보건관리(위험성평가)시행령 (Workplace Safety and Health (Risk Management) Regulations)	2006년
호주	산업안전보건법 (Occupational Health and Safety Act 2000)	2000년
한국	산업안전보건법	2009년

31) 외국의 위험성 평가제도-영국의 위험성 평가제도 (박두용, 2007)
32) 독일, 영국과 한국, 일본 등 아시아 국가 간의 위험성평가 제도 비교연구 (신인재, 2012)

2) 관련법규

가) 산업안전보건법

제36조(위험성평가의 실시)

① 사업주는 건설물, 기계 · 기구 · 설비, 원재료, 가스, 증기, 분진, 근로자의 작업행동 또는 그 밖의 업무로 인한 유해 · 위험 요인을 찾아내어 부상 및 질병으로 이어질 수 있는 위험성의 크기가 허용 가능한 범위인지를 평가하여야 하고, 그 결과에 따라 이 법과 이 법에 따른 명령에 따른 조치를 하여야 하며, 근로자에 대한 위험 또는 건강장해를 방지하기 위하여 필요한 경우에는 추가적인 조치를 하여야 한다.
② 사업주는 제1항에 따른 평가 시 고용노동부장관이 정하여 고시하는 바에 따라 해당 작업장의 근로자를 참여시켜야 한다.
③ 사업주는 제1항에 따른 평가의 결과와 조치사항을 고용노동부령으로 정하는 바에 따라 기록하여 보존하여야 한다.
④ 제1항에 따른 평가의 방법, 절차 및 시기, 그 밖에 필요한 사항은 고용노동부장관이 정하여 고시한다.

나) 산업안전보건법 시행규칙

제37조(위험성평가 실시내용 및 결과의 기록 · 보존)

① 사업주가 법 제36조 제3항에 따라 위험성평가의 결과와 조치사항을 기록 · 보존할 때에는 다음 각 호의 사항이 포함되어야 한다.

1. 위험성평가 대상의 유해 · 위험요인
2. 위험성 결정의 내용
3. 위험성 결정에 따른 조치의 내용
4. 그 밖에 위험성평가의 실시내용을 확인하기 위하여 필요한 사항으로서 고용노동부장관이 정하여 고시하는 사항

다) 사업장 위험성평가에 관한 지침(고용노동부고시 제2020-53호)

사업장에서의 위험성평가는 산업안전보건법 및 사업장 위험성평가에 관한 지침에 따라 진행하여야 하며 지침은 총 4장으로 구성되어 있으며, 주요 내용은 위험성평가의 목적과 정부의 책무 등(제1장 총칙), 위험성평가의 실시 주체, 평가절차 등(제2장 사업장 위험성평가), 위험성평가 인정제도(제3장), 지원사업(제4장)으로 구성되어 있다.

〈표 3-6〉 사업장 위험성평가에 관한 지침

구분	조문
제1장 총칙	제1조(목적) 제2조(적용범위) 제3조(정의) 제4조(정부의 책무)
제2장 사업장 위험성평가	제5조(위험성평가 실시주체) 제6조(근로자 참여) 제7조(위험성평가의 방법) 제8조(위험성평가의 절차) 제9조(사전준비) 제10조(유해 · 위험요인 파악) 제11조(위험성 추정) 제12조(위험성 결정) 제13조(위험성 감소대책 수립 및 실행) 제14조(기록 및 보존) 제15조(위험성평가의 실시 시기)
제3장 위험성평가 인정	제16조(인정의 신청) 제17조(인정심사) 제18조(인정심사위원회의 구성 · 운영) 제19조(위험성평가의 인정) 제20조(재인정) 제21조(인정사업장 사후심사) 제22조(인정의 취소) 제23조(위험성평가 지원사업) 제24조(위험성평가 교육지원) 제25조(위험성평가 컨설팅지원)
제4장 지원사업의 추진 등	제26조(지원 신청 등) 제27조(인정사업장 등에 대한 혜택) 제28조(재검토기한)

3) 위험성평가와 유사 제도와의 관계

가) 사업주가 다음 어느 하나에 해당하는 제도를 이행한 경우에는 그 부분에 대하여 사업장 위험성평가에 관한 지침(고용노동부고시 제2020-53호)에 따른 위험성평가를 실시한 것으로 인정된다.

나) 유사 제도가 공정의 일부만 적용되는 경우에는 적용 부분을 제외하고 나머지 부분은 고용노동부고시 제2020-53호에 따른 위험성평가를 실시하여야 한다.

※ 일부공정의 안전보건진단, 산업안전보건법 시행령 별표13(유해 · 위험물질 규정량(제43조제1항 관련)에 따른 유해 · 위험물질을 규정량 이상 제조 · 취급 · 저장 등으로 공정안전보고서 제출, 근골격계부담작업 유해요인조사 등)

〈표 3-7〉 위험성평가 유사 제도

관련 규정	관련 범위
산업안전보건법 제47조 (안전보건진단)	위험성평가 방법과 절차를 적용하여 실시한 안전보건진단에 포함되는 범위는 위험성평가를 실시한 것으로 인정
산업안전보건법 제44조 (공정안전보고서의 작성 · 제출)	공정안전보고서(PSM) 심사 · 확인을 득한 공정 및 설비, 공장 등에 대하여 위험성평가를 실시한 것으로 인정
안전보건규칙 제657조~제662조 (제2절 유해요인 조사 및 개선 등)	유해요인조사를 실시한 근골격계 부담작업 범위, 공정에 대하여 위험성평가를 실시한 것으로 인정

* PSM : Process Safety Management

1.3 위험성평가 실시 주체와 방법

1) 위험성평가 실시 주체와 근로자 참여

가) 사업주

(1) 사업주는 스스로 사업장 유해 · 위험요인을 파악하기 위해 근로자를 참여시켜 실태를 파악하고, 평가하여 관리 개선하는 등 위험성평가를 실시하여야 한다.

(2) 산업안전보건법 제63조(도급인의 안전조치 및 보건조치)에 따른 작업의 일부 또는 전부를 도급에 의하여 행하는 사업의 경우는 도급을 준 도급인(이하 "도급사업주"라 한다)과 도급을 받은 수급인(이하 "수급사업주")라 한다)은 각각 위험성평가를 실시하여야 한다.

(3) 도급사업주는 수급사업주가 실시한 위험성평가 결과를 검토하여 도급사업주가 개선할 사항이 있는 경우 이를 개선하여야 한다.

나) 근로자

사업주는 위험성평가를 실시할 때, 다음 각 호의 어느 하나에 해당하는 경우 산업안전보건법 제36조(위험성평가의 실시) 제2항에 따라 해당 작업에 종사하는 근로자를 참여시켜야 한다.

① 관리감독자가 해당 작업의 유해 · 위험요인을 파악하는 경우
② 사업주가 위험성 감소대책을 수립하는 경우
③ 위험성평가 결과 위험성 감소대책 이행여부를 확인하는 경우

다) 정부의 책무

고용노동부고시 제2020-53호는 위험성평가를 효과적으로 진행하기 위하여 정부에서 강구하여야 할 사항을 아래와 같이 정하고 있다.

제4조(정부의 책무)

① 고용노동부장관(이하 "장관"이라 한다)은 사업장 위험성평가가 효과적으로 추진되도록 하기 위하여 다음 각 호의 사항을 강구하여야 한다.
1. 정책의 수립 · 집행 · 조정 · 홍보
2. 위험성평가 기법의 연구 · 개발 및 보급
3. 사업장 위험성평가 활성화 시책의 운영
4. 위험성평가 실시의 지원
5. 조사 및 통계의 유지 · 관리
6. 그 밖에 위험성평가에 관한 정책의 수립 및 추진

② 장관은 제1항 각 호의 사항 중 필요한 사항을 한국산업안전보건공단(이하 "공단"이라 한다)으로 하여금 수행하게 할 수 있다.

2) 실시방법

가) 사업주는 다음과 같은 방법으로 위험성평가를 실시하여야 한다.

(1) 안전보건관리책임자 등 해당 사업장에서 사업의 실시를 총괄 관리하는 사람에게 위험성평가의 실시를 총괄 관리하게 할 것
(2) 사업장의 안전관리자, 보건관리자 등이 위험성평가의 실시에 관하여 안전보건 관리책임자를 보좌하고 지도 · 조언하게 할 것

(3) 관리감독자가 유해·위험요인을 파악하고 그 결과에 따라 개선조치를 시행하게 할 것

(4) 기계·기구, 설비 등과 관련된 위험성평가에는 해당 기계·기구, 설비 등에 전문 지식을 갖춘 사람을 참여하게 할 것

(5) 안전·보건관리자의 선임의무가 없는 경우에는 위험성평가의 실시에 관하여 안전보건관리책임자를 보좌하고 지도·조언에 따른 업무를 수행할 사람을 지정하는 등 그 밖에 위험성평가를 위한 체제를 구축할 것

나) 사업주는 위험성평가에 참여하는 자에 대해 위험성평가를 실시하기 위한 필요한 교육을 실시하여야 한다. 이 경우 위험성평가에 대해 외부에서 교육을 받았거나, 관련학문을 전공하여 관련 지식이 풍부한 경우에는 필요한 부분만 교육을 실시하거나 교육을 생략할 수 있다.

다) 사업주가 위험성평가를 실시하는 경우에는 산업안전·보건 전문가 또는 전문기관의 컨설팅을 받을 수 있다.

라) 사업주가 다음의 어느 하나에 해당하는 제도를 이행한 경우에는 그 부분에 대하여 이 고시에 따른 위험성평가를 실시한 것으로 본다.

(1) 위험성평가 방법을 적용한 안전·보건진단(산업안전보건법 제47조)

(2) 공정안전보고서(산업안전보건법 제44조, 공정안전보고서의 내용 중 공정위험성평가서가 최대 4년 범위 이내에서 정기적으로 작성된 경우에 한함)

(3) 근골격계부담작업 유해요인조사(안전보건규칙 제657조~제662조)

(4) 그 밖에 법과 산업안전보건법에 따른 명령에서 정하는 위험성평가 관련 제도

3) 위험성평가와 PDCA 사이클

'PDCA 사이클'이란 ① 계획을 세우고(Plan), ② 실행하고(Do), ③ 그 결과 평가에 따라(Check), ④ 개선한다(Act)는 4가지 흐름을 반복하는 것을 말한다. 위험성평가는 위험을 허용 가능한 범위까지 감소시켜 관리하기 위해 'PDCA 사이클'에 따라 반복하여야 한다.

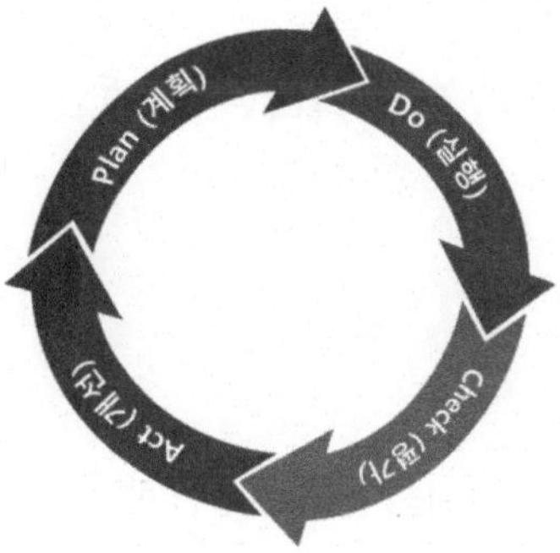

P	목표달성을 위한 구체적인 계획을 작성
D	계획에 따라 실행
C	계획에 따른 실행 여부를 평가
A	평가 결과 나타난 과제를 바탕으로 개선

가) PDCA 사이클의 구축방법

(1) 계획(Plan)

위험성평가에서 최종적으로 도달해야 할 목표가 수치로 제시되어야 원활하고 정확한 평가를 기대할 수 있다. 계획 단계에서는 기업에서 발생할 수 있는 비상상황 시에 산업재해 발생을 방지하기 위한 조치 등에 관하여도 규정한다. 이를 기초로 안전보건의 목표달성을 위한 구체적인 안전보건 계획을 작성한다. 목표와 계획이 명확하지 않으면 ② Do(실행), ③ Check(평가)로 이어지지 않기 때문에 PDCA 사이클이 제대로 작동하지 않는다. 따라서 ① Plan(계획)은 PDCA 사이클 중에서도 가장 중요한 단계라고 할 수 있으며, 설정된 목표와 계획은 문서로 남겨 두어야 한다.

(2) 실행(Do)

실행(Do) 단계는 Plan(계획) 단계에서 수립한 안전보건계획에 따라 실행하고 실행한 결과 계획의 내용이 효과적인지, 별도의 방안이 필요한지 등을 검증하는 단계이다. 실행 단계에서는 Check(평가) 단계에 대비해 계획대로 진행된 것뿐만 아니라 계획대로 되지 않는 결과나 목표에 대한 진척 상황 등도 기록으로 남겨두어야 한다.

(3) 평가(Check)

평가(Check) 단계에서는 안전보건계획을 실행한 결과를 목표와 비교하여 목표 달성이 가능한지, 계획에 따라 실행되고 있는지 여부를 평가한다. 구체적으로는 목표를 달성했을 경우의 성과와 달성하지 못했을 경우의 손실, 산업재해 등이 발생한 경우의 문제점 등 각각의 원인을 분석하고, 개선할 과제를 부각시켜 Act(개선) 단계로 연결한다.

(4) 개선(Act)

개선(Act) 단계에서는 Check(평가) 단계로 검증하고 평가한 결과 나타난 과제를 바탕으로 개선조치를 시행한다.

나) PDCA 사이클의 효과

PDCA 사이클 운영의 효과는 계획에서 개선까지의 흐름을 계속적으로 반복함으로써 작업이 정형화되고 실수를 줄여 작업 효율을 개선할 수 있다. 효과적인 PDCA 사이클을 운영하기 위해서는 어떠한 목표를 향해 업무를 진행시켜 나갈지, 계획에 관계되는 사람의 역할, 책임, 권한에 이르기까지 문서에 기록해 두어야 한다. PDCA를 통해 목표나 행동 기준을 명확히 하기 때문에 팀 전체가 원활하고 구체적인 행동을 취할 수 있으며, 평가를 실시할 때에도 일련의 작업에서 어떤 점이 좋으며 어떤 점이 문제인지에 대한 판단도 쉬워진다.

다) PDCA 사이클의 효율화

PDCA 사이클은 연속적으로 효과를 발휘하는 것이기 때문에 어떻게 다음 사이클로 이어질 수 있을지가 중요하다. 예를 들어 명확히 달성할 수 없는 목표나 대략적인 목표를 설정하게 되면 사이클이 끊길 우려가 있다. 따라서 누가 어떤 업무를 어떤 방법으로 무엇을 위해 실시할 것인지 수치 등으로 나타내고, 구체적으로 ① Plan (계획)을 설정하는 것이 중요하며, 또한 ④ Act (개선)에 이르기까지의 경과나 결과를 데이터로 정리해 두는 것도 효율화를 위해서 중요하다.

4) 위험성평가의 실시시기

위험성평가의 실시시기는 사업장 위험성평가에 관한 지침 제15조(위험성평가의 실시시기)에 규정되어 있다.

① 위험성평가는 최초평가 및 수시평가, 정기평가로 구분하여 실시하고, 이 경우 최초평가 및 정기평가는 전체 작업을 대상으로 한다.

② 수시평가는 다음의 어느 하나에 해당하는 계획이 있는 경우에는 해당 계획의 실행을 착수하기 전에 실시하여야 한다. 다만, 중대산업사고 또는 산업재해(휴업 이상

의 요양을 요하는 경우) 발생에 해당하는 경우에는 재해발생 작업을 대상으로 작업을 재개하기 전에 실시하여야 한다.

- 사업장 건설물의 설치 · 이전 · 변경 또는 해체
- 기계 · 기구, 설비, 원재료 등의 신규 도입 또는 변경
- 건설물, 기계 · 기구, 설비 등의 정비 또는 보수(주기적 · 반복적 작업으로서 정기평가를 실시한 경우 제외)
- 작업방법 또는 작업절차의 신규 도입 또는 변경
- 중대산업사고 또는 산업재해(휴업 이상의 요양을 요하는 경우) 발생
- 그 밖에 사업주가 필요하다고 판단한 경우

③ 정기평가는 최초평가 후 매년 정기적으로 실시하여야 하며, 이 경우 고려하여야 하는 사항은 다음과 같다.

- 기계 · 기구, 설비 등의 기간 경과에 의한 성능 저하
- 근로자의 교체 등에 수반하는 안전 · 보건과 관련되는 지식 또는 경험의 변화
- 안전 · 보건과 관련되는 새로운 지식의 습득
- 현재 수립되어 있는 위험성 감소대책의 유효성 등

1.4 평가기법의 선택

1) 적절한 기법의 특징

위험성평가 대상과 기법이 적절하다는 것은 다음 내용이 충족되어야 한다.

① 정당한 이유가 있으며 대상이 되는 상황 또는 조직에 합치된다.
② 리스크에 대한 이해가 깊어져 대응이 가능하게 된다.
③ 추적이 가능하고 재현성이 있으며 검증이 가능하다.

위험성평가 기법을 선택한 이유에 대해서는 관련성 및 적합성에 관해 명시하는 것이 바람직하며, 다른 조사결과를 통합할 때는 적용 기법과 평가결과를 비교할 수 있도록 하는 것이 바람직하다.

2) 위험성평가 기법의 선정 기준

위험성평가의 목적 및 적용 범위가 정해지면 기법은 다음과 같은 적용 기준으로 선정하는 것이 바람직하다.

① 조사의 목적은 사용하는 기법에 직접 영향을 미치는 것을 고려해야 한다.
② 조사의 목적에 맞는 수준의 신뢰도를 부여할 수 있는 평가기법을 선정해야 한다.
③ 기법에 따라서는 다른 것보다 다량의 정보 및 데이터가 필요한 경우도 있다.
④ 자원의 가용성, 데이터 및 정보의 불확실성, 적용의 복잡도 등 다양한 요인이 영향을 미친다는 것을 고려해야 한다.

3) 자원의 가용성

위험성평가 기법의 선택을 좌우하는 자원 및 실시 능력에는 다음과 같은 것이 있다.

① 평가팀의 기능, 경험량 및 실시 능력
② 조직 내 시간 및 다른 자원의 제약조건
③ 외부자원이 필요한 경우 이용 가능한 예산

4) 정보의 불확실성의 성질 및 정도

정보의 불확실성의 성질 및 정도를 이해하기 위해서는 검토 대상이 되는 리스크에 관해 이용할 수 있는 정보의 특징을 이해할 필요가 있다. 이것은 리스크, 그 발생원 및 원인, 그리고 그것이 목적 달성에 미치는 결과에 관한 충분한 정보를 입수할 수 있는 범위를 포함한다. 불확실성은 빈약한 데이터 품질에서 유래하기도 하고 신뢰할 수 있는 필수 데이터의 부족에서 유래하기도 한다. 예를 들면 특정한 리스크에 관한 데이터를 수집하기 위해서 데이터의 수집법이 바뀌는 경우도 있고, 조직이 그 방법을 사용하는 방법이 바뀌는 경우도 있으며 유효한 수집법을 가지고 있지 않은 경우도 있다.

불확실성은 조직의 내부 및 외부 상황에 본래 내재되어 있기도 하다. 독특한 종류의 리스크의 경우는 원래 이력 데이터가 없는 경우도 있고, 이해관계자의 차이에 따라 이용 가능한 데이터의 해석이 다를 수 있다. 평가를 실시하는 사람은 불확실성의 종류 및 성질을 이해하고 리스크 평가 결과의 신뢰성과의 관계를 인식해 둘 필요가 있다.

5) 리스크의 복잡성

리스크는 그 자체가 복잡한 경우가 있다. 예를 들어 복잡한 시스템에서는 구성요소(Component)의 상호작용을 무시하고 구성요소별로 따로 대처하기보다는 시스템 전체에서 리스크를 평가할 필요가 있다. 다른 사례에서는 하나의 리스크에 대응하면 다른 곳에 영향이 나타나 다른 활동에 영향을 줄 수 있다. 하나의 리스크를 운용 관리할 때는 어딘가 다른 곳에 허용할 수 없는 상황을 만들어내지 않도록 결과의 영향 및 리스크 의존 관계를 이해할 필요가 있다. 리스크 평가의 적절한 방법 또는 기법을 선택하기 위해서는 조직의 단일 리스크 또는 각종 리스크 전체의 복잡성을 이해하는 것이 필수적이다.

1.5 용어의 정의

1) 위험성평가 용어

가) '위험성평가'란 유해 · 위험요인을 파악하고 해당 유해 · 위험요인에 의한 부상 또는 질병의 발생 가능성(빈도)과 중대성(강도)을 추정 · 결정하고 감소대책을 수립하여 실행하는 일련의 과정을 말한다.

나) '유해 · 위험요인'이란 유해 · 위험을 일으킬 잠재적 가능성이 있는 것의 고유한 특징이나 속성을 말한다.

다) '유해 · 위험요인 파악'이란 유해요인과 위험요인을 찾아내는 과정을 말한다.

라) '위험성'이란 유해 · 위험요인이 부상 또는 질병으로 이어질 수 있는 가능성(빈도)과 중대성(강도)을 조합한 것을 의미한다.

마) '위험성 추정'이란 유해 · 위험요인별로 부상 또는 질병으로 이어질 수 있는 가능성과 중대성의 크기를 각각 추정하여 위험성의 크기를 산출하는 것을 말한다.

바) '위험성 결정'"이란 유해 · 위험요인별로 추정한 위험성의 크기가 허용 가능한 범위인지 여부를 판단하는 것을 말한다.

사) '위험성 감소대책 수립 및 실행'이란 위험성 결정 결과 허용 불가능한 위험성을 합리적으로 실천 가능한 범위에서 가능한 한 낮은 수준으로 감소시키기 위한 대책을 수립하고 실행하는 것을 말한다.

아) '기록'이란 사업장에서 위험성평가 활동을 수행한 근거와 그 결과를 문서로 작성하여 보존하는 것을 말한다.

2) 화학물질 위험성평가 용어

가) '화학물질'이란 원소 및 원소 간의 화학반응에 의하여 생성된 물질로서 원재료, 가스, 증기, 분진 등을 포함한다.

나) '혼합물'이란 화학적으로 반응하지 않는 두 가지 이상의 화학물질이 섞여 있는 물질을 말하며, 물(water)은 혼합물 구성성분에서 제외한다.

다) '위험성'이란 근로자가 화학물질에 노출됨으로써 건강장해가 발생할 가능성(노출수준)과 건강에 영향을 주는 정도(유해성)의 조합을 말한다.

라) '노출수준'이란 노출기준 대비 작업환경측정결과의 비율이나 화학물질의 하루 취급량과 비산성/휘발성을 조합하여 등급을 분류하는 것으로 근로자에게 노출되는 정도(빈도)를 말한다.

마) '노출기준'이란 근로자가 유해인자에 노출되는 경우 노출기준 이하 수준에서는 거의 모든 근로자에게 건강상 나쁜 영향을 미치지 아니하는 기준을 말하며, 위험성평가에서는 1일 작업시간 동안의 시간가중평균노출기준(TWA)을 적용한다.

바) '유해성'이란 노출기준이나 위험문구, 유해 · 위험문구 등에 따라 등급을 분류하는 것으로 인체에 영향을 미치는 화학물질의 고유한 성질을 말한다.

사) '위험문구'란 Risk phrase 또는 R-phrase라고도 하며, 유럽연합(EU)의 Dangerous Substances Directive(67/548/EEC)규정에 따라 화학물질고유의 유해성을 나타내는 문구를 말한다.

아) '유해 · 위험문구'란 Hazard statement 또는 H code라고도 하며, GHS기준의 유해성 · 위험성 분류 및 구분에 따라 정해진 문구로서, 적절한 유해정도를 포함하여 화학물질의 고유한 유해성을 나타내는 문구를 말한다.

2. 위험성평가의 절차

위험성평가는 유해·위험요인 파악, 리스크분석 및 리스크평가의 전반적인 프로세스이다. 리스크는 조직수준 또는 부문수준에서 프로젝트, 개개의 활동 또는 구체적인 리스크 별로 평가를 실시할 수 있다. 상황의 차이에 따라 다른 툴(Tool) 및 기법을 적용하는 경우도 있으나 산업안전보건법과 위험성평가 고시(사업장 위험성평가에 관한 지침, 고용노동부고시 제2020-53호)에서 정한 위험성평가 절차에 따라 실시하여야 한다.

〈표 3-8〉 위험성평가 절차도

구분		내용
준비단계	자료수집	• 실시체제 확립 • 정보수집 • 실시규정 작성 • 교육훈련 실시
	⇩	
실시단계	유해·위험요인파악 (Hazard identification)	• 시스템 또는 조직의 목적 달성에 영향을 주는 어떤 사태가 발생할지 또는 어떤 상황이 존재할 우려가 있는지를 파악하는 것
	⇩	
	위험성 추정 (Risk estimation)	• 유해·위험요인의 위험한 정도 • 부상 또는 질병이 발생할 가능성(빈도)과 부상 또는 질병이 발생하였을 때 초래되는 중대성(강도)의 조합
	⇩	
	위험성 결정 (Risk evaluation)	• 사업장의 특성을 반영하여 자체적으로 설정한 허용 가능한 위험성 기준과 비교하여 해당 유해·위험요인의 위험성의 크기가 허용 가능한지 여부를 판단
	⇩	
	위험성 감소대책 수립·실행	• 위험성의 크기가 허용 가능한 수준 : 해당 위험성평가를 종료하는 절차를 진행 • 위험성의 크기가 허용 가능한 수준이 아닌 경우 : 위험성을 감소시키기 위한 대책을 수립하여 실행
	⇩	
	기록 및 보존	• 위험성평가 실시내용 및 결과의 문서화

사업장 위험성평가에 관한 지침 제8조 위험성평가의 절차

사업주는 위험성평가를 다음의 절차에 따라 실시하여야 한다. 다만, 상시근로자수 20명 미만 사업장(총 공사금액 20억원 미만의 건설공사)의 경우에는 다음 각호 중 제3호를 생략할 수 있다.

1. 평가대상의 선정 등 사전준비
2. 근로자의 작업과 관계되는 유해·위험요인의 파악
3. 파악된 유해·위험요인별 위험성의 추정
4. 추정한 위험성이 허용 가능한 위험성인지 여부의 결정
5. 위험성 감소대책의 수립 및 실행
6. 위험성평가 실시내용 및 결과에 관한 기록

2.1 사전준비(Preparation)

사전준비 단계는 위험성평가에 필요한 실시규정의 작성, 위험성평가에 관한 교육의 실시, 평가대상 선정, 공정분류, 안전보건정보 사전조사 등 각종 자료를 수집하는 단계이다.

1) 위험성평가 실시규정 작성

위험성평가 실시규정은 위험성평가를 효과적으로 실시하기 위하여 위험성평가를 실시하는 사업장의 위험성평가 실시방법·절차 등을 정한 규정이다.

위험성평가 실시규정은 고용노동부고시 '사업장 위험성평가에 관한 지침'에 의거하여 규정할 필요가 있으며, 다음과 같은 사항이 포함된다.

① 사업장 안전보건방침
② 위험성평가 실시목적
③ 위험성평가 실시체계(위험성평가 조직의 구성, 역할과 책임)
④ 위험성평가 평가대상
⑤ 위험성평가 실시시기 및 추진절차(유해·위험요인 파악, 위험성 추정 및 결정, 위험성 감소조치 수립 및 실시)
⑥ 위험성평가 실시의 주지방법
⑦ 위험성평가 실시상의 유의사항
⑧ 위험성평가 기록 및 보존

2) 위험성평가 실시대상

위험성평가는 동일한 장소에서 반복되는 정상작업(正常作業)뿐만 아니라 작업조건이 정상적이지 않은 상태에서 이루어지는 비정상작업(非正常作業)을 모두 위험성평가의 대상이 된다. 즉, 과거에 산업재해가 발생한 작업, 위험한 일이 발생한 작업 등 근로자의 근로에 관계되는 유해·위험요인에 의한 부상 또는 질병의 발생이 합리적으로 예견 가능한 것은 모두 위험성평가의 대상이 된다. 단, 의사에 의한 치료를 요하지 않는 매우 경미한 부상 또는 질병만을 초래할 것으로 명백히 예상되는 것에 대해서는 위험성평가 대상에서 제외할 수 있다. 위험성평가의 대상은 공정의 흐름에 따라 작업별로 분류하여 작업별 평가담당자를 지정하는 것이 필요하다.

3) 위험성평가 교육

위험성평가를 효과적으로 실시하기 위해서는 위험성평가의 책임자, 실무 담당자가 위험성평가에 대한 지식과 경험을 갖출 필요가 있다. 따라서 위험성평가 실시 관련자는 외부 교육기관의 교육 수강, 사내 교육 등의 방법을 통해 위험성평가 내용을 숙지하는 것이 필요하다.

4) 안전보건정보

위험성평가의 실효성을 높이기 위해서는 사업장과 관련된 안전보건정보를 최대한 수집·정리하여 근로자에게 부상 또는 질병을 초래할 수 있는 유해·위험요인이 누락되지 않도록 하는 것이 필요하다. 유해·위험요인에 관한 정보는 사업장에서 자체적으로 생산하는 내부정보(사내규정, 안전보건관리 기록, 안전보건활동 기록 등)와 외부의 기관에서 생산되어 사업장에 제공되는 외부정보(법령, 지침, 재해통계 등)를 모두 포함하여야 한다. 유해·위험요인을 파악하기 위해 사업주는 다음과 같은 정보를 활용하여야 한다.

① 작업표준, 작업절차 등에 관한 정보
② 기계·기구, 설비 등의 사양서, 물질안전보건자료(MSDS) 등의 유해·위험 요인에 관한 정보
③ 기계·기구, 설비 등의 공정 흐름과 작업 주변의 환경에 관한 정보
④ 산업안전보건법 제63조(도급인의 안전조치 및 보건조치)에 따른 작업을 하는 경우

로서 같은 장소에서 사업의 일부 또는 전부를 도급을 주어 행하는 작업이 있는 경우 혼재 작업의 위험성 및 작업 상황 등에 관한 정보

⑤ 재해사례, 재해통계 등에 관한 정보

⑥ 작업환경측정 및 근로자 건강진단 결과에 관한 정보

⑦ 그 밖에 위험성평가에 참고가 되는 자료 등

5) 화학물질 위험성평가의 사전준비

가) 화학물질을 취급하는 모든 공정을 위험성평가 대상으로 선정한다.

나) 평가대상 작업에서 취급하는 화학물질의 MSDS, 작업환경측정 및 특수건강진단 결과표 등 위험성평가에 필요한 각종 자료를 확보한다.

2.2 유해 · 위험요인 파악(Hazard identification)

유해 · 위험요인 파악은 리스크를 발견, 확인 및 기록하는 프로세스이다. 유해 · 위험요인 파악 목적은 시스템 또는 조직의 목적 달성에 영향을 주는 어떤 사태가 발생할지 또는 어떤 상황이 존재할 우려가 있는지를 파악하는 것이다. 유해 · 위험요인을 파악한 후 조직은 설계상의 특징, 사람, 프로세스 및 시스템에 관련된 기존의 관리대책을 특정하는 것이 바람직하다. 유해 · 위험요인 파악 프로세스는 리스크의 원인 및 발생원(물리적 위해로 이어지는 요인(Hazard)), 목적에 영향을 줄 우려가 있는 현상, 상황 또는 상태 및 그 영향의 성질에 대한 특정을 포함한다.

유해 · 위험요인 파악하는 방법에는 증거에 근거한 방법 (예 : 체크리스트 및 이력 데이터)의 검토(Review), 일련의 체계적인 질문에 의해 리스크를 특정하는 방법, 귀납적 추론방법 등이 있다. 유해 · 위험요인 파악의 정확도 및 완전성을 개선하기 위해서는 브레인스토밍 및 델파이법을 포함한 다양한 지원 기법을 이용할 수 있다. 실제로 채용하는 기법의 종류에 상관없이 리스크를 특정할 때는 인적 요인 및 조직적 요인을 적절히 고려하는 것이 중요하다.

유해 · 위험요인을 파악할 때 사업주가 업종, 규모 등 사업장 실정에 따라 활용할 수 있는 방법은 아래와 같다.

① 사업장 순회점검에 의한 방법
② 청취조사에 의한 방법
③ 안전보건 자료에 의한 방법
④ 안전보건 체크리스트에 의한 방법
⑤ 그 밖에 사업장의 특성에 적합한 방법

유해·위험요인의 파악은 실행 가능한 모든 방법을 포함하여 수행하는 것이 바람직하며, 특별한 사정이 없는 한 사업장 순회점검에 의한 방법은 반드시 포함되어야 한다.

1) 유해·위험요인 파악 방법

실효성있는 위험성평가를 위해서는 사업장과 연관된 유해·위험요인을 최대한 파악하여 누락되는 유해·위험요인이 없도록 하는 것이 중요하다. 유해·위험요인을 파악하는 능력은 사람에 따라 수준이 다양하기 때문에 눈에 보이지 않는 잠재 유해·위험요인을 찾는 것은 국제기준, 한국산업안전보건공단, 산업표준심의회 등에서 제시하는 정보를 활용하여 유해·위험요인을 파악하는 것이 권고된다. 유해·위험요인이 추후 새롭게 발견되는 경우, 발견된 유해·위험요인을 목록화하여 관리하여 다음 위험성평가를 시행할 때에는 해당 유해·위험요인이 누락되지 않도록 하는 것이 중요하다.

한국산업안전보건공단에서는 위험성평가 지원시스템(Korea Risk Assessment System)을 통해 사업장에서 위험성평가를 스스로 시행할 수 있도록 지원하고 있으며, KRAS는 유해·위험요인을 다음과 같이 구분하고 있다. 유해·위험요인 분류표를 활용하면 유해·위험요인의 누락을 최소화할 수 있는 이점이 있다.

〈표 3-9〉 유해 · 위험요인 분류 사례(KRAS)

구분	유해 · 위험요인	
기계(설비)적 요인	1.1 끼임(감김)	1.2 위험한 표면(절단, 베임, 긁힘)
	1.3 기계(설비)의 낙하, 비래, 전복, 붕괴, 전도 위험 부분	1.4 충돌위험 부분
	1.5 넘어짐(미끄러짐, 걸림, 헛디딤)	1.6 추락위험 부분(개구부 등)
전기적 요인	2.1 감전(안전전압초과)	2.2 아크
	2.3 정전기	2.4 화재/폭발 위험
화학(물질)적 요인	3.1 가스	3.2 증기
	3.3 에어로졸 · 흄	3.4 액체 · 미스트
	3.5 고체(분진)	3.6 반응성 물질
	3.7 방사선	3.8 화재/폭발 위험
	3.9 복사열/폭발과압	
생물학적 요인	4.1 병원성 미생물, 바이러스에 의한 감염	4.2 유전자 변형물질(GMO)
	4.3 알러지 및 미생물	4.4 동물
	4.5 식물	
작업특성 요인	5.1 소음	5.2 초음파 · 초저주파음
	5.3 진동	5.4 근로자 실수(휴먼에러)
	5.5 저압 또는 고압상태	5.6 질식위험 · 산소결핍
	5.7 중량물 취급작업	5.8 반복작업
	5.9 불안정한 작업자세	5.10 작업(조작)도구
	5.11 기후/고온/한랭	
작업환경 요인	6.1 기후/고온/한랭	6.2 조명
	6.3 공간 및 이동통로	6.4 주변 근로자
	6.5 작업시간	6.6 조직 안전문화
	6.7 화상	6.8 작업(조작) 도구

2) 화학물질의 유해 · 위험요인파악

사전에 확보된 MSDS 등을 이용하여 위험성평가 대상으로 선정된 단위공정별로 유해 · 위험요인(화학물질)의 종류, 취급량, 물질 특성 등을 파악하는 단계이다.

① 평가대상 단위공정별로 취급하고 있는 화학물질의 목록을 작성한다.
② MSDS 보유현황, 작업환경측정 및 산업안전보건법상 규제대상 여부 등을 파악한다.
③ 화학물질의 하루취급량, 작업환경측정결과, 노출기준, 물질 특성(사용온도 및 끓는 점) 등을 파악한다.
④ 혼합물질인 경우 혼합물질을 구성하고 있는 주요 단일물질에 대하여 각각의 해당 자료를 파악한다.

2.3 위험성 추정(Risk estimation)

'위험성(Risk)'이란 파악된 유해·위험요인이 어느 정도 위험한지, 즉 위험한 정도를 말하며 부상 또는 질병이 발생할 가능성(빈도)과 부상 또는 질병이 발생하였을 때 초래되는 중대성(강도)의 조합을 의미한다. 위험성 추정은 유해·위험과 관련하여 유효데이터를 보유한 경우에는 정량적 접근방식이 적절할 수 있으나 유효데이터 또는 제한된 자원으로 정량적 접근이 어려운 경우 정성적 추정치를 바탕으로 시행한다. 가능성은 노출빈도 및 시간, 부상 또는 질병을 유발할 수 있는 사건의 발생 확률, 사건 발생 시 피해의 회피·제한 가능성을 고려하여야 하고, 중대성은 부상 또는 장해의 정도, 치료기간, 후유장해의 유무, 피해의 범위를 고려하여야 한다.

1) 위험성 추정시 유의사항

사업장의 특성에 따라 위험성(가능성 및 중대성)을 추정할 경우에는 다음의 사항에 유의하여야 한다.

① 예상되는 부상 또는 질병의 대상자 및 내용을 명확하게 예측할 것
② 최악의 상황에서 가장 큰 부상 또는 질병의 중대성을 추정할 것
③ 부상 또는 질병의 중대성은 부상이나 질병 등의 종류에 관계없이 공통의 척도를 사용하는 것이 바람직하며, 기본적으로 부상 또는 질병에 의한 요양기간 또는 근로손실 일수 등을 척도로 사용할 것
④ 유해성이 입증되어 있지 않은 경우에도 일정한 근거가 있는 경우에는 그 근거를 기초로 하여 유해성이 존재하는 것으로 추정할 것
⑤ 기계·기구, 설비, 작업 등의 특성과 부상 또는 질병의 유형을 고려할 것

2) 가능성과 중대성

위험성(가능성과 중대성)은 사업장의 특성에 따라 구분할 수 있으며, 위험성평가 지원시스템 'KRAS'에서는 아래와 같은 여러 가지 위험성 추정방식 중 '가능성과 중대성을 곱하는 방법(곱셈법)'을 지원하고 있다.

① 행렬법 : 빈도와 강도의 정도를 행렬(Matrix)의 가로축과 세로축으로 척도화한 표를 사용하여 위험성을 추정하는 방법

② 곱셈법 : 일정한 척도에 의해 각각 수치화한 빈도와 강도를 곱하여 위험성을 추정하는 방법

$$\text{위험성}\,(Risk) = \text{가능성}\,(\text{빈도}) \times \text{중대성}\,(\text{강도})$$

③ 덧셈법 : 일정한 척도에 의해 각각 수치화한 빈도와 강도를 더하여 위험성을 추정하는 방법

$$\text{위험성}\,(Risk) = \text{가능성}\,(\text{빈도}) + \text{중대성}\,(\text{강도})$$

④ 분기법 : 빈도와 강도를 단계적으로 분기하는 방식을 통하여 위험성을 추정하는 방법

가능성(빈도)은 유해·위험요인에 대한 노출빈도·시간, 유해·위험한 사건의 발생 확률, 피해의 회피·제한 가능성 등을 고려하여 3~5단계 등으로 구분할 수 있으며, 중대성(강도)은 과거의 사고발생과 예상되는 위험의 중대성을 고려하여 사업장의 특성에 따라 결정할 수 있다.

KRAS에서는 위험성 추정(가능성×중대성)을 3×3과 5×4 형태로 구분하고 있다. 실효성있는 위험성평가의 시행을 위해서는 위험성평가 실시규정에 사업장의 특성에 맞는 위험성 기준표를 만들어 놓아야 한다. 아래 표는 KRAS에서 5(가능성)×4(중대성) 형태로 가능성과 중대성을 추정한 것이다. 중대성은 기본적으로 휴업일 수 등을 척도로 사용하며, 시설 및 장비 등에 관한 물적 손실을 기준으로 설정할 수도 있다.

〈표 3-10〉 가능성(빈도) 추정 사례(KRAS)

구분	설명 (예시)
5 (매우높음)	피해가 발생할 가능성이 매우 높음
4 (높음)	피해가 발생할 가능성이 높음
3 (보통)	부주의하면 피해가 발생할 가능성이 있음
2 (낮음)	피해가 발생할 가능성이 낮음
1 (매우 낮음)	피해가 발생할 가능성이 매우 낮음

〈표 3-11〉 중대성(강도) 추정 사례(KRAS)

구분	설명 (예시)
4 (사망, 장애 발생)	사망 또는 영구적 근로불능으로 연결되는 부상 · 질병(업무에 복귀 불가능), 장애가 남는 부상 · 질병
3 (휴업 필요 부상/질병)	휴업을 수반하는 중대한 부상 또는 질병(일정 시점에서는 업무에 복귀 가능(완치 가능))
2 (휴업 불필요 부상/질병)	응급조치 이상의 치료가 필요하지만 휴업이 수반되는지 않는 부상 또는 질병
1 (비치료)	처치(치료) 후 바로 원래의 작업을 수행할 수있는 경미한 부상 또는 질병(업무에 전혀 지장이 없음)

〈표 3-12〉 위험성 추정 사례(곱셈법)

구분		중대성			
		4	3	2	1
가능성	5	20	15	10	5
	4	16	12	8	4
	3	12	9	6	3
	2	8	6	4	2
	1	4	3	2	1

3) 화학물질의 위험성 계산

작업환경측정결과나 노출기준 등을 이용하여 노출수준과 유해성의 등급을 결정하고, 결정된 노출수준과 유해성을 조합하여 위험성을 계산하는 단계이다. 한국산업안전보건공단에서 사업장 스스로 화학물질에 대한 위험성평가를 수행할 수 있도록 제시한 화학물질 위험성평가 매뉴얼은 화학물질의 위험성 계산은 해당 화학물질에 대한 작업환경측정결과나 노출기준 등에 따라 아래의 방법 중 하나를 적용한다.

$$\text{위험성}\,(Risk) = \text{노출수준}\,(\mathrm{Pr}obability) \times \text{유해성}\,(Severity)$$

〈표 3-13〉 노출수준과 유해성의 결정방법(KOSHA)

노출수준 결정방법		유해성 결정방법
측정결과가 있는 경우 (노출기준 설정물질)	작업환경측정결과 (1~4등급)	CMR(1A,1B,2)물질 4등급
측정결과가 없는 경우 (노출기준 설정물질)	하루 취급량과 비산성/휘발성의 조합 (1~4등급)	노출기준에 따라 (1~4단계)
측정결과가 없는 경우 (노출기준 미설정물질)	하루 취급량과 비산성/휘발성의 조합 (1~4등급)	MSDS의 위험문구나 유해 · 위험문구 (1~4등급)

※ 직업병 유소견자(D1)가 발생한 경우 노출수준을 4등급으로 하고, 화학물질이 고용노동부고시 제2012-31호 '화학물질 및 물리적 인자의 노출기준'의 분류에 따른 CMR[33] 물질(1A, 1B, 2)인 경우 유해성을 4등급으로 우선 적용

〈표 3-14〉 화학물질 위험성 추정 사례(곱셈법 4×4)

구분		유해성(강도)			
		1 (피부나 눈 자극)	2 (한번 노출 시 위험)	3 (심한 자극 및 부식)	4 (한번 노출에 매우 큰 독성)
노출수준 (빈도)	1 (낮음)	1	2	3	4
	2 (있음)	2	4	6	8
	3 (높음)	3	6	9	12
	4 (매우 높음)	4	8	12	16

33) 발암성(Carcinogenicity), 생식세포 변이원성(Mutagenicity), 생식독성(Reproductive toxicity)

2.4 위험성 결정(Risk evaluation)

사업주는 유해·위험요인별로 위험성을 추정하여 사업장의 특성을 반영하여 자체적으로 설정한 허용 가능한 위험성 기준과 비교하여 해당 유해·위험요인의 위험성의 크기가 허용 가능한지 여부를 판단하여야 한다. 허용 가능한 위험성의 기준은 산업안전보건법에서 정한 기준 이상으로 설정하여야 하며, 위험성 결정을 하기 전에 사업장 자체적으로 설정해 두어야 한다. 위험성 허용 기준은 위험성평가 1단계인 사전준비 단계에서 설정하는 것을 권장한다.

위험성평가의 목적은 파악된 유해·위험요인의 위험성의 크기가 감소조치가 필요한 수준인지 파악하여 적정한 안전대책 수립을 통해 위험성의 수준을 허용가능한 범위로 낮추는 것이다. 즉, 위험성 결정은 추정된 위험성의 크기가 위험성을 감소시키기 위한 조치가 필요한지 여부를 결정하는 매우 중요한 단계이다. 위험성에 대한 판단은 주관성이 많이 개입될 수 있으므로, 최대한 자의적인 결정이 되지 않도록 사전에 사업장과 관련된 안전보건정보를 수집·정리하여 사업장의 특성과 여건에 맞는 기준을 설정해 놓을 필요가 있다.

위험성 결정 단계에서 위험성의 크기가 허용 가능한 수준이라고 결정되면, 잔류 위험성(Residual risk)이 어느 정도 존재하는지를 명기하고 위험성평가를 종료하는 절차에 들어간다. 위험성 결정 단계에서 위험성의 크기가 허용 가능한 수준으로 인정되지 않으면, 위험성을 감소시키기 위한 대책을 마련하여 실행하고, 위험성평가 절차를 반복한다.

1) 위험성의 허용여부 결정

위험성 결정은 추정된 위험성이 허용할 수 있는 수준인지 판단하는 것으로, 사업장 특성에 따라 기준을 달리 적용할 수 있다. 위험성 추정 단계가 생략된 경우에는 파악된 유해·위험요인과 현재의 안전조치가 산업안전보건법령에서 요구하는 기준을 만족하는지 여부를 확인하여 허용할 수 있는 상태인지를 판단한다.

KRAS에서 제시한 곱셈식 5(가능성)×4(중대성) 형태의 위험성 결정 사례는 다음 〈표 3-11〉과 같다.

〈표 3-15〉 위험성 결정 사례(KRAS 5×4단계)

위험성 크기		허용 가능 여부	개선방법
16~20	매우 높음	허용 불가능	즉시 개선
15	높음		신속하게 개선
9~12	약간 높음		가급적 빨리 개선
8	보통		계획적으로 개선
4~6	낮음	허용 가능	필요에 따라 개선
1~3	매우 낮음		

2) 화학물질의 위험성 결정방법

화학물질의 위험성 결정은 위험성 계산결과에 따라 위험성의 크기가 허용할 수 있는지 여부를 판단하는 단계로 혼합물질에서 노출되는 유해인자에 대한 위험성 계산 결과 가장 높은 값을 혼합물질의 위험성으로 결정하되 사업장 특성에 따라 기준을 다르게 할 수 있다. 한국산업안전보건공단의 화학물질 위험성평가 매뉴얼에서 제시하는 화학물질의 위험성 수준별 관리기준은 아래 〈표 3-12〉와 같다.

〈표 3-16〉 화학물질 위험성 결정 사례(4×4단계)

위험성 크기		관리기준	비고
1, 2	경미한 위험	근로자에게 유해성 정보 및 주기적 안전보건교육 제공	현 상태 유지 가능
3, 4	상당한 위험	현재 설치된 환기장치의 효율성 검토 및 성능 개선 실시	현재는 위험이 없으면 작업을 계속하되 위험감소활동 실시
6~9	중대한 위험	현행법상 작업환경개선을 위한 조치기준에 대한 평가 실시	
12~16	허용불가	즉각적으로 종합적인 작업환경관리 수준 평가 실시	즉시 작업 중지 또는 보건프로그램 시행

2.5 위험성 감소대책 수립 · 실행

위험성 결정을 한 결과 위험성의 크기가 허용 가능한 수준이라면 해당 위험성평가를 종료하는 절차를 진행하지만, 결정된 위험성이 허용 가능한 수준이 아니라면 위험성을 감소시키기 위한 대책을 수립하여 실행하여야 한다.

1) 위험성 감소대책의 실행

위험성 감소대책을 수립하여 실행하는 경우 아래의 사항을 고려해야 한다.

① 위험성 감소대책을 실행한 후 해당 공정 또는 작업의 위험성의 크기가 사전에 자체 설정한 허용 가능한 위험성의 범위인지를 확인하여야 한다.
② 위험성이 자체 설정한 허용 가능한 위험성 수준으로 내려오지 않는 경우에는 허용 가능한 위험성 수준이 될 때까지 추가의 감소대책을 수립·실행하여야 한다.
③ 중대재해, 중대산업사고 또는 심각한 질병이 발생할 우려가 있는 위험성으로서 체계적인 위험성 감소대책의 실행에 많은 시간이 필요한 경우에는 즉시 잠정적인 조치를 강구하여야 한다.
④ 위험성평가를 종료한 후 남아 있는 유해·위험요인에 대해서는 게시, 주지 등의 방법으로 근로자에게 알려야 한다.

위험성 감소대책을 수립할 때에는 법령에서 정하는 사항과 근로자의 위험 또는 건강장해를 방지하기 위해 필요한 조치를 반영하여 아래의 순서대로 대책을 수립하여 실행하여야 한다. 위험성 감소대책은 제거하거나 격리하는 원칙을 우선 채용함으로써 재해의 발생가능성을 낮추어야 하며, 개인보호구 사용은 본질적(근원적)대책, 공학적 대책, 관리적 대책을 취하더라도 제거·감소할 수 없었던 위험성에 대해서만 실시한다. 위험성 감소대책을 실행한 후에는 해당 대책의 유효성을 확인하기 위하여 대책을 실행한 상태에서의 위험성을 추정·결정하고, 위험성 감소가 충분하지 않은 경우에는 다시 감소대책을 수립하여 실행하여야 한다.

〈표 3-17〉 위험성 감소대책의 우선순위

우선순위	구분	내용
1	본질적(근원적) 대책	위험한 작업의 폐지·변경, 유해·위험물질 대체 등의 조치 또는 설계나 계획 단계에서 위험성을 제거 또는 저감하는 조치
2	공학적 대책	연동장치, 환기장치 설치 등의 공학적 대책
3	관리적 대책	사업장 작업절차서 정비 등의 관리적 대책
4	개인보호구 사용	개인용 보호구 사용

2) 화학물질의 위험성 감소대책 실행

화학물질의 위험성 감소대책(작업환경 개선대책)을 수립하여 실행할 때에는 다음의 사항을 고려하여야 한다.

① 법령, 고시 등에서 규정하는 내용을 반영하여 수립하여야 한다.
② 위험성 감소대책을 수립하여 실행한 후에는 위험성이 '경미한 위험' 수준으로 낮아져야 한다.
③ 위험성 감소대책을 수립하여 실행한 이후에도 위험성이 상위 수준에 해당하는 경우에는 위험성이 '경미한 위험' 수준으로 낮아질 때까지 추가적인 감소대책을 수립하여 실행하여야 한다.

화학물질 위험성 감소대책을 수립하여 실행할 때에는 아래의 우선순위를 고려하여야 한다.

① 화학물질 제거
② 화학물질 대체
③ 공정 변경(습식)
④ 격리(차단, 밀폐)
⑤ 환기장치 설치 또는 개선
⑥ 보호구 착용 등 관리적 개선

화학물질 위험성평가를 종료한 후 남아있는 잠재유해요인에 대해서는 근로자에게 게시, 주지 등의 방법으로 알려야 하며, 작업환경 개선대책을 실행한 후에는 모니터링을 통해 개선대책의 유효성을 확인하고, 지속적인 개선이 이루어지도록 차년도 목표설정에 반영하여야 한다.

2.6 기록 및 보존

위험성평가를 실시한 내용 및 결과는 문서화하여야 하며, 위험성 평가의 결과와 조치사항을 기록·보존할 때에는 아래 사항을 포함하여야 한다.

① 위험성평가 대상의 유해 · 위험요인
② 위험성 결정의 내용
③ 위험성 결정에 따른 조치의 내용
④ 그 밖에 위험성평가의 실시내용을 확인하기 위하여 필요한 사항으로서 고용노동부장관이 정하여 고시하는 사항

상기 ④번 항목의 고용노동부장관이 정하는 사항은 1) 위험성평가를 위해 사전조사한 안전보건자료, 2) 그 밖에 사업장에서 필요하다고 정한 사항이 있다.

위험성평가에 대한 기록은 위험성평가에 사용된 기법, 평가항목, 위험성 평가결과, 조치항목 등을 모두 포함하기 때문에, 사업장 안전보건교육자료로 활용하거나 신규 기계 · 설비 도입 시 참고자료로 활용할 수 있다. 또한 사고 발생 시 원인 규명에도 도움이 될 수 있을 뿐만 아니라 안전기술의 축적에도 기여할 수 있는 사업장 안전관리에 유용한 도구이다. 위험성평가의 기록은 '사업장 위험성평가에 관한 지침' 제15조(위험성평가의 실시 시기)에 따른 위험성평가의 실시 시기별 위험성 평가를 완료한 날부터 기산하여 3년간 보존하여야 하며, 최초 평가서는 영구보존하는 것을 권장한다.

3. 위험성평가의 종류와 기법

위험성평가(Risk assessment)의 기법은 크게 정량적 기법과 정성적 기법으로 나누어지고 정량적 기법에는 결함수 분석기법(Fault Tree Analysis, FTA), 사건수 분석기법(Event Tree Analysis, ETA), 원인결과 분석기법(Cause Consequence Analysis, CCA) 등이 있고 정성적 기법에는 위험과 운전분석(Hazard & Operability studies, HAZOP), 작업안전분석(Job Safety Analysis, JSA), 체크리스트 방법(Check List), 사고예상질문(What-If), 이상위험도 분석 (Failure modes, effects and criticality analysis, FMECA), 예비위험분석(Preliminary Hazard Analysis, PHA) 등이 있다.

위험성평가 기법별 적용성은 아래와 같다.

〈표 3-18〉 위험성평가 기법의 적용성(예)

<table>
<tr><th rowspan="3">위험성평가 기법</th><th colspan="5">위험성평가 프로세스</th></tr>
<tr><th rowspan="2">리스크 특정</th><th colspan="3">위험성 분석</th><th rowspan="2">리스크 평가</th></tr>
<tr><th>결과</th><th>발생 확률</th><th>리스크 수준</th></tr>
<tr><td>결함수분석
(Fault tree analysis, FTA)</td><td>A</td><td>NA</td><td>SA</td><td>A</td><td>A</td></tr>
<tr><td>사건수분석
(Event tree analysis, ETA)</td><td>A</td><td>SA</td><td>A</td><td>A</td><td>NA</td></tr>
<tr><td>원인·결과 분석
(Cause and consequence analysis, CCA)</td><td>A</td><td>SA</td><td>SA</td><td>A</td><td>A</td></tr>
<tr><td>위험과 위험분석
(Hazard and operability studies, HAZOP)</td><td>SA</td><td>SA</td><td>A</td><td>A</td><td>A</td></tr>
<tr><td>작업안전분석
(Job safety analysis)</td><td>A</td><td>NA</td><td>NA</td><td>A</td><td>A</td></tr>
<tr><td>체크리스트방법
(Check list)</td><td>SA</td><td>NA</td><td>NA</td><td>NA</td><td>NA</td></tr>
<tr><td>사고예상질문분석
(What-if)</td><td>SA</td><td>SA</td><td>SA</td><td>SA</td><td>SA</td></tr>
<tr><td>고장모드영향분석
(Failure mode effect analysis, FMEA)</td><td>SA</td><td>SA</td><td>SA</td><td>SA</td><td>SA</td></tr>
<tr><td>예비위험분석
(Preliminary hazard analysis, PHA)</td><td>SA</td><td>NA</td><td>NA</td><td>NA</td><td>NA</td></tr>
</table>

위험성평가 기법	위험성평가 프로세스				
	리스크 특정	위험성 분석			리스크 평가
		결과	발생 확률	리스크 수준	
4M 위험성평가 (4M Risk assessment)	A	NA	NA	A	SA
인간신뢰성평가 (Human reliability assessment, HRA)	SA	SA	SA	SA	A
비용/편익분석 (Cost/benefit analysis, CBA)	A	SA	A	A	A
브레인스토밍 (Brainstorming)	SA	NA	NA	NA	NA
구조화 또는 반구조화 인터뷰 (Structured or semi-structured interviews)	SA	NA	NA	NA	NA
델파이법 (Delphi)	SA	NA	NA	NA	NA

※ SA: 추천, NA: 적용불가, A: 적용가능

3.1 결함수 분석(Fault Tree Analysis)

1) 결함수 분석(FTA)의 개요

결함수 분석기법(FTA)은 조사 대상의 바람직하지 않은 사상(정상 사상)의 원인이 될 수 있는 요인을 밝혀내고 분석하기 위한 기법이다. 원인이 되는 요소는 연역적으로 특정하여 논리적으로 관계지어 원인이 되는 요소와 정상 사상과의 논리적 관계를 그려낸 수형도(나무(樹) 가지 모양(形) 그림(圖))로 도시한다.

수형도에서 정상사상은 재해내용 또는 실패내용이 되고 다음 Level 1사상은 직접적인 원인이 되는 하드웨어 고장, 운전자의 실수 등을 기록하고 다음은 Level 2사상의 원인을 기록하는 방법으로 말단까지의 기본사상을 파악하고 정상사상, 1차 원인 및 2차 원인은 논리기호로 연결하는 방법으로 진행한다.

〈표 3-19〉 FTA 주요 관련 용어 정의

용어	정의
정상 사상 (Top event)	재해의 위험도를 고려하여 결함수 분석을 하기로 결정한 사고나 결과
기본 사상 (Basic event)	더 이상 원인을 독립적으로 전개할 수 없는 기본적인 사고의 원인
결함수 (Fault tree)	결함에 대한 각각의 원인(기계적 원인, 작업자의 불안전행동 등)을 기호로 연결
중간 사상 (Intermediate event)	정상 사상과 기본 사상 중간에 전개되는 사상
컷세트(단절집합) (Cutset)	정상 사상을 발생시키는 기본 사건들의 조합
최소세트(최소단절집합) (Minimal Cutset)	정상 사상을 발생시키는 기본 사건들의 조합(단절집합) 중 최소가 되는 조합
계통분석 (System analysis)	계통의 기능상실을 초래하는 모든 사항 조합을 체계적으로 분석하고 그 발생가능성을 평가
고장률 (Failure rate)	설비가 시간당 또는 작동 횟수당 고장이 발생하는 확률

2) 용도

FTA는 잠재적인 원인 및 실패(정상 사상)까지의 경로를 특정하기 위해서 정성적으로 사용하는 경우와 원인 사상의 발생 확률이 판명되어 있을 때, 정상 사상의 발생 확률을 계산하기 위해서 정량적으로 사용하는 경우가 있다. FTA는 시스템의 설계 단계에서 잠재적인 고장의 원인을 규명하기 위해서 사용하는 경우가 있으며, 다른 설계 옵션을 선택하기 위해 사용하기도 한다. 주요한 고장이 어떻게 발생할 수 있는지를 명확히 하고, 정상 사상까지의 다른 경로의 상대적 중요성을 분명히 하기 위해서 운용 단계에서 사용하기도 한다. FTA는 다른 사상이 어떻게 관계하여 고장을 일으켰는지를 그림으로 표시하기 때문에 발생한 고장의 분석에도 사용할 수 있다.

〈그림 3-24〉 FTA 사례

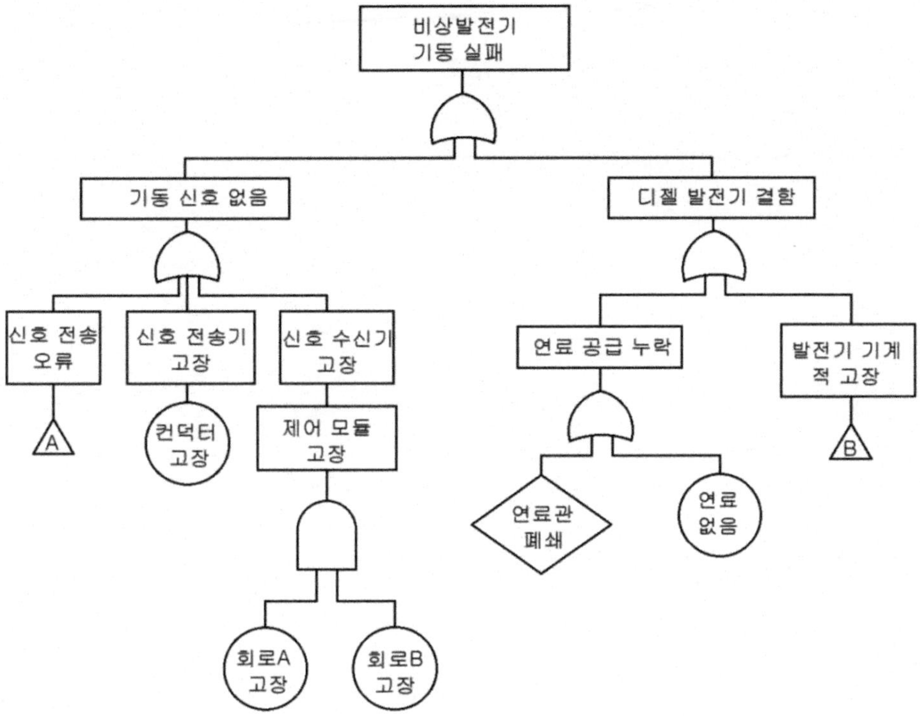

3) 장단점

가) 장점

- 고도로 계통적이며 유연한 기법
- 사람의 간섭 및 물리적 사상을 포함한 다양한 요인을 분석할 수 있는 규율적인 접근방식을 제공
- '톱 다운' 방식의 적용으로 정상 사상에 직접 관계하는 고장의 영향에 초점을 맞추는 것이 가능
- FTA는 특히 많은 인터페이스 및 상호작용을 하는 시스템의 분석에 유용
- FT 그림의 논리적 분석 및 컷 집합의 특정은 정상 사상에 이르는 사상의 특정 조합을 놓칠 우려가 있는 복잡한 시스템에서 단순한 고장경로를 특정하는데 유용

나) 단점

- 정상 사상의 발생 확률 계산에는 기본 사상의 발생 확률의 불확실성이 포함되어 있

어 기본 사상의 정확한 고장 확률이 판명되지 않은 경우, 높은 수준의 불확실성이 나타날 수 있음

- 상황에 따라서는 원인이 되는 사상이 정상 사상에 이르는 모든 주요 경로가 포함되어 있는지 아닌지를 확인하는 것이 어려울 수 있음
- 우선적 AND 게이트 등의 동적 게이트를 이용하지 않는 한, FT 그림은 정적 모델이며, 시간에 대한 의존성을 다룰 수 없음
- FT도를 처리할 수 있는 것은 2차적인 상태(고장 또는 고장이 아니다)임
- FT그림에는 도미노 효과 또는 조건부 고장을 포함하기 어려움

4) 수행 절차

결함수 분석은 ① 정상 사상의 선정, ② 사상마다 재해원인 및 요인의 규정, ③ FT도의 작성, ④ 개선계획의 작성 순으로 진행할 수 있으며, 정상 사상이 발생할 수 있는 원인과 경로를 연역적으로 분석하여 도식화한다.

결함수 분석 입·출력 프로세스 및 주요 사용 기호는 아래 표와 같다.

〈표 3-20〉 FTA 입·출력 프로세스

구분	설명
입력	• 정성적 분석 : 시스템이 어떻게 고장날 수 있는지에 대한 기술정보 또는 실패의 원인에 대한 정보를 입력 • 정량적 분석 : 모든 기본 사건의 실패율 또는 실패 상태의 확률에 대한 데이터 등을 입력
프로세스	• 분석할 정상사상을 결정한다. • 정상사상은 고장인 경우도 있고, 그 고장의 넓은 의미에서의 결과이기도 하다. • 정상사상을 일으킬 가능성이 있는 직접적 원인 또는 고장 모드를 특정한다. • 각 원인 또는 고장 모드를 분석하고, 그 고장이 어떻게 일어나는지를 분명히 한다. • 바람직하지 않은 시스템 동작을 순차적으로 단계를 따라 보다 하위의 시스템 단계까지 계속 특정한다. • 기본 사상의 발생 확률을 정할 수 있는 경우는 정상사상의 발생확률을 계산한다.
출력	• 둘 이상의 사상이 동시에 발생하는 경우 어떤 영향으로 정상사상이 발생하는지를 도식으로 표시 • 최소 컷 집합(고장에 이르는 독립된 개별 경로) 리스트 및 (데이터가 있는 경우) 각각 발생할 확률 • 정상사상 발생 확률

〈표 3-21〉 결함수 분석기법(FTA) 주요 기호

기호	명명	설명
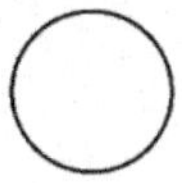	기본사상 (Basic event)	더 이상 전개할 수 없는 사건의 원인
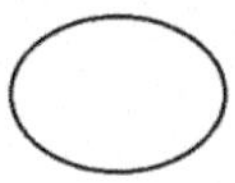	조건부사상 (Conditional event)	논리게이트에 연결되어 사용되며, 논리에 적용되는 조건이나 제약 등을 명시 (우선적 억제 게이트에 우선적으로 적용)
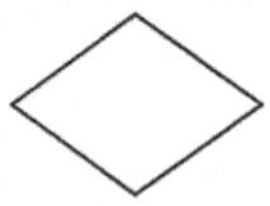	생략사상 (Undeveloped event)	사고 결과나 관련정보가 미비하여 계속 개발될 수 없는 특정 초기사상
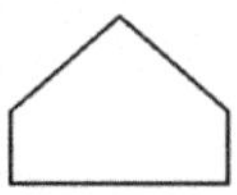	통상사상 (External event)	유동계통의 층 변화와 같이 일반적으로 발생이 예상되는 사상
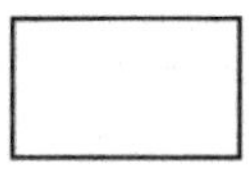	중간사상 (Intermediate event)	한 개 이상의 입력사상에 의해 발생된 고장사상으로서 주로 고장에 대한 설명 서술
	OR 게이트 (OR gate)	한 개 이상의 입력사상이 발생하면 출력사상이 발생하는 논리게이트
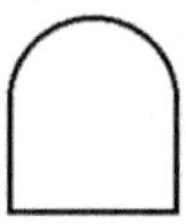	AND 게이트 (AND gate)	입력사상이 전부 발생하는 경우에만 출력사상이 발생하는 논리게이트
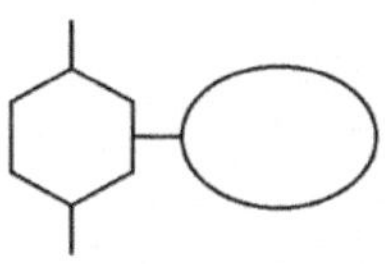	억제 게이트 (Inhibit gate)	AND 게이트의 특별한 경우로서 이 게이트의 출력사상은 한 개의 입력사상에 의해 발생하며, 입력사상이 출력사상을 생성하기 전에 특정조건을 만족하여야 하는 논리게이트
	배타적 OR 게이트 (Exclusive OR gate)	OR 게이트의 특별한 경우로서 입력사상 중 오직 한 개의 발생으로만 출력사상이 생성되는 논리게이트
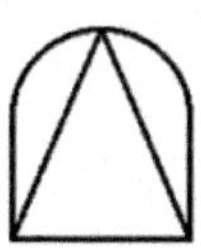	우선적 AND 게이트 (Priority AND gate)	AND 게이트의 특별한 경우로서 입력사상이 특정 순서별로 발생한 경우에만 출력사상이 발생하는 논리게이트
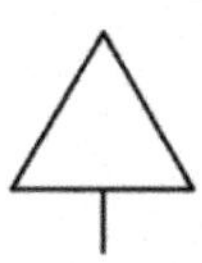	전이기호 (Transfer symbol)	다른 부분에 있는(예: 다른 페이지) 게이트와의 연결관계를 나타내기 위한 기호. 전입(Transfer in)과 전출(Transfer out) 기호가 있음

3.2 사건수 분석(Event Tree Analysis)

1) 사건수 분석기법(ETA) 개요

ETA는 여러 시스템의 동작이나 부동작에 따라 원인 사상으로 이어지는 사상의 상호 배타적 순서를 나타내는 도식 기법으로, 나무처럼 부채꼴로 확대함으로써 추가되는 시스템, 기능 또는 대책을 고려하여 원인 사상에 대응해 악화 또는 완화되는 사상을 나타낼 수 있다. ETA는 정성적 또는 정량적으로도 적용할 수 있으며, 아래 그림은 가지가 완전하게 독립해 있을 때의 ET도의 간단한 계산 사례를 나타낸다.

〈그림 3-25〉 가지가 완전하게 독립해 있을 때의 ETA도 (예)

사건 시작	화재 발생	자동소화장치 (스프링클러) 작동	화재 경보 (알람) 작동	결과	빈도 (연간)

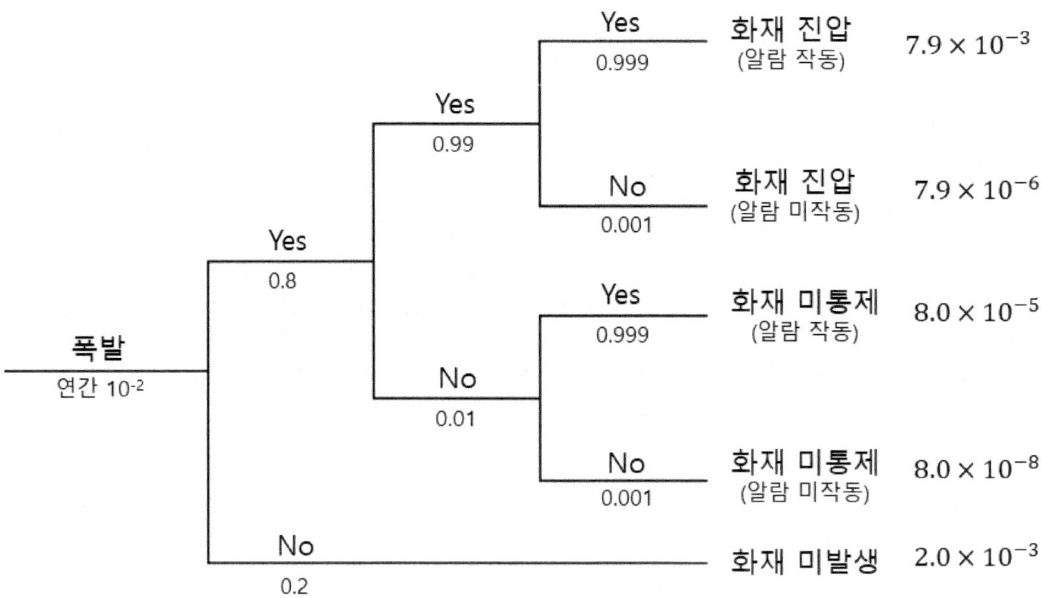

〈표 3-22〉 ETA 주요 관련 용어 정의

용어	정의
초기사건 (Initiating event)	시스템 또는 기기의 결함, 운전원의 실수 등
안전요소 (Safety Function)	초기의 사건이 실제 사건으로 발전되지 않도록 하는 안전장치, 운전원의 조치 등

2) 용도

ETA는 원인 사상에 따른 다양한 사고 시나리오를 (리스크의 관점에서) 모델화하고 계산하고 순위를 매기기 위해서 사용할 수 있으며, 제품 또는 프로세스의 전 수명주기(Life cycle)의 어느 단계에서도 사용할 수 있다. 정성적으로 사용하여 가능한 시나리오 및 원인 사상으로 이어지는 일련의 사상의 브레인스토밍 및 바람직하지 않은 결과의 완화를 목적으로 한 다양한 대응책, 방벽 또는 관리대책에 의해 결과가 어떤 영향을 받을지에 대한 브레인스토밍의 단서로 삼을 수 있다.

정량적 분석은 관리방안의 수용가능성 검토에 도움이 될 수 있다. 복수의 방호방안이 있는 경우에 실패모델 만들기에 사용하거나, 손실 또는 이익을 가져오는 일이 있는 원인 사상의 모델화에 사용할 수 있다.

3) 장단점

가) 장점

- 원인 사상에 이은 잠재적인 시나리오를 분석해, 시스템 또는 기능의 성공 여부의 영향을 명확한 그림으로 나타낼 수 있음
- 모델화하는 것이 번잡한 타이밍, 의존관계 및 도미노 효과에 대응할 수 있음
- 동적게이트를 이용하지 않는 한 표현할 수 없는 사상의 순서를 도시할 수 있음

나) 단점

- 종합적인 평가의 일환으로서 ETA를 이용하기 위해서는 가능성이 있는 모든 원인 사상을 특정할 필요가 있어 중요한 원인 사상을 소홀히 할 우려가 있음

- 어떠한 경로도 그 경로를 따른 바로 앞의 분기점에서 발생한 현상에 조건부이다. 따라서 가능성이 있는 경로에 따른 많은 의존 관계를 다루게 되며 설비 운용 담당자의 영향이 무시되는 경우, 리스크 추정이 잘못될 수 있음

4) 수행 절차

시스템, 기기 결함, 운전원의 실수 등과 같은 초기사건으로 인한 사고를 규명하기 위해 사용하는 사건수 분석은 공정의 수와 크기 등을 고려하여 해당 공정 및 설비에 경험이 있는 전문가로 팀을 구성하여 시행한다. 사건수 분석을 위해서는 공정설명서, 안전운전절차, 배관 및 계장 도면, 경보 및 자동운전정치 설정치, 물질안전보건자료, 정비절차서, 운전자 책무, 작업자 실수관련 자료, 단위 기기 및 설비에 대한 고장률 등과 같이 공정의 설계 및 운전에 관련된 자료의 준비가 필요하다. 사건수 분석의 수행절차는 일반적으로 초기사건의 정의 → 안전요소에 대한 확인 → 사건수의 구성 → 사고결과의 확인 → 사고결과 상세분석 → 결과보고서 작성의 6단계로 구분된다.

〈표 3-23〉 ETA 입·출력 프로세스

구분	설명
입력	• 해당하는 원인사상의 리스트 • 관리대책에 관한 정보 및 실패확율 (정량 분석의 경우) • 최초의 실패가 확대될 때 프로세스의 이해
프로세스	• 원인사상의 선택(분진(먼지) 폭발과 같은 인시던트, 전원 고장과 같은 원인사상 등)으로부터 시작한다. • 결과를 완화하기 위해 제공되는 기능, 시스템을 순서대로 기재한다(각 기능 또는 시스템마다 선을 그려 그 성패를 나타내며, 각 선에는 전문가의 판단, FTA 등에 의해 추정한 조건부 확률을 붙여 구체적인 고장의 발생 확률을 할당할 수 있음). • 트리의 각 경로는 해당 경로의 모든 이벤트가 발생할 확률을 나타낸다(결과의 빈도는 다양한 이벤트가 독립적이면 개별 조건 확률과 원인사상의 빈도와의 곱으로 표현됨).
출력	• 원인사상으로부터 다양한 종류의 문제(결과의 변동 범위)를 발생시키는 사상의 조합으로서의 잠재적인 문제의 정성적 기술 • 사건의 빈도 또는 확률의 정량적 추정치 및 다양한 고장의 순서 및 기여사상의 상대적 중요도 • 위험을 줄이기 위한 권장 사항

〈표 3-24〉 ETA 수행절차

절차	설명
1단계 : 초기사건의 정의	• 정성적 위험성평가, 과거 기록, 경험 등으로 초기사건을 선정하며 배관에서 독성물질 누출, 용기의 파열, 내부 폭발, 공정 이상 등이 있음
↓	
2단계 : 안전요소에 대한 확인	• 초기사건의 영향을 완화시킬 수 있는 모든 안전요소를 확인하며, 안전요소 대부분의 자동결과가 성공 또는 실패의 형태로 나타나며, 안전요소의 예시로는 초기사건에 자동으로 대응하는 안전시스템, 경보장치, 운전원의 조치, 완화장치 등이 있음)
↓	
3단계 : 사건수의 구성	• 초기사건에 따른 첫 번째 안전요소의 작동/대응 결과를 평가 • 동일한 방법으로 두 번째 안전요소를 평가 • 최종 안전요소를 평가 하여 도표에 사건수를 표시
↓	
4단계 : 사고결과의 확인	• 초기사건으로부터 여러 경로를 통하여 진행된 각종 형태의 사고 및 그 결과를 확인하여 도표의 오른쪽에 기술
↓	
5단계 : 사고결과 상세분석	• 평가항목 : 안전-비정상 조업, 폭주반응, 증기운폭발 등 사고형태나 회사의 안전 관리 목표 • 수용수준 : 회사에서 목표로 정한 위험수준으로서 발생빈도나 확률 • 평가결과 : 평가 항목별로 사고발생빈도를 합한 값 • 개선요소 : 평가항목별 각 사고형태의 발생에 해당하는 안전요소
↓	
6단계 : 결과보고서 작성	• ETA 수행의 결과를 문서화하는 것으로 분석개요, 분석내용 및 결과, 분석에 사용한 참고자료, 개선권고사항의 후속조치 등을 포함

3.3 원인 · 결과 분석(Cause Consequence Analysis)

1) 원인 · 결과 분석(CCA) 개요

원인 · 결과 분석은 FTA와 ETA를 조합한 것이다. 결정적 사상으로부터 시작하여 발생할 가능성이 있는 조건 또는 원인 사상의 결과를 완화하도록 설계한 시스템의 실패를 나타내는 예/아니오 분기 게이트의 조합에 의해 결과를 해석하고 정량적으로 평가한다. 조건 또는 실패의 원인은 FTA에 의해 해석한다. 그러나, 가설은 실제의 증거 및 가설의 경험적 검증에 의해서 밖에 결정할 수 없으므로, 그 자체가 실제의 원인을 나타내는 것은 아니다. 정보는 특성 요인도 또는 수형도로 정리한다.

〈표 3-25〉 CCA 주요 관련 용어 정의

용어	정의
원인결과분석 (Cause consequence analysis, CCA)	FTA 및 ETA를 결합한 것으로, 잠재된 사고의 결과 및 근본적인 원인을 찾아내고, 사고결과와 원인 사이의 상호관계를 예측하며, 리스크를 정량적으로 평가하는 리스크 평가기법
기타 용어 (초기사건, 안전요소, 기본사상, 결함수, 컷 세트 등)	FTA와 ETA의 용어 정의와 동일

2) 용도

원인 · 결과분석은 본래 시스템의 실패를 보다 완전하게 이해하기 위한 안전을 제일 중요시한 시스템용 신뢰도 툴로서 개발한 해석기법이다. ETA와 마찬가지로 결정적 사상에 이르는 고장 논리를 나타낼 목적으로 사용하지만, 순서 의존형 고장의 해석을 가능하게 함으로써 원인 · 결과분석에서 ETA에서는 불가능한 시간의 지연을 결과 분석에 포함시킬 수 있다. 원인 · 결과 해석은 특정 서브시스템(긴급 대응 시스템 등)의 거동에 따라 결정적 사상에 이어 시스템이 지연될 가능성이 있는 다양한 경로의 분석에 이용한다. 정량화함으로써 결정적 사고 발생 후의 생각할 수 있는 다양한 결과 발생 확률의 추정치를 얻을 수 있다. 원인 · 결과도의 각 순서는 하위의 FT그림의 조합이기 때문에, 원인 · 결과해석은 전체의 FT도를 만들기 위한 툴로서 사용할 수 있다. 원인 · 결과도는 작성과 사용 모두 복잡하기 때문에 가능성이 있는 실패의 결과의 정도가 집약적 작업을 행하는 정당한 이유가 될 때 이용하는 경향이 있다.

3) 장단점

가) 장점

- 원인 · 결과 해석의 장점은 ETA와 FTA의 장점을 합친 것임
- 시간이 경과함에 따라 진전하는 사상의 해석도 가능하기 때문에 두 해석법의 단점의 일부를 극복할 수 있으며, 원인 · 결과 해석은 시스템의 전모를 파악할 수 있음

나) 단점

- FTA 및 ETA보다 작성시 및 정량화시의 의존관계 처리방법이 복잡함

4) 수행 절차

사고의 결과 및 근본 원인을 규명하기 위해 FTA 및 ETA를 결합한 형태인 CCA는 대상 공정의 수와 크기 등을 고려하여 해당 공정 및 설비에 경험이 있는 전문가로 팀을 구성하여 시행한다. 원인결과분석을 위해서는 공정설명서, 공정흐름도, 계장도, 기기사양서, 배치도, 운전절차서, 유지관리 지침서, 작업자 실수 관련자료, 비상조치계획, 과거자료 등 공정에 관련된 자료의 준비가 필요하다. 원인결과분석의 수행절차는 일반적으로 발생 가능한 사건의 선정 → 안전요소에 대한 확인 → 사건수의 구성 → 결함수의 구성 → 최소컷세트 평가 → 결과보고서 작성의 6단계로 구분된다.

〈표 3-26〉 CCA 입 · 출력 프로세스

구분	설명
입력	• 참가자의 전문지식 및 경험에서 얻은 정보 또는 이전에 개발하여 과거에 사용한 모델로부터의 정보를 입력으로 한다.
프로세스	• 원인 영향 분석은 해결해야 할 문제에 대해 지식이 있는 전문가의 팀에서 수행하는 것이 바람직하다. • 분석할 영향(상황에 따라 바람직한 것(목표와 맞는 것) 또는 바람직하지 않은 것)을 결정하여 박스에 기입한다.

구분	설명
	• 특성요인도(물고기의 골선도라고도 함) 중에서 박스로 나타내는 원인의 주요 카테고리를 결정한다. 일반적으로 시스템 문제라면 카테고리는 사람, 장비, 환경, 프로세스 등이 될 수 있다.(단, 카테고리는 특정의 상황에 합치하도록 선택) • 주요 카테고리별로 가능한 원인을 기입하고 가지와 나뭇가지를 붙여 원인 간의 관계를 기술한다. • "왜인가" 또는 "그 원인은 무엇인가"라고 계속 묻고, 원인을 찾는다. • 모든 가지를 검토하여 일관성과 무결성을 검증하고 원인이 주요 영향을 초래하는지 확인한다. • 팀의 의견과 이용 가능한 증거를 바탕으로 가장 유력한 원인을 규명한다. (결과는 일반적으로 특성 요인도 또는 수형도로 표시된다. 특성 요인도는 원인을 주요 범주로 나누어 (물고기의 척추에서 가지로 나뉘어진 선으로 나타냄)구조화하고 그 카테고리보다 구체적인 원인을 기술하는 가지와 나뭇가지가 붙는다. 수형도는 외관이 FT도와 비슷하지만 위에서 아래로 늘어나는 것이 아니라 왼쪽에서 오른쪽으로 뻗어 나가도록 작성하는 경우가 많다. 다만, 원인이 발생 확률이 판명된 고장이 아니라, 가능한 유발 요인이기 때문에 정상사상의 발생 확률을 산출하도록 정량화하기 어렵다.)
출력	• 원인영향분석의 출력은 가능한 유력한 원인을 나타내는 특성 요인도 또는 수형도로 나타내며, 결과를 권고를 하기 전에 이 그림을 검증하고 실험적으로 시험한다.

〈그림 3-26〉 특성요인도의 개념도(예)

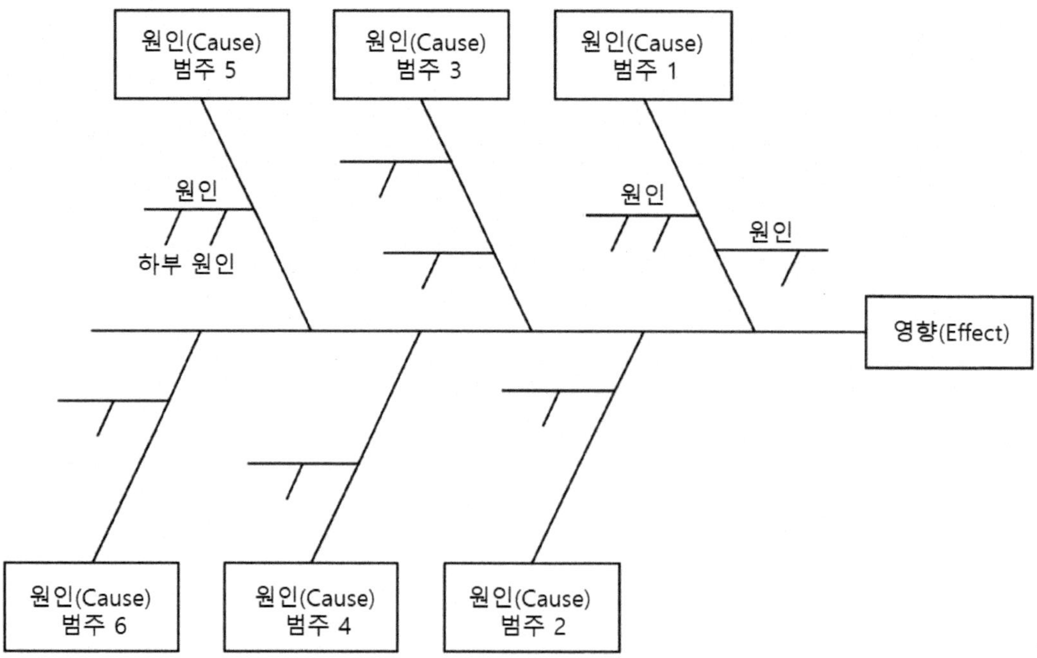

〈그림 3-27〉 원인결과 분석 수형도의 개념도(예)

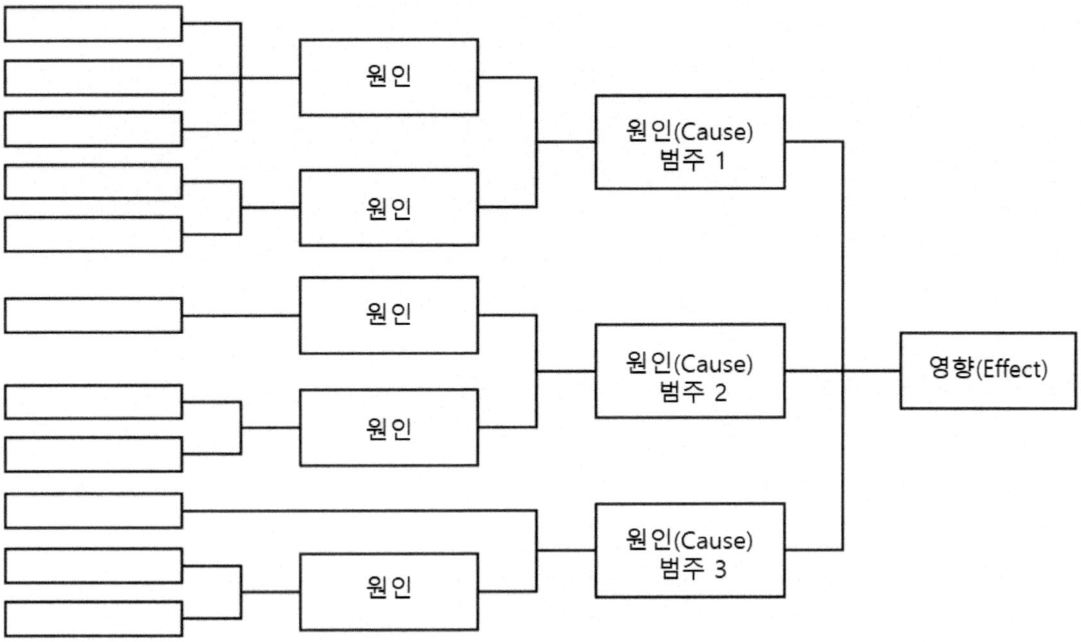

〈표 3-27〉 ETA 수행절차

절차	설명
1단계 : 발생 가능한 사건의 선정	• FTA와 ETA의 분석대상 선정법이 동일하게 사용될 수 있으며, 배관에서의 독성물질 누출, 용기의 파열, 내부 폭발, 공정 이상 등이 선정될 수 있음
↓	
2단계 : 안전요소에 대한 확인	• 1단계에서 선정된 초기사건으로 인한 영향을 완화시킬 수 있는 모든 안전요소를 확인하며, 안전요소에는 초기사건에 자동으로 대응하는 안전시스템, 경보 장치, 운전원의 조치, 완화장치(냉각시스템, 압력방출시스템, 세정시스템 등), 주변의 상황 등이 포함될 수 있음
↓	
3단계 : 사건수의 구성	• 2단계에서 확인된 모든 안전요소를 시간별 작동 및 조치 순서대로 성공과 실패로 구분하여 초기사건에서 결과까지 사건경로(사건수)로 구성하며, 안전요소의 성공과 실패에 따른 분기점과 결과를 기호로 나타냄

절차	설명
	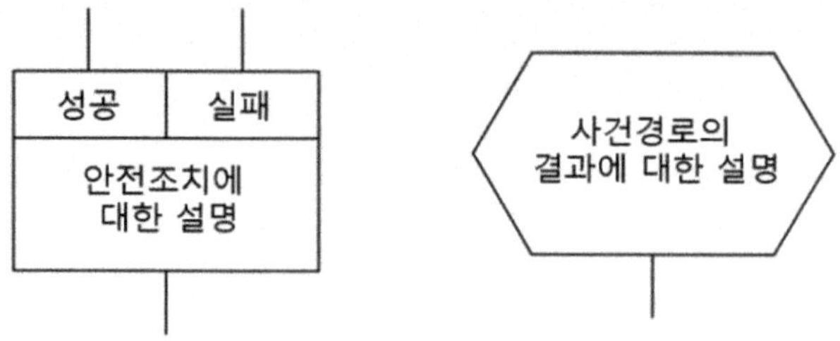 (a) 분기점 기호 (b) 결과 기호
↓	
4단계 : 결함수의 구성	• 초기사건과 3단계의 안전요소 실패에 대해 FTA 기법을 적용하여 기본원인(기본사상)에서 초기사건까지의 사건경로, 즉 결함수를 구성
↓	
5단계 : 최소컷세트 평가	• 기본원인에서 결과까지의 각 사건경로에 대한 최소컷세트는 FTA기법의 최소 컷세트와 같은 방법으로 결정하며, FTA 기법을 이용하여 사건경로의 최소 컷세트를 결정할 수 있으며, 이를 CCA에서 확인된 모든 사건경로에 대해 반복함
↓	
6단계 : 결과보고서 작성	• CCA 수행의 결과를 문서화하는 것으로 분석개요, 문제 정의, 가정의 목록, 원인결과 선도, 최소 컷세트의 목록, 사건경로에 대한 설명, 사건경로 최소 컷세트의 중요도 평가, 개선권고사항 등을 포함

3.4 위험과 운전분석(Hazard & Operability studies)

1) 위험과 운전분석(HAZOP) 개요

HAZOP은 계획 중 또는 기존의 제품, 프로세스, 절차 또는 시스템의 구조에 대한 체계적인 조사를 실시하여 사람, 기기, 환경 및/또는 조직의 목적에 대한 위험을 특정하는 기법이다. HAZOP의 프로세스는 설계, 프로세스, 절차 또는 시스템의 단계에서 어떻게 되면 설계의 의도 또는 동작조건이 달성되지 않게 되는지를 묻는 가이드워드의 사용을 기본으로 하는 정성적 기법이다. 일반적으로 일련의 회의에 의해 여러 전문분야로 구성된 팀이 실시한다. HAZOP은 프로세스, 시스템 또는 절차의 고장 모드, 그 원인 및 결과를 특정한다는 점에서 고장형태에 따른 영향분석(Failure modes and effects analysis, FMEA)와 유사하다. FMEA는 고장 모드의 특정으로부터 시작하는 반면, HAZOP은 팀이 바람직하지 않은 결과 및 예상되는 결과와 조건과의 차이를 검토하고 가능성이 있는 원인 및 고장 모드에 도달한다는 점에서 다르다.

〈표 3-28〉 기본 지침단어 및 시간시계, 지시 또는 순서와 관련된 지침단어

구분	단어	의미
기본 지침단어	NO OR NOT	완전한 설계의도 부정
	MORE	양적 증가
	LESS	양적 감소
	AS WELL AS	질적 변경/증가
	PART OF	질적 변경/감소
	REVERSE	설계의도의 논리적 역
	OTHER THAN	완전한 대체
시계시간, 지시 또는 순서와 관련된 지침단어	EARLY	시계시간에 비해 빠른
	LATE	시계시간에 비해 늦은
	BEFORE	명령 혹은 순서에 관련해 앞선
	AFTER	명령 혹은 순서에 관련해 이후의

2) 용도

HAZOP 기법은 장치산업에서 유동매체 또는 다른 유체 취급 시스템을 위해 개발된 기법이었으나 다른 종류의 시스템 및 복잡한 운전으로 적용 영역이 확장되었다. HAZOP

이 사용되는 영역에는 기계 및 전자시스템, 절차 및 소프트웨어 시스템, 조직의 변경 및 법적 계약설계 및 리뷰 등을 포함한다. HAZOP의 프로세스는 설계, 컴포넌트, 계획 절차 및 사람의 동작 결함으로 인한 모든 종류의 설계 의도로부터의 일탈을 취급할 수 있으며, 소프트웨어 설계 리뷰에 널리 사용되고 있다. 안전이 중요한 기구의 제어 및 컴퓨터 시스템에 적용할 때는 CHAZOP 분석 [Control(또는 Computer) hazards and Operability analysis]로 알려져 있다. HAZOP은 보통 대상으로 하는 프로세스의 전체 도를 입수할 수 있지만 설계변경이 아직 가능한 상세 설계 단계에서 실시한다. HAZOP은 공정의 운전 중에 실시할 수도 있으나, 해당 단계에서는 변경이 요구되는 경우 변경에 많은 경비가 소요될 수 있다.

3) 장단점

가) 장점

- 시스템, 프로세스 또는 절차를 계통적이고 철저하게 조사하는 수단을 제공
- 운용의 실제 경험이 있는 사람 및 대응책을 실시한 경험이 있는 사람을 포함한 여러 전문분야로 구성된 팀이 참여하여 대응책을 창출
- 광범위한 시스템, 프로세스 및 절차에 적용 가능
- 휴먼 에러의 원인 및 결과에 대한 명확한 검토가 가능

나) 단점

- 상세한 분석을 위해서는 매우 시간이 걸리고, 그 때문에 비용이 듬
- 상세한 분석을 위해서는 높은 수준의 문서 또는 시스템/프로세스 및 절차사양서가 필요
- 근본적인 가정에 대한 대응보다 상세한 해결책의 발견에 비중을 둘 우려가 존재
- 토의가 설계의 상세한 문제에 집중되어, 광범위한 문제, 외부의 문제가 소홀히 될 우려가 존재
- 설계(안) 및 설계 내용과 팀에 부과된 적용범위 및 목적으로 범위가 제약
- 프로세스 설계자의 전문지식에 지나치게 의존할 우려가 존재

4) 수행 절차

HAZOP은 상세한 위험 및 운전성 문제를 식별하기 위해 대상 작업(공정)에 관한 경험 및 전문지식이 있는 전문가로 팀을 구성하여 수행하며, 설계의도로부터 잠재된 변수 이탈을 식별하고, 가능한 원인들의 시험 및 그에 대한 결과의 평가를 다룬다. HAZOP은 다양한 분야에서 전문 기술 및 경험을 가진 전문가에 의해 이루어지며, 긍정적이고 솔직한 토론 분위기에서 수행되어 식별된 문제에 대하여 후속 평가 및 해결방안을 기록한다. HAZOP의 기본 단계는 정의 → 준비 → 시험 → 문서화와 후속조치의 4단계로 구분된다.

〈표 3-29〉 HAZOP 입·출력 프로세스

구분	설명
입력	• HAZOP의 필수 입력은 검토할 시스템, 프로세스 또는 절차의 최신 정보이다. • 입력에는 도면, 사양, 공정 다이어그램 및 공정 제어가 포함된다.(논리적 다이어그램, 레이아웃 도면, 작동 및 유지 보수 절차 및 비상대응 절차, 조직도 및 역할 매뉴얼, 계약 제안 또는 절차 등 HAZOP 연구에서 조사할 시스템 또는 절차의 기능 및 요소를 설명하는 문서 포함 가능)
프로세스	• HAZOP 연구는 적절한 가이드 워드를 이용하고, 시스템, 프로세스 또는 순서의 각 부분이 주요 변수(파라미터)의 변화에 어떻게 반응하는지를 계통적으로 조사를 통하여 조사 대상의 프로세스, 순서 또는 시스템의 "설계" 및 사양을 다루고, 그 각 부분의 리뷰를 실시하여 예상되는 성능으로부터 어느 정도의 일탈이 발생하는지, 생각할 수 있는 원인은 무엇인지, 일탈의 결과로서 어떠한 사태가 일어날 수 있는지를 찾아낸다. 가이드 워드는 시스템, 프로세스 또는 절차에 맞게 특별히 맞출 수 있지만 모든 종류의 일탈을 포함하는 범용어를 사용할 수도 있다.
	• 휴먼 에러 모드를 특정하기 위해서는 이와 유사하게 "너무 빠르다", "너무 느리다", "너무 많다", "너무 길다", "너무 짧다", "방향 오류", "대상의 오류", "동작 오류"와 같은 가이드 워드를 사용할 수 있다. • HAZOP의 일반적인 단계는 다음을 포함한다. - HAZOP을 실시하고, 조사로부터 출현한 대책이 완료되었음을 확인하는 필요한 책임 및 권한을 가진 사람의 임명 - 조사의 목적 및 적용범위의 정의 - 조사를 위한 키워드 또는 가이드 워드의 설정 - HAZOP 팀 결성(상정된 설계 또는 최신설계로부터의 일탈 영향을 평가하는 기술에 대한 전문지식을 갖춘 설계 및 운전요원을 포함하며, 설계 또는 리뷰 대상의 시스템, 프로세스 또는 절차에 직접 관여하지 않은 사람을 넣는 것을 권장) - 필요한 문서의 수집 조사팀이 실시하는 워크숍 중 다음 단계를 실시한다.

구분	설명
	- 시스템, 프로세스 또는 절차를 보다 작은 요소 혹은 서브시스템, 또는 서브프로세스 또는 부요소로 나누어 리뷰를 구체적으로 한다. - 각 서브시스템, 서브프로세스 또는 부요소 설계 의도, 서브시스템 또는 요소 각 아이템 설계 의도를 일치시켜 순서대로 가이드 워드를 적용시켜 바람직하지 않은 결과가 나올 것 같은 일탈을 가정한다. - 바람직하지 않은 결과가 특정되었을 경우는 상황별로 원인과 결과를 일치시켜 어떻게 대처하면 그 발생을 막을 수 있는지, 또는 발생했을 경우, 사태를 완화하려면 어떻게 할지를 제안한다. - 논의내용을 문서화하고 특정된 리스크에 대치히기 위한 구체적인 대책에 대해 합의한다.
출력	• HAZOP 회의의 의사록(사용한 가이드워드, 일탈, 생각할 수 있는 원인, 밝혀진 문제의 대응책 및 대책 책임자를 포함을 권장) • 수정할 수 없는 일탈에 대해서는 일탈의 리스크를 평가하는 것을 권장

〈표 3-30〉 HAZOP 기본 단계

절차	설명
1단계 : 정의	• 연구 범위, 목표 및 책임을 정의하고 팀을 구성
↓	
2단계 : 준비	• 연구계획, 자료수집, 기록양식 결정, 시간 계획 및 일정을 조정
↓	
3단계 : 시험	• 시스템을 부분으로 분할하고 부분의 선택과 설계의도를 정의 • 각 요소별 지침단어를 이용한 변수이탈을 식별하고 원인과 결과를 식별 • 유의한 문제가 있는지 식별 • 조치의 승인 • 각 요소와 시스템 각 부분에서 반복
↓	
4단계 : 문서화 및 후속조치	• 시험을 기록하고 연구 보고서를 작성 • 조치가 적용되었는지 추적하고 필요하다면 부분적으로 재연구 시행 • 최종 보고서 작성

3.5 작업안전분석(Job Safety Analysis)

1) 작업안전분석(JSA) 개요

JSA는 특정한 작업을 주요 단계(Key step)로 구분하여 각 단계별 유해위험요인과 잠재적인 사고(Accidents)를 파악하고, 유해위험요인과 사고를 제거, 최소화 및 예방하기 위한 대책을 개발하기 위해 작업을 연구하는 기법으로, 어떤 업무에서 각 단위 작업(task)의 체계적 분석으로 근로자가 실시해야 할 단계적인 절차를 명확히 하고 그에 따른 잠재적 위험성을 특정하고 이를 회피하는 방법을 제시하게 된다. JSA를 통해 감독자나 종업원은 단위작업을 검토하고 이에 부수되는 위험성을 밝혀 안전한 작업절차를 확립하고 그로 인해 위험성을 제거 또는 최소화할 수 있다.

〈표 3-31〉 JSA 주요 관련 용어 정의

용어	정의
직무 (Occupation)	사업장의 각 부서별 구성원이 직책에 따라 책임을 지고 담당하는 사무
작업 (Job)	어떠한 직무를 완료하기 위한 구체적인 행동이 포함된 세분화된 일
중요작업 (Critical job)	작업이 적절히 수행되지 않을 경우 사람, 재산, 생산공정 및 환경 등에 중대한 손실을 야기할 가능성이 있는 작업
주요 단계 (Key step)	작업의 진행순서에 따라 작업자가 직접적으로 수행하는 행동을 기준으로 구분한 주요 단계
절차서 (Procedure)	작업을 적절하게 수행하기 위하여 진행방법을 처음부터 마지막까지 설명한 서류

2) 용도

JSA는 작업수행과정의 연계된 시설, 설비 개선 등에 대한 평가를 제외한 모든 종류의 작업에 대하여 적용가능한 방법으로, 작업수행 과정에서 발생할 수 있는 유해위험요인을 파악하여 작업을 안전하게 수행할 작업순서 등을 마련하는 방법이다. JSA의 실시 시점은 아래와 같다.

① 작업을 수행하기 전에 작업절차서가 필요하여 최초로 제정할 경우
② 사고발생 시 원인규명을 위하여 필요한 경우

③ 새로운 물질 사용 및 설비 등을 도입한 경우
④ 공정 또는 작업방법을 변경한 경우
⑤ 이해당사자에게 사용하는 설비의 안전성을 쉽게 설명하고자 할 경우

3) 장단점

가) 장점

- 작업자, 작업, 작업 도구(장비) 및 작업환경 사이의 관계에 집중
- 작업을 더 안전하게 하는 도구
- 작업이 어떻게 수행될 것인지에 상호간의 의견 교환 가능
- 모든 사람들의 지식과 경험이 작업절차서로 이어지도록 체계적인 방식을 제공
- 신규 작업자에 대한 좋은 훈련 방법
- 어떤 종류의 작업에도 적용 가능
- 작업 또는 업무에 대한 시스템적인 분석 가능

나) 단점

- 작업절차서에 충분히 반영되지 못하는 일부 상황에 대하여 임시 · 특별(Ad Hoc) 위험분석을 별도 시행하는 것이 필요
- 임시 · 특별 위험분석 필요 사례
  - 작업 현장의 기후조건(비, 눈, 바람, 기온 등)이 변경으로 인한 작업 상황 변화
  - 사용 장비의 사양 변경
  - 작업 장소 인근에 다른 작업 진행 등과 같은 돌발적인 상황 발생
  - 작업 중단(점심, 휴식 등) 후 작업 재개 시의 상황

4) 수행 절차

JSA는 단위 작업별 단계별 유해위험요인과 잠재된 사고 위험을 파악하여 유해위험요인과 사고를 제거, 최소화 및 예방하기 위한 대책을 개발하기 위해, 해당 작업에 관련된 작업자를 중심으로 팀을 구성하여 수행한다. JSA의 효과를 높이기 위해서는 해당 작업자가 참여할 수 있도록 지원하여야 하며, 평가대상 작업의 특성을 고려하여 필요한

자료를 수집하여 공유하여야 한다. JSA의 수행절차는 일반적으로 JSA 실행절차서 작성 → 팀 구성 → 실행 대상 작업 선정 → 평가 실행 → 검토 및 승인 → 후속조치 → 결과 기록 및 교육 → 결과 적용 → 이행 평가로 구분된다.

〈표 3-32〉 JSA 입·출력 프로세스

구분	설명
입력	• 단위작업을 검토하고 이에 부수되는 위험성을 밝혀 안전한 작업절차를 확립하고 그로 인해 위험성을 제거 또는 최소화할 수 있다. • 작업안전분석을 위한 필요자료에는 (1) 과거의 공정 및 작업위험성평가 결과서, (2) 관련 작업에 대한 정상 및 비정상 운전, 정비 등 작업절차서, (3) 공정배관계장도(P&ID), 공정도(PFD), 설비배치도 등 관련 도면, (4) 기기사양 및 유지보수이력, (5) 물질안전보건자료(MSDS) 또는 MSDS 요약내용, (6) 작업자 실수 관련 자료, (7) 과거의 사고(아차사고 포함) 사례, (8) 작업환경측정 결과, (9) 공정 및 품질상의 문제점에 대한 트러블 슈팅 등의 자료, (10) 작업자 불만사항, (11) 기타 작업위험성 평가를 위한 자료가 포함된다.
프로세스	• 작업안전분석(JSA)은 작업위험성분석(JRA) 결과 중요작업으로 선정된 작업에 대하여 실시한다. - 작업의 진행순서대로 단계를 구분한다(너무 자세하게 단계를 구분하거나 또는 너무 포괄적으로 단계를 구분하지 않으며, 각 작업단계는 작업의 변화가 있고 관찰 가능하도록 구분한다. 각 작업단계별로 특별한 위험이 없는 경우에는 해당 단계를 합쳐서 구분할 수 있으며, 너무 작업단계를 세분하면 작업자에게 혼란을 야기할 수 있으므로 일반적으로 작업단계는 10 단계 내외가 적당) • 유해위험요인 파악 - 작업단계별로 존재하거나 발생가능한 유해위험요인을 파악한다. • 단계별 안전작업절차 수립 - 파악된 유해위험요인을 해소할 수 있도록 작업자가 실제 안전하게 작업해야 할 과정을 처음부터 마지막까지 작업행위 순서에 맞게 작성한다.
출력	• JSA의 출력은 안전작업절차이며 작업위험성평가를 실행한 후 평가팀 또는 감독자는 다음 각호의 제·개정된 작업절차서를 운영부서장 또는 사업주(공장장 또는 안전보건관리책임자)에게 승인을받아야 한다. • 모든 작업절차서는 사내규정에 따라 등록한다.

〈표 3-33〉 JSA 수행절차

절차	설명
1단계 : 실행절차서 작성	• 위험성 산정 및 중요작업결정 기준 등 사업장 여건에 맞도록 자체 규정 마련
↓	
2단계 : 팀 구성	• 해당 작업과 관련된 팀장, 경험이 있는 작업자, 직접 수행할 작업자를 포함하여 구성 • JSA 실행 시 작업자 참여의 중요성 ① 작업자의 지식은 위험성을 찾는데 매우 중요 ② 작업자를 참여시키면, 작업에 대한 품질 분석을 보증 ③ 작업자가 해결책을 찾는데 참여하게 되면 그들은 주인의식을 갖게 됨.
↓	
3단계 : 실행 대상 작업 선정	• 일상적으로 수행하는 작업에 대해 부서별로 작업 종류를 등록
↓	
4단계 : 평가 시행	• 작업단계 구분, 유해위험요인 파악 및 대책수립을 포함 • 작업단계 구분 시 주의 사항 ① 작업 순서대로 단계를 구분 ② 너무 자세하게 단계를 구분하지 말 것 ③ 너무 포괄적 또는 결합적으로 단계를 구분하지 말 것
↓	
5단계 : 검토 및 승인	• 관리감독자가 JSA 팀에서 작성한 결과를 검토 • JSA를 실행한 운영부서장이 결과를 승인
↓	
6단계 : 후속조치	• 실행 결과 제시된 대책들이 작업 수행 전에 실행되었는지 확인 • 대책 수행을 확인할 담당자 지정 필요
↓	
7단계 : 결과 기록 및 교육	• 결과를 문서로 등록하여 관리 • 작업 수행 전에 해당 작업과 관련된 모든 작업자에게 JSA 결과를 교육
↓	
결과 적용	• 관리감독자가 JSA 결과 숙지 • 작업방법, 작업내용 등이 변경되는 경우 JSA 평가를 다시 실행
↓	
이행 평가	• 운영부서의 자체 평가 • 안전부서의 정기 평가

3.6 체크리스트(Check List) 방법

1) 체크리스트(CL) 방법의 개요

체크리스트 방법은 공정 및 설비의 오류, 결함상태, 위험상황 등을 목록화한 형태로 작성하여 경험적으로 비교함으로써 위험성을 파악하는 방법으로 이전 위험성 평가 또는 과거 실패의 결과로 사용할 수 있다.

〈표 3-34〉 CL기법 주요 관련 용어 정의

용어	정의
체크리스트 방법 (Checklist)	공정 및 설비의 오류, 결함상태, 위험상황 등을 목록화한 형태로 작성하여 경험적으로 비교함으로써 위험성을 파악하는 방법
위험도 (Risk)	특정한 위험요인이 위험한 상태로 노출되어 특정한 사건으로 이어질 수 있는 사고의 빈도(가능성)와 사고의 강도(중대성) 조합으로서 위험의 크기 또는 위험의 정도

2) 용도

체크리스트 방법은 아래와 같은 설비 및 작업을 대상으로 위험성평가를 실행할 때 적용할 수 있다.

① 저장탱크 설비
② 유틸리티 설비
③ 제조공정 중 고체건조·분쇄설비 등 간단한 단위공정
④ 공장배치
⑤ 시운전, 정상운전, 가동정지 및 비상운전을 포함한 운전절차
⑥ 검사 및 정비
⑦ 안전, 환경 및 공장관리

3) 장단점

가) 장점

- 전문가가 아닌 사람도 사용할 수 있음

• 서식에 다양한 전문지식을 넣을 수 있고 사용하기 쉬운 시스템으로 구성 가능
• 공통의 문제를 놓치지 않도록 확실히 하는데 도움

나) 단점

• 리스크를 특정할 때 상상력을 방해하는 경향이 있음
• 알고 있는 것은 거론하지만 모르는 것은 거론하지 않는 경향이 있음
• 형식적으로 흐르기 쉬움
• 보이지 않는 문제는 간과할 우려 존재

4) 수행 절차

체크리스트 방법은 위험성을 평가하려는 공정 및 설비에 경험이 있는 전문가로 팀을 구성하고 사전에 사업 개요, 공정도, 설비목록, 안전장치 사양, 공장 배치도, 건축물의 평면도, 비상 조치계획, 절차서 등과 같은 관련 서류 및 도면을 준비해야 한다. 체크리스트 방법에 따른 위험성평가 수행절차는 일반적으로 팀 구성 및 자료수집 → 평가기준 작성 → 체크리스트의 평가 및 기록 → 위험도의 평가 → 위험성평가 결과 조치계획 작성으로 구분된다.

〈표 3-35〉 CL방법 입 · 출력 프로세스

구분	설명
입력	• 타당성 확인이 이루어진 관련된 체크리스트 또는 작성할 수 있는 문제에 관한 사전 정보 및 전문적 지식
프로세스	• 작업의 적용 범위를 정의한다. • 적용범위를 충분히 커버할 체크리스트를 선택한다(새로운 유해위험요인 또는 리스크를 특정하기 위해서는 표준 관리방법을 기록한 체크리스트를 사용할 수 없으며, 체크리스트는 목적에 맞게 신중하게 선택할 필요가 있음). • 체크리스트를 사용하는 사람 또는 팀은 프로세스 또는 시스템의 각 요소에 걸쳐 체크리스트에 있는 아이템의 유무에 대해 리뷰를 실시한다.
출력	• 출력은 부적절한 관리방안에 관한 목록, 위험성의 목록 등 프로세스 단계에서 적용하는 방법에 영향을 받는다.

〈표 3-36〉 체크리스트 방법 수행절차

절차	설명
1단계 : 팀 구성 및 자료수집	• 해당 공정 및 설비에 경험이 있는 전문가로 팀 구성 • 관련 서류 및 도면 수집
↓	
2단계 : 평가기준 작성	• 공정 및 설비에 해당하는 위험성평가 체크리스트공정 및 설비개요를 작성 • 위험성평가 결과 기록지의 평가기준을 작성 - 공정의 흐름을 따라서 검토구간(Node)을 설정 - 각 검토 구간별 해당 검토구간에 속한 장치 및 설비, 동력기계, 배관, 계기, 전기설비 등에 대한 평가기준을 작성 - 원료, 중간제품, 최종제품, 첨가제 등 모든 화학물질은 종류별로 각각 작성 - 검토구간으로 구분할 수 없는 공장배치, 운전절차, 검사 및 정비, 안전관리 등은 하나 또는 수개의 항목으로 묶어서 일반 사항으로 분리 작성
↓	
3단계 : 체크리스트의 평가 및 기록	• 현재의 안전조치를 모두 기입 • 예상되는 발생빈도와 강도를 조합한 위험도를 기록 • 평가결과 보완이 필요한 경우 위험도를 고려하여 개선권고 사항을 기록
↓	
4단계 : 위험도의 평가	• 사고의 발생빈도와 유해위험물질의 누출량, 인명 및 재산피해, 가동정지 기간 등의 강도를 조합하여 위험도를 구분
↓	
5단계 : 위험성평가 결과 조치계획 작성	• 평가된 위험도 및 개선권고사항을 고려하여 조치계획 수립 • 조치계획이 필요한 경우 우선순위, 책임부서, 일정, 진행결과 등을 기입하고 완료된 경우 확인 표시

3.7 사고예상질문분석(What-If)

1) 사고예상질문분석(What-If)의 개요

WHAT-IF 분석은 HAZOP의 간이 대체 기법으로서 개발되었으며, 평가팀을 구성하여 퍼실리테이터(Facilitator)가 워크숍 참가자에게 리스크를 특정하도록 촉구하기 위해서 일련의 유도어(질문힌트)를 이용하는 형태로 실시하는 조사이다. 퍼실리테어터 및 팀원은 표준적인 "what-if" 형식의 어구를 질문내용과 조합해 사용하고, 시스템, 플랜트 아이템, 조식 또는 절차가 정상적인 운전 및 행동으로부터의 일탈에 의해 어떻게 영향을 받는가 조사한다. SWIFT (Structured What-if)는 일반적으로 HAZOP에 비해 상세함의 수준이 낮은 시스템 수준에서 적용하는 경우가 많다.

〈표 3-37〉 What if 분석 주요 관련 용어 정의

용어	정의
사고예상질문 분석 (What-if)	공정에 잠재하고 있는 위험요소에 의해 야기될 수 있는 사고를 사전에 예상질문을 통하여 확인·예측하여 공정의 리스크 및 사고의 영향을 최소화하기 위한 대책을 제시하는 방법
위험등급	유해·위험물질의 누출량, 인명 및 재산피해, 가동정지 기간 등의 치명도와 발생빈도를 감안하여 1에서 5까지 위험등급을 표시하며 사업장의 특성에 맞도록 표준 설정

2) 용도

WHAT-IF 분석은 화학 및 석유화학 플랜트의 유해위험요인 조사를 위해서 설계된 것으로, 현재는 시스템, 장치, 관리 등으로 확대 적용되고 있다. WHAT-IF 분석은 현재 지어지는 공장에 대해서 공정의 개발 단계나 초기 시운전 시에 적용하며, 현재 공정에 변화를 주었을 때의 영향을 알아보기 위한 목적으로 많이 사용한다. 이를 통해 공정에 잠재하는 사고를 확인하여 그 위험과 결과, 또 위험을 줄이는 방법 등을 제시할 수 있다. 이 분석의 적용 대상 공정은 ① 저장탱크 설비, ② 유틸리티 설비, ③ 고체건조·분쇄설비 등 간단한 제조 단위공정, ④주요 구조부분(공정, 원료, 제품, 공정설비 등)의 변경을 포함한다.

3) 장단점

가) 장점

- 모든 형태의 시설 또는 시스템, 상황 또는 환경 및 조직 또는 활동에 폭넓게 적용할 수 있음
- 토론 세션에서 비교적 시급하고 주요한 유해위험요인 및 리스크가 곧바로 드러남
- 조사는 "시스템 지향"이며, 참가자가 컴포넌트 고장의 결과를 조사할 수 있다기보다는 오히려 일탈에 대한 시스템의 응답을 볼 수 있음
- 프로세스 및 시스템 개선의 기회를 특정하는 데 사용할 수 있으며, 일반적으로 성공을 가져와 그 확률을 높이는 대책 파악에 이용할 수 있음
- 적은 노력으로 리스크 일람표 및 리스크 대응계획을 작성할 수 있음

나) 단점

- 효율적으로 실시하기 위해서는 경험이 있고 유능한 조력자가 필요함
- 평가팀의 시간을 낭비하지 않도록 신중한 준비가 필요함
- 평가팀이 폭넓은 충분한 경험을 가지고 있지 않은 경우 유해위험요인 또는 위험성이 특정되지 않을 우려가 있음
- 복잡한 원인, 상세한 원인 또는 연관성 있는 원인이 밝혀지지 않을 우려가 있음

4) 수행 절차

What if 분석은 공정 및 설비의 이상과 공정의 변화에 대하여 주로 적용하며, 해당 공정 및 설비에 경험이 있는 전문가로 팀을 구성하여 수행한다. 사고예상질문분석을 위해서는 공정설명서, 공정 도면, 운전절차서, 정비절차서, 운전자의 책무, 비상조치계획, 공장배치도 등 사고예상질문 작성에 필요한 자료를 준비해야 한다. 사고예상질문분석의 일반적인 수행절차는 공정설명 → 대상공정에 대한 서류검토 및 현장확인 → 위험성평가 실시로 구분된다.

〈표 3-38〉 What if 분석 입·출력 프로세스

구분	설명
입력	• 조사를 시작하기 전에 시스템, 순서, 플랜트 아이템 및/또는 변경을 신중하게 정의할 필요가 있다. • 일반적으로 조사하는 아이템, 상황 또는 시스템은 분석 프로세스를 촉진하는 노드(접점) 또는 주요 요소로 분할한다. • 주요한 입력사항 중 하나는 평가팀이 가지는 전문지식 및 경험이기 때문에 평가팀원을 신중하게 선정하는 것을 권고
프로세스	• 일반적인 프로세스는 다음과 같다. (1) 퍼실리테이터는 조사를 개시하기 전에 유해위험요인 또는 위험성의 종합적 검토가 가능하도록 새롭게 작성한 질문리스트를 준비한다. (2) 워크숍에서 아이템, 시스템, 변경 또는 상황의 외적 및 내적인 전후 관계 및 조사의 적용범위에 대해 토의하고 합의한다. (3) 퍼실리테이터는 참가자에게 다음 사항을 제기하고 토의하도록 요구한다. - 기존에 알려진 리스크 및 유해위험요인 - 지금까지의 경험 및 사고 - 기존 관리방안 및 보호수단 - 법적 요구사항 및 제약 (4) what-if 어구 및 유도어 등을 사용한 질문을 작성하고 토의를 진행시킨다. 사용하는 “what-if” 어구는 “만약 ~라면 어떻게 될까”, “만약 ~라면 무슨 일이 일어날까”, “누군가 또는 뭔가가~”, “누군가 또는 무언가가 과거에 일어났다~”와 같은 것으로, 평가팀이 생각할 수 있는 시나리오, 그 원인 및 결과 및 영향을 조사하는 것을 촉진한다. (5) 리스크를 요약하고 적절한 관리방안을 팀에서 검토한다. (6) 리스크, 그 원인, 결과 및 관리대책을 팀에서 확인하고 기록한다. (7) 팀은 관리대책의 적절성, 유효성을 검토하여 유효한 관리대책을 결정한다. (8) 추가적인 리스크를 특정하기 위해 추가적인 “what-if” 형식의 질문한다. (9) 퍼실리테이터는 토의를 모니터링하기 위해 팀이 토의할 수 있도록 추가적인 문제 및 시나리오를 제안하기 위해서 질문리스트를 이용한다. (10) 작성한 대책의 우선순위를 결정할 때는 통상 정성적 또는 반정량적 리스크 평가 방법을 사용한다. 이 리스크 평가는 일반적으로 기존의 관리방안 및 그 유효성을 고려하여 실시한다.
출력	• 출력은 위험 등급별 대책 또는 개선과제를 기입한 위험성 일람표이다. 이들 과제가 대응계획의 기초가 된다.

〈표 3-39〉 What if 분석 수행절차

절차	설명
1단계 : 공정설명	• 사고예상질문분석의 적용대상 (1) 공정장치의 설계 (2) 공정장치의 운전 (3) 원재료, 중간제품 및 최종 제품의 취급, 저장 및 관리 (4) 안전관리 (5) 환경관리 (6) 검사 및 정비 (7) 공공의 안전 및 공해방지 (8) 기타 사고예상질문분석 기법을 통하여 위험의 확인이 가능한 항목
↓	
2단계 : 대상공정에 대한 서류검토 및 현장확인	• 대상공정 검토에 필요한 서류 (1) 화학반응 특성을 포함한 공정설명서 (2) 공정흐름도, 배관계장시스템 도면을 포함하는 제조공정 도면 (3) 운전절차서 (4) 검사, 점검 및 보수에 관한 정비절차서 (5) 운전자의 책무 (6) 물질안전보건자료 (7) 공장배치도 (8) 비상조치계획 (9) 기타 what if 질문 작성에 필요한 서류
↓	
3단계 : 위험성평가	• '만약에~'로 시작하는 다양한 질문을 통해 잠재적인 시나리오, 그 원인 및 결과, 영향을 조사하여 기록 • 요약된 위험에 대한 현재 조치사항을 검토하여 위험성을 추정 · 결정 • 위험성을 감소하기 위한 대책을 수립하여 조치

3.8 이상위험도 분석(Failure modes, effects and criticality analysis)

1) 이상위험도 분석기법(FMECA)의 개요

이상위험도 분석기법(FMECA)은 고장형태에 따른 영향분석(Failure modes and effects analysis, FMEA)과 치명도분석(Criticality analysis, CA)이라는 두 가지 개별 분석으로 구성된다. CA를 수행하기 전에 FMEA를 완료해야 하며, FMEA는 컴포넌트, 시스템 또는 프로세스가 어떻게 설계의 의도를 만족시키는데 실패하는지를 분명히 하기 위해서 이용하는 기법이다.

FMEA는 ① 시스템의 다양한 부분의, 생각할 수 있는 모든 고장 모드(고장났거나 또는 올바르게 동작하고 있지 않다고 관측되는 상태, 고장 모드), ② 고장이 시스템에 미칠 우려가 있는 영향, ③ 고장의 메커니즘, ④ 고장을 회피하는 방법 및/또는 고장의 시스템에 미치는 영향을 경감하는 방법을 분석한다.

FMECA는 밝혀진 고장 모드를 중요성 또는 치명도에 의해서 순위를 매기도록 FMEA를 확장한 것이다. 치명도 분석은 통상 정성적 또는 반정량적 분석이지만, 실제 고장률을 이용해서 정량화하는 경우도 있다.

〈표 3-40〉 FMECA 분석 주요 관련 용어 정의

용어	정의
이상위험도 분석 (FMECA)	부품, 장치, 설비 및 시스템의 고장 또는 기능상실에 따른 원인과 영향을 분석하여 치명도에 따라 분류하고, 각각의 잠재된 고장형태에 따른 피해 결과를 분석하여 이에 대한 적절한 개선조치를 도출하는 절차
고장형태에 따른 영향분석 (FMEA)	부품, 장치, 설비 및 시스템의 고장 또는 기능상실의 형태에따른 원인과 영향을 체계적으로 분류하고 필요한 조치를 수립하는 절차
치명도 분석 (CA)	고장형태에 따른 영향을분석한 후 중요한 고장에 대해 그 피해의 크기와 고장발생율을 이용하여 치명도를 분석하는 절차

2) 용도

FMEA의 적용 범위는 컴포넌트 및 제품 설계, 시스템, 제조 및 조립 프로세스용 프로세스, 서비스 및 소프트웨어를 포함한다. FMEA/FMECA는 실제 시스템의 설계, 제조 또는 운전 시에 적용할 수 있으나, 신뢰성을 향상시키기 위한 변경은 설계 단계에서 실시하는 것이 용이하다.

FMEA/FMECA는 다음의 목적으로 사용할 수 있다.

- 신뢰성 높은 설계대안 선택을 지원한다.
- 시스템 및 프로세스의 모든 고장 모드 및 그 고장 모드의 정상 동작에 대한 영향이 검토되었음을 보증한다.
- 휴먼 에러 모드 및 그 영향을 명확하게 한다.
- 실제 시스템의 시험 및 보전계획의 기초로 한다.
- 절차 및 프로세스의 설계를 개선한다.
- FTA와 같은 다른 분석기법에 정성적 또는 정량적 정보를 부여한다.

3) 장단점

가) 장점

- 사람, 기기 및 시스템의 고장 모드에 대해 폭넓게 적용할 수 있으며 하드웨어, 소프트웨어 및 절차에 대해 폭넓게 적용할 수 있음
- 컴포넌트의 고장 모드, 그 원인 및 시스템에 대한 영향을 특정하고, 그것을 읽기 쉬운 형식으로 표시할 수 있음
- 문제를 설계단계 초기에 발견하는 것이 가능하여, 비용 절감이 가능
- 단독 고장 모드 및 안전 시스템에 관한 요구사항을 명확화하는 것이 가능
- 모니터링해야 할 주요기능을 부각시킴으로써 모니터링 프로그램의 개발에 대한 정보 제공 가능

나) 단점

- 단독 고장모드의 특정에만 사용 가능하며, 복합 고장 모드의 특정에는 사용하기 어려움
- 조사 대상(목적)을 명확히 하지 않는 경우 조사 시간 증가에 따른 비용 증가 가능
- 복잡한 다층 시스템에서는 분석이 어려워지고, 장황해질 우려 존재

〈표 3-41〉 FMECA 분석 입·출력 프로세스

구분	설명
입력	• 분석대상 시스템 및 그 요소의 도면이나 플로차트 또는 프로세스 단계 • 프로세스의 각 단계 또는 시스템 컴포넌트(부품) 기능의 이해 • 운전에 영향을 미칠 수 있는 환경 및 기타 변수의 상세 정보 • 특정 고장의 결과 이해 • 고장률 데이터가 있으면 그것을 포함한 고장에 관한 상세 정보
프로세스	(1) 조사의 범위 및 목적을 결정한다. (2) 팀을 소집한다. (3) FMECA의 대상이 되는 시스템 또는 프로세스를 이해한다. (4) 시스템을 그 컴포넌트 또는 단계로 분해한다. (5) 각 단계 또는 컴포넌트의 기능을 결정한다. (6) 기재한 컴포넌트 또는 단계별로 다음 사항을 명확히 한다. - 각부는 어떻게 고장날 가능성이 있다고 생각되는가. - 어떤 메커니즘으로 고장 모드가 발생할 수 있는가. - 고장이 발생하면 어떤 영향이 나타날 것인가. - 고장은 해가 없는 것인가, 아니면 해가 있는 것인가. - 어떻게 고장을 검출하는가. (7) 해당 고장을 보상하기 위한 설계 대책을 분명히 한다.
출력	• 부품별 고장형태, 영향 및 방지대책 등을 포함한 치명품목 일람표

4) 수행 절차

이상위험도 분석은 설비의 부품에서 전체 시스템에 이르기까지 체계적으로 수행되어야 하며, 해당 설비 및 시스템에 경험이 있는 전문가로 팀을 구성하여 수행한다. 이상위험도 분석을 위해서는 공정설명서, 설계자료, 제조 공정도면, 안전운전지침서, 신뢰도자료 등을 포함하여 이상위험도 분석에 필요한 자료를 준비해야 한다. 이상위험도 분석은 일반적으로 고장형태에 따른 영향분석 → 치명도 분석의 2단계로 수행한다.

〈표 3-42〉 FMECA 분석 수행절차

절차	설명
1단계 : 고장형태에 따른 영향분석	• 각각의 잠재된 고장형태에 따른 영향을 확인하여 체계적으로 분류한다. • 분석방법에는 ① 하드웨어 분석법, ② 기능 분석법, ③ 복합 분석법이 있으며, 설계의 복잡성 및 활용가능한 자료의 중요도에 따라 분석방법을 결정한다. • 고장형태에 따른 영향분석표는 ① 식별번호 및 품명 또는 기능명, ② 기능, ③ 고장형태 및 원인, ④ 고장형태에 따른 영향의 분석, ⑤ 고장의 검지방법, ⑥ 조치방법, ⑦ 피해의 크기의 내용을 포함하여 작성한다.
↓	
2단계 : 치명도 분석	• 고장형태에 따른 영향분석에 따라 확인된 주요 고장에 대하여 피해와 고장발생율을 적용하여 치명도를 분석 • 부품의 구조 및 고장률 자료의 확보여부에 따라 정성적 또는 정량적 분석방법을 선택한다. • 치명도 분석 시에는 ① 식별번호, ② 명칭, ③ 기능, ④ 고장형태 및 원인, ⑤ 운전단계, ⑥ 고장율, ⑦ 고장파급확률, ⑧ 고장형태비율, ⑨ 부속품 고장율, ⑩ 운전시간, ⑪ 고장형태별 치명도, ⑫ 시스템의 치명도, ⑬ 위험등급을 포함한다.

3.9 예비위험분석(Preliminary Hazard Analysis)

1) 예비위험분석(PHA)의 개요

축적된 유해위험요인 또는 고장의 경험, 지식 등을 활용하여 향후 바람직하지 않은 결과를 야기할 우려가 있는 사상을 특정하고, 나아가 현시점에서의 생산활동, 시설, 제품, 시스템 조건 하에서 잠재적인 사고가 발생할 가능성을 특정하는 방법이다.

〈표 3-43〉 PHA 분석 주요 관련 용어 정의

용어	정의
리스크 (Risk)	특정 목적에 영향을 주는 긍정 또는 부정적인 상황의 발생 기회에 대한 불확실성
리스크 관리 (Risk management)	리스크와 직·간접적으로 관련된 모든 활동으로서 리스크 평가(Risk assessment), 리스크 처리(Risk treatment), 리스크 정보교환 및 상담(Communication & consultation) 등의 세부절차를 통하여 특정 조직 또는 단체의 리스크를 총괄적으로 관리하는 것
리스크 관리 시스템 (Risk management system)	특정 조직 또는 단체의 리스크를 지속적으로 관리하기 위한 조직화된 체계(전략계획, 의사결정, 조직의 문화 등을 포함)

2) 용도

PHA는 개발 프로젝트의 초기 단계에서 설계의 상세나 조작 절차에 대한 정보가 거의 없는 경우에 일반적으로 이용된다. PHA는 기존의 시스템을 분석해서 유해위험요인 및 리스크의 우선순위를 결정할 때 또는 보다 포괄적인 기법을 이용할 수 없는 사정이 있는 경우에도 사용할 수 있다.

3) 장단점

가) 장점

- 적은 정보라도 이용 가능
- 비용과 혼란을 최소화하여 잘못된 부분을 교정할 수 있음
- 초기 단계에서의 리스크 검토가 가능

나) 단점

- 리스크의 상세 정보나 최선의 방지방법을 얻기 어려움
- 충분한 정보가 없으면 정보가 적은 경우도 있음
- 중대성, 빈도 등의 정보를 모르는 경우도 있음
- 부분적인 대책에 치우치기 쉬움

4) 수행 절차

예비위험분석은 공정의 수명주기 초기에 실시하여 비용과 혼란을 최소화하여 잘못된 부분을 교정하고 잠재적인 리스크를 확인할 수 있다. PHA는 일반적으로 공정안전에 대한 충분한 지식과 경험을 갖춘 전문가를 통해 수행하며, 효율적인 분석을 위해 이용 가능한 플랜트 설계기준, 요구사양, 물질사양 및 예비위험분석에 필요한 기타 정보를 준비해야 한다. 예비위험분석은 일반적으로 검토준비 → 검토수행 → 결과의 문서화의 3단계로 수행한다.

〈표 3-44〉 PHA 분석 입·출력 프로세스

구분	설명
입력	• 평가할 시스템에 대한 정보 • 사용 가능한 및 관련 시스템의 설계에 대한 세부 사항 등
프로세스	• 위험, 일반적인 위험 조건 및 위험 목록은 다음과 같은 특성을 고려하여 준비 - 사용 또는 제조 된 재료 및 반응성 - 채택될 장비 - 생산 환경 - 레이아웃 - 시스템 구성 요소 간의 인터페이스 • 상세 평가용으로 리스크를 특정하기 위해서 바람직하지 않은 사상의 결과 및 그 확률의 정성적 분석을 실시할 수 있다. • PHA는 새로운 유해위험요인을 발견하고 필요하면 수정하기 위해 설계, 구축 및 테스트의 여러 단계로 갱신하는 것이 바람직하다. 얻은 결과는 표 및 수형도와 같은 다양한 방법으로 나타낼 수 있다.
출력	• 위험 및 위험 목록 • 예방방안 및 설계사양 등

〈표 3-45〉 PHA 분석 수행절차

절차	설명
1단계 : 검토준비	(1) 주요 플랜트 또는 시스템은 물론 유사한 플랜트 등 관련정보 (2) 가능한 한 많은 리스크 근원을 확인 (3) 화학 물질, 반응 및 관련된 공정변수는 물론 용기, 열교환기 등 장비의 형태 (4) 플랜트의 운전목표와 기본적인 수행요건
↓	
2단계 : 검토수행	(1) 주요 공정의 리스크를 확인, 잠재적인사고의 가능한 원인과 영향을 평가 (2) 사고의 신뢰성을 충분히 판단할 수 있는 경우의 수를 열거 (3) 각각의 사고에 대한 영향을 평가(잠재적인 사고와 관련된 최악의 경우의 충격을 표시할 수 있어야 함) (4) 잠재적인 각 사고 상황을 사고의 원인과 영향의 중요성에 따라 다음의 유해위험요인 범주(Hazard category) 중에서 하나를 결정하여 유해위험요인을 교정하거나 완화시킬 수 있는 방안을 기록 ① 유해위험요인 범주 Ⅰ : 무시할 수 있음 ② 유해위험요인 범주 Ⅱ : 별로 중요하지 않음 ③ 유해위험요인 범주 Ⅲ : 위험한 상태 ④ 유해위험요인 범주 Ⅳ : 큰 재해
↓	
3단계 : 결과의 문서화	• 확인된 리스크, 원인, 잠재적인 결과, 리스크 종류, 확인된 교정 또는 예방수단 등을 기록

3.10 4M 위험성평가(4M Risk Assessment)

1) 4M 위험성평가의 개요

4M 위험성평가는 공정(작업)내 잠재하고 있는 유해위험요인을 Man(인적), Machine(기계적), Media(물질 · 환경적), Management(관리적) 등 4가지 분야로 리스크를 파악하여 위험의 제거대책을 제시하는 방법으로, 미국 항공 우주국(NASA)등에서 채용되어 사고의 원인 · 대책을 정리하기 위한 방법으로 사용되고 있다. 국내에서도 한국산업안전보건공단의 KOSHA GUIDE로 개발되어 많은 현장에서 사용되고 있다.

〈표 3-46〉 4M 위험성평가 주요 관련 용어 정의

용어	정의
리스크 평가 (Risk assessment)	잠재 유해위험요인이 사고로 발전할 수 있는 빈도와 피해크기를 평가하고 리스크가 허용될 수 있는 범위인지여부를 평가하는 방법
사고 (Accident)	유해위험요인(Hazard)을 근원적으로 제거하지 못하여 위험에 노출되어 발생되는 바람직스럽지 못한 결과를 초래하는 것으로서 사망을 포함한 상해, 질병 및 기타 경제적 손실을 야기하는 예상치 못한 사상(Event)
사건 (Incident)	유해위험요인이 사고로 발전되었거나 사고로 이어질뻔했던 원하지 않는 사상(Event)으로서 인적 · 물적 손실인 상해 · 질병 및 재산적 손실뿐만 아니라 인적 · 물적 손실이 발생되지 않는 앗차사고를 포함
유해위험요인 (Hazard)	인적 · 물적손실 및 환경피해를 일으키는 요인(요소) 또는 이들 요인이 혼재된 잠재적 위험요인
유해위험요인 확인 (Hazard identification)	시스템에서 인적 · 물적손실 및 환경피해를 야기할 수 있는 잠재적 리스크를 가진 물리 · 화학적 여러 요인을 확인(도출, 파악)하는 것
리스크 (Risk)	특정한 유해위험요인이 위험한 상태로 노출되어 특정한 사건으로 이어질 수 있는 사고의 빈도(가능성)와 사고의 강도(심각성)의 조합으로서 위험의 크기 또는 위험의 정도
브레인 스토밍 (Brain storming)	일정한 주제에 관하여 회의 형식을 채택하고, 구성원의 자유발언을 통한 아이디어의 제시를 요구하여 새로운 발상을 찾아내려는 방법

2) 용도

4M 위험성평가는 다음과 같은 경우 실시한다.

- 공정을 신설하는 경우
- 새로운 설비 도입 및 공정 · 작업의 변경이 필요할 경우
- 기존 사용하고 있는 물질 이외의 새로운 물질을 사용할 경우
- 기존공정 · 작업에 대한 리스크를 정기적으로 검토할 경우
- 중대사고, 재해 또는 아차사고(Near miss)가 발생한 경우

3) 장단점

가) 장점

- 매트릭스 표를 통해 4개의 'M'으로 사고 요인을 분석하고 대책을 세움으로써 원인과 대책을 보다 명확히 할 수 있음
- 기존의 품질관리의 4M 등 합의된 기본 지식을 활용할 수 있음
- 방법이 간단하고 합리적임

나) 단점

- 4M으로 분류되지 않는 위험요소에 대해 정리방법이 모호할 수 있음
- 사고요인 분류방법에 한계가 있음

〈표 3-47〉 4M 위험성평가 입·출력 프로세스

구분	설명
입력	다음과 같은 자료의 준비가 필요하다. (1) 작업표준, 작업절차 등에 관한 정보 (2) 기계·기구, 설비 등의 사양서, 물질안전보건자료(MSDS) 등의 유해·위험요인에 관한 정보 (3) 기계·기구, 설비 등의 공정 흐름과 작업 주변의 환경에 관한 정보 (4) 도급을 주어 행하는 작업 상황 등에 관한 정보 (5) 재해사례, 재해통계 등에 관한 정보 (6) 작업환경측정 및 근로자 건강진단 결과에 관한 정보 (7) 그 밖에 위험성평가에 참고가 되는 자료 등
프로세스	[1단계] 사전준비 - 공정을 분류하고 안전상의 위험정보를 작성한다. [2단계] 유해·위험요인 파악(도출) - 유해위험요인을 4M기법으로 파악한다. [3단계] 위험성 추정 - 발생빈도와 피해강도의 곱으로 리스크(위험의 크기) 수준 결정 [4단계] 위험성 결정 - 허용할 수 있는 범위의 위험인지, 허용할 수 없는 위험인지를 판단 [5단계] 위험성 감소대책 수립 및 실행 - 리스크가 허용할 수 없는 위험인 경우 추가 리스크관리계획 수립
출력	• 위험성평가서 • 추가 리스크 관리계획서 등

4) 수행 절차

4M 위험성평가는 사업장의 안전보건수준을 지속적으로 개선하기 위하여 시행하며, 대상 공정의 작업책임자를 포함하여 공정에 대한 지식과 경험을 보유한 전문가를 통해 수행한다. 4M 위험성평가는 일반적으로 사전준비 → 유해위험요인 파악 → 위험성 추정 → 위험성 결정 → 위험성 감소대책 수립 및 실행의 5단계로 수행한다.

〈표 3-48〉 4M 위험성평가 수행절차

절차	설명
1단계 : 사전준비	• 평가대상을 공정별로 분류하며, 분류된 공정이 1개 이상의 단위작업으로 구성되고 단위작업이 세부 단위작업으로 구분될 경우 단위작업을 하나의 평가 대상으로 정함 • 사업장 안전보건상의 위험정보를 작성
↓	
2단계 : 유해위험요인 파악	(1) 유해위험요인 대상 및 파악 - 위험을 Man(인적), Machine(기계적), Media(물질 · 환경적), Management(관리적) 등 4개 항목으로 구분평가 (2) 피해대상 파악 : 유해위험요인별 영향을 받을 수 있는 피해 대상자를 파악 (3) 재해형태 파악 : 유해위험요인별 발생가능한 재해형태를 파악 (4) 리스크 평가표 작성
↓	
3단계 : 위험성 추정	(1) 각 유해위험요인에 대한 리스크 계산은 발생빈도와 피해강도의 곱으로 리스크(위험의 크기) 수준 결정 (2) 사업장 특성에 따라 리스크 계산에 필요한 발생빈도의 수준, 피해강도의 수준을 정할 수 있음
↓	
4단계 : 위험성 결정	(1) 리스크 평가는 3단계에서 행한 유해위험요인별 리스크 계산값(수준)에 따라 허용할 수 있는 범위의 위험인지, 허용할 수 없는 위험인지를 판단 (2) 평가된 리스크 계산값에 따라 리스크 수준에 따른 관리기준을 정하되, 사업장 특성에 따라 관리기준을 달리할 수 있음
↓	
5단계 : 위험성 감소대책 수립 및 실행	(1) 추가 리스크관리계획서 작성 (가) 유해위험요인별 리스크관리계획 (나) 리스크관리계획 실시 일정 (다) 실행여부에 대한 확인 (2) 리스크가 허용할 수 없는 위험인 경우 추가 리스크관리계획 수립 (3) 유해위험요인별 추가 리스크관리계획은 기존 리스크관리활동을 고려하여 수립하며, 다음의 원칙을 순차적으로 검토하여 적절한 조치를 결정한다. (가) 위험을 완전히 제거할 수 있는지 검토한다. (나) 위험을 대체할 수 있는지 검토한다. (다) 위험을 방호하거나 격리시킬 수 있는지 검토한다. (라) 유해위험요인에 적합한 보호구를 지급하고 착용하도록 한다. (4) 유해위험요인별로 추가 리스크관리계획을 시행할 경우 위험수준이 어느 정도 감소하는지 개선 후 리스크 계산을 3단계의 순서에 따라 실시 ※ 추가 리스크관리계획 실행 후 리스크는 가능한 한 허용할 수 있는 범위내의 위험수준이 되어야함

3.11 인간 신뢰성평가(Human reliability assessment)

1) 인간 신뢰성평가(HRA)의 개요

HRA는 시스템 성능에 미치는 사람의 영향을 취급하여 시스템에 대한 휴먼 에러의 영향 평가에 이용할 수 있다. 치명적인 휴먼 에러로 인하여 발생하는 일련의 사고는 시스템의 하드웨어 및 소프트웨어만을 중심으로 한 위험성평가에서 휴먼 에러 요인의 가능성을 무시하는 위험성을 말해주고 있다. HRA는 치명적인 휴먼 에러에 의한 괴멸적인 사고를 예방하는 것뿐만 아니라 생산성에 방해가 되는 에러를 부각시키고 이러한 에러 및 기타 고장(하드웨어 및 소프트웨어)을 조작·운전요원 및 보전요원에 의해 복구하는 방법을 밝히는 데 도움이 된다.

2) 용도

HRA는 정성적으로나 정량적으로도 사용할 수 있다. 정성적으로는 에러의 가능성 및 그 원인을 밝혀낼 목적으로 이것을 사용하면 에러의 발생 확률을 낮출 수 있다. 정량적인 HRA를 사용하면 휴먼 에러에 관한 데이터를 FTA 또는 그 외의 기법에 제공할 수 있다.

3) 장단점

가) 장점

- HRA는 사람이 중요한 역할을 완수하는 일이 많은 시스템에 관계하는 리스크를 검토할 때, 휴먼 에러를 포함하는 형식이 갖추어진 구조를 제공할 수 있음
- 휴먼 에러의 모드 및 발생의 구조를 형식에 따라 검토함으로써 에러에 기인하는 실패의 발생 확률의 저감을 지원할 수 있음

나) 단점

- 사람의 복잡성 및 다양성 때문에 단순한 실패 모드 및 발생 확률 정의가 어려움
- 부분적 실패 또는 품질상의 실패 또는 의사결정에 대처하는 것이 어려움

4) 수행 절차

〈표 3-49〉 HRA 입·출력 프로세스

구분	설명
입력	• 사람이 수행해야 할 작업을 정의하기 위한 정보 • 실제 일어나는 오류의 종류 및 오류 가능성에 관한 경험 • 휴먼 에러에 관한 전문지식 및 그 정량화
프로세스	• 문제의 정의 및 인간의 관여 형태를 정의한다. • 태스크를 어떻게 수행할지 및 수행 능력을 유지하기 위해 어떤 종류의 지원이 필요한지를 분석한다. • 어떻게 태스크 수행 능력이 떨어지는지, 어떠한 에러가 발생하는 일이 있는지 및 어떻게 하면 복구할 수 있는지를 해석한다. • 표현방법 오류 또는 태스크 수행능력의 상실을 다른 하드웨어, 소프트웨어 및 환경의 사상과 통합하여 시스템 전체의 실패 확률을 계산할 수 있도록 한다. • 상세한 정량화를 필요로 하지 않는 에러 또는 태스크가 있는 경우는 선별한다. • 개개의 오류 및 태스크 실패의 발생 용이성을 정량화한다. • 평가에서 어느 오류 또는 태스크가 가장 중요한가, 즉 신뢰성 또는 리스크에 가장 관련되어 있는 것은 어느 것인지 평가한다. • 에러의 저감보다 높은 인간 신뢰성을 달성할 수 있는 방법으로 에러를 저감한다. • 세부적으로 문서화할 필요가 있는 부분은 문서화한다. ※ HRA의 프로세스는 실제로는 스텝별로 진행되지만 때로는 그 일부(태스크 분석 및 에러의 규명)을 병행하여 진행할 수 있다.
출력	• 발생할지도 모르는 오류 및 그 오류를 줄일 수 있는 방법(가능하다면 시스템 재설계에 의한)에 대한 리스트 • 오류 모드, 오류 종류, 원인 및 결과 • 오류가 초래하는 리스크의 정성적 또는 정량적 평가 결과

3.12 비용 / 편익분석(Cost and Benefit Analysis)

1) 비용/편익분석(CBA)의 개요

CBA는 최선의 또는 가장 이익이 있는 선택지를 선택하기 위해서 예상 총비용과 예상 총편익을 비교 검토하는 리스크 평가에 이용할 수 있다. 정성적인 것도 있고 정량적인 것도 있어 정량적인 것과 정성적인 것을 조합한 것이 포함되기도 한다. 정량적 CBA는 그 범위에 포함되는 모든 이해 관계자에게 미치는 모든 비용 및 편익의 금전적 가치를 총계하여 비용 및 편익이 발생하는 다른 기간마다 조정한다. 만들어지는 순현재가치(net present value: NPV)는 리스크에 관한 결정의 입력이 된다. 대응책에 부수되는 NPV가 플러스라면 보통 그 대응책은 실시하는 편이 좋다는 것을 의미한다. 단, 마이너스 리스크, 특히 인명에 대한 리스크 또는 환경파괴를 수반하는 리스크에는 ALARP(as low as reasonably practicable)의 원칙을 적용할 수 있다.

〈그림 3-28〉 ALARP의 개념

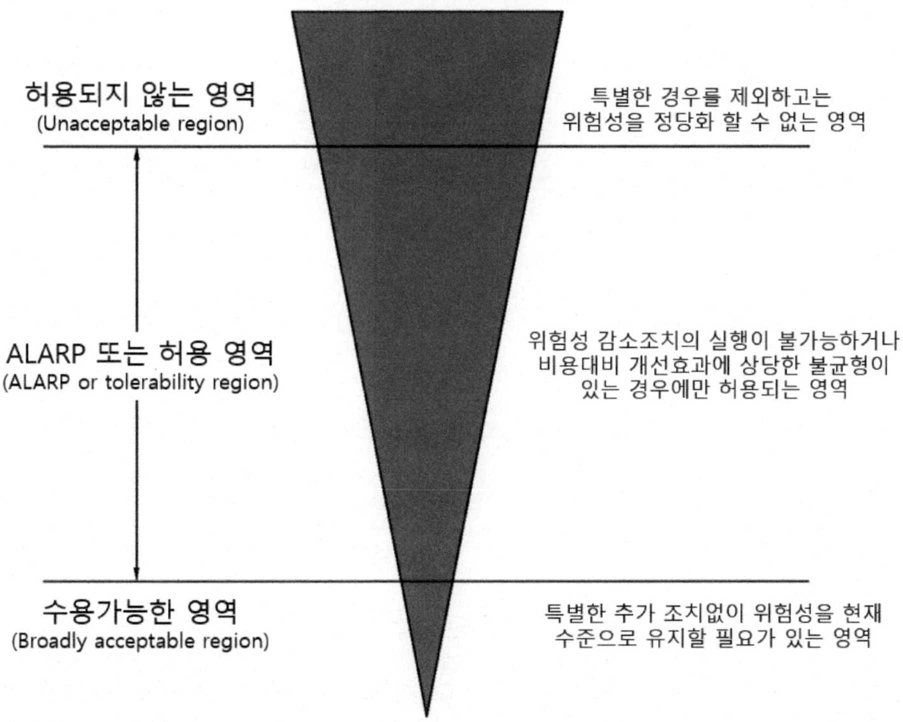

ALARP에는 허용되지 않는 영역(Unacceptable region), ALARP 또는 허용 범위(ALARP or tolerability region), 수용가능한 범위(Broadly acceptable region)의 3단계로 구분된다. 허용되지 않는 영역은 특별한 경우를 제외하고는 위험성을 정당화할 수 없는 영역이며, ALARP 또는 허용 범위는 위험성 감소조치의 실행이 불가능하거나 비용대비 개선효과에 상당한 불균형이 있는 경우에만 허용되는 영역이며, 수용가능한 범위는 특별한 추가 조치없이 위험성을 현재 수준으로 유지할 필요가 있는 영역을 의미한다.

2) 용도

CBA는 다음과 같은 목적으로 사용한다.

- 리스크에 대응하는 것이 좋은지의 의사결정의 입력으로 사용한다.
- 리스크 대응의 최선의 형태를 구별하고 의사결정을 위해서 사용한다.
- 행동방침을 결정하기 위해 사용한다.

3) 장단점

가) 장점

- 하나의 척도(금액)를 이용해 비용과 편익과의 비교가 가능함
- 의사결정의 투명성을 얻을 수 있음
- 생각할 수 있는 결정의 전측면에 관해서 상세한 정보의 수집이 필요하여, 지식의 전달이라는 점뿐만 아니라 모르는 것이 드러나는 점에서도 가치가 있음

나) 단점

- 정량적 CBA는 경제적 가치에 비경제적 편익을 할당하는 방법에 따라 다른 수치가 나올 수 있음
- 용도에 따라서는 장래의 비용 및 편익의 유효한 할인율을 결정하는 것이 어려움
- 큰 집단에 생기는 편익은 추정이 어려움(시장에서 교환되지 않는 공익의 편익 등)
- 선택한 할인율에 따라서는 할인의 실행은 먼 장래에 얻을 수 있는 편익이, 결정에 무시할 수 있을 정도의 영향 밖에 주지 않을 수 있음

4) 수행 절차

〈표 3-50〉 CBA 입 · 출력 프로세스

구분	설명
입력	• 이해관계자에 미치는 비용과 편익 및 그 비용과 편익의 불확실성에 관한 정보를 포함한다. • 유형무형의 비용 및 편익을 고려하는 것이 바람직하다. • 비용은 소요되는 자원 및 마이너스 성과를 포함한다. • 편익은 플러스의 성과, 회피되는 마이너스의 성과 및 절감되는 자원을 포함한다.
프로세스	• 비용을 부담하거나 편익을 받을 가능성이 있는 이해관계자를 특정한다. • 모든 해당 이해관계자에 미치는 직접적 및 간접적 편익 및 비용에 대해서는 검토할 선택지를 분명히 한다. 직접적 편익이란 대응책에서 직접 파생하는 편익이며, 간접적 또는 부수적 편익이란 우발적이지만, 그래도 의사결정에 이바지하는 바가 큰 편익이다. 간접적 편익의 예로는 평판의 향상, 담당자의 만족, 마음의 평화 등을 들 수 있다. • "직접비용"이란 대책과 직접 관련된 비용이며 "간접비용"이란 유틸리티의 손실, 관리 시간의 소모, 또는 다른 가능성이 있는 투자로부터의 자금 전용과 같은 추가비용, 부수적 비용 및 매몰비용이다. • 리스크에 대응할지 여부에 대한 결정에 CBA를 적용할 때는 리스크 대응 및 리스크를 취하는 것과 관련된 비용 및 편익을 포함하는 것이 바람직하다. • 모든 유형무형의 비용 및 편익을 밝히는 정량적 CBA에서는 모든 비용 및 편익(무형의 비용 및 편익을 포함)에 금전적 가치를 할당한다. • 비용이 단기간(예를 들면 1년)에 발생하고, 편익이 그 후 장기에 걸쳐 발생하는 경우는 일반적으로 편익을 할인하여 유효한 비교를 실시할 수 있도록 할 필요가 있다. 모든 비용 및 편익은 현재 가치로서 나타낸다. • 모든 이해관계자에 미치는 전비용과 전편익의 현재가치를 조합하면 NPV를 얻을 수 있다. • NPV가 플러스라면 대응책의 편익이 있음을 의미한다. • 비용 또는 편익에 불확실성이 있는 경우는 그 발생 확률에 따라 그 어느 한쪽 또는 양쪽 모두를 가중시킬 수 있다. • 정성적 CBA에서는 무형의 비용 및 편익의 금전적 가치를 찾는 것을 시도하지 않고, 비용 및 편익을 요약한 하나의 수치를 내고, 각각 다른 비용 및 편익 간의 어느 것을 취할지를 정성적으로 검토한다.
출력	• CBA의 출력은 다양한 선택사항 또는 시정 조치의 상대적 비용 및 편익에 관한 정보이다. • 정량적으로 NPV 또는 내부수익률(internal rate of return:IRR), 편익의 현재 가치와 비용의 현재 가치와의 비교로 나타낸다. • 정성적인 분석의 출력은 통상 다양한 종류의 비용 편익을 비교하여 어느 것을 취할지를 나타낸다.

3.13 브레인스토밍(Brainstorming)

1) 브레인스토밍의 개요

브레인스토밍은 지식이 있는 사람들의 그룹 간에 자유로운 대화를 촉진하고 장려하여 잠재적 고장 모드 및 관련된 유해위험요인, 리스크, 의사결정을 위한 기준 또는 대응 조치사항을 밝히는 작업이다. "브레인스토밍"이라는 용어는 모든 종류의 그룹 토의를 의미하는 것으로서 매우 막연하게 사용되는 경우가 많으나 여기에서 브레인스토밍은 사람들의 상상력을 확실하게 유발되도록 노력하는 특수한 기법을 포함한다. 이 기법에서는 유효한 의사 진행이 매우 중요하며 의사 진행에는 최초의 토의 계기를 부여하는 것, 정기적으로 그룹에 다른 관련 분야의 참가를 촉진하는 것과 토의로부터 제기되는 문제를 파악하는 것을 포함한다.

2) 용도

브레인스토밍은 다른 리스크 평가 방법과 병용할 수 있으며, 리스크 관리 프로세스의 임의의 단계 및 시스템 라이프사이클의 임의의 단계로 창조적 사고를 조장하는 기법으로서 단독으로 실시해도 좋다. 문제를 특정하는 높은 수준의 토의로서 구체적인 문제의 상세한 수준의 검토 방법으로 이용할 수 있다. 브레인스토밍에서는 지극히 상상력을 중시하기 때문에 데이터가 없는 신기술, 또는 문제의 참신한 해결책이 필요한 경우에 특히 유용하다.

3) 장단점

가) 장점

- 새로운 리스크 및 참신한 해결책의 특정을 돕는 상상력을 조장함
- 주요한 이해관계자가 참가하므로 전체적으로 커뮤니케이션이 촉진됨
- 비교적 빠르고 쉽게 준비할 수 있음

나) 단점

- 참가자가 의미 있는 공헌자가 될 만한 기능 및 지식이 부족할 가능성 존재

- 비교적 구성이 엄격하지 않기 때문에 프로세스가 포괄적 실증이 어렵다.
- 가치있는 아이디어를 가진 사람이 발언하지 않을 가능성이 존재

4) 수행 절차

〈표 3-51〉 브레인스토밍 입·출력 프로세스

구분	설명
입력	• 평가 대상이 되는 조직, 시스템, 프로세스 또는 적용 지식을 가진 사람의 팀
프로세스	• 브레인스토밍은 형식에 따른 것이라도 형식에 얽매이지 않는 것이어도 좋다. • 형식에 따른 브레인스토밍은 구성이 정해져 있어 참가자는 사전에 준비를 실시하고 세션의 목적이 정해져 있어 아이디어의 평가 수단을 갖춘 결과를 제출한다. • 형식에 얽매이지 않는 브레인스토밍은 구성은 그다지 정해져 있지 않고, 종종 그 장소로 한정이다. • 형식에 따른 프로세스의 구성은 다음에 따른다. - 퍼실리테이터가 세션 전에 상황에 적합한 사고의 힌트 및 논의의 계기를 준비해 둔다. - 세션의 목적을 결정하고, 룰을 설명한다. - 파실리테이터가 이야기의 줄거리를 꺼내어, 누구나가 가능한 한 많은 문제를 규명하는 아이디어를 찾는다. 이 시점에서는 의제로 해야 하는지 여부, 특정 발언이 무엇을 의미하는 것인지 등에 대한 논의는 실시하지 않는다. 논의하면 자유로운 생각이 방해되기 때문이다. 모든 입력 받아들여 어느 것도 비판하지 않고 수평사고를 유발하도록 한다. - 어떤 방향의 의견이 없을 때 또는 논의가 너무 동떨어질 경우 파실리테이터는 새로운 의제로 옮겨는 것도 가능하다. 단, 이 방법은 다음의 분석을 위해서 가능한 한 다양한 아이디어를 모으기 위한 것으로 한다.
출력	• 출력은 브레인스토밍 프로세스 단계에 의존한다. 예를 들어 특정 단계에서 출력은 리스크 및 현행 관리방법의 리스트가 된다.

3.14 구조화 또는 반구조화 인터뷰 (Structured or semi-structured interviews)

1) 구조화 또는 반구조화 인터뷰의 개요

구조화 인터뷰에서는 인터뷰를 받는 개개인에게 응답 기입 시트에 있는 미리 준비한 일련의 질문을 하고 다른 시점에서 그 견해를 요구하고, 그 시점에서 리스크를 특정한다. 반구조화 인터뷰도 이와 유사하지만 제기된 문제의 규명에 대해 자유롭게 대화할 여지를 남기고 있다.

〈표 3-52〉 인터뷰별의 특성

구분	특성
구조화 면접	질문의 내용, 순서, 응답 방법이 완전히 결정되어 있으며 표준화된 데이터를 청취 가능
반구조화 면접	대략적인 방향성을 정한 인터뷰 가이드에 따라 질문이 행해져 대화의 흐름에 맞추어 질문을 변화시킬 수 있고 있고 유연하게 그 의견을 청취 가능
비구조화 면접	질문내용이 정해져 있지 않고, 자연스러운 회화등 속에서 문제점을 짚어나갈 수 있음

2) 용도

구조화 인터뷰 및 반구조화 인터뷰는 브레인스토밍 세션을 위해 사람을 모으는 것이 어려운 경우, 또는 그룹에서의 자유로운 토의가 상황적으로 또는 참가하는 사람들에게 불편한 경우에 도움이 된다. 이 인터뷰는 리스크 분석의 일환으로서 리스크의 특정 또는 기존 관리책의 유효성 평가에 빈번하게 이용된다. 구조화 인터뷰 및 반구조화 인터뷰는 프로젝트 또는 프로세스의 모든 단계에서 실시가 가능하다.

3) 장단점

가) 장점

- 사람에게 문제에 대한 생각을 숙고할 시간을 줌
- 일대일의 커뮤니케이션은 문제의 보다 깊은 검토를 가능하게 하는 경우가 있음

- 비교적 소그룹을 대상으로 하는 브레인스토밍보다 다수의 이해 관계자의 참가를 가능하게 함

나) 단점

- 퍼실리테이터가 이 방법으로 다수의 의견을 얻는데 시간이 걸림
- 편견이 용인되어 그룹 토의에서는 제거되지 않음
- 브레인스토밍의 특징인 상상력의 유발을 달성할 수 없는 경우가 있음

4) 수행 절차

〈표 3-53〉 구조화 또는 반구조화 인터뷰 입·출력 프로세스

구분	설명
입력	• 인터뷰 목적의 명확한 정의 • 관련된 이해관계자 중에서 뽑은 인터뷰를 할 사람의 명단 • 미리 준비한 질문집
프로세스	• 인터뷰를 하는 사람의 안내가 되는 관련 질문집을 작성한다. • 질문은 가능한 한 오픈 엔드형인 것이 바람직하고 간결하며 인터뷰를 받는 사람이 알 수 있는 언어로 되어 있어야 하며 하나의 문제만을 다루는 것이 바람직하다. 질문을 더욱 명확하게 하기 위한 추가 질문도 준비해 둔다. • 인터뷰를 받는 사람에게 질문을 한다. 자세한 대답을 원할 때는 오픈 엔드형의 질문이 바람직하다. ※ 인터뷰하는 사람을 "유도"하지 않도록 주의한다.
출력	• 출력은 인터뷰 주제인 문제에 대한 이해관계자의 견해이다.

3.15 델파이법(Delphi)

1) 델파이법의 개요

미국의 대형 싱크탱크인 랜드연구소에서 개발한 미래예측의 대표적인 조사방법으로 고대 그리스 아폴론의 신화지로 여겨지는 델파이를 따서 붙여졌다. 다수의 전문가를 소집하여 비즈니스상의 의사결정방법이나 조직적인 문제의 해결방법에 대해 응답하는 여러 차례의 조사에 참여하도록 하는 프로세스를 말한다. 전문가 답변은 모두 익명이며, 각 조사가 끝난 후에는 진행자가 모든 답변을 확인하고 분류한다. 그리고 답변에서 공통 주제와 아이디어를 찾아 참여한 전문가 모두에게 공유하며 자신 이외의 전문가의 답변을 듣고 음미함으로써 다른 참가자의 의견에 따라 전문가는 자신의 답변을 재검토할 수 있다.

2) 용도

델파이법은 상호 동의할 수 있는 점을 찾을 수 있도록 전문가를 독려하고 일치된 견해를 도출하는 것으로 업계 예측이나 정부 계획, 재무 전략 등 많은 업계와 조직에서 사업 예측이나 구조적 의사결정에 활용되고 있다.

3) 장단점

가) 장점

- 익명의 견해이므로 평이 좋지 않은 의견이라도 표명하기 쉬움
- 모든 견해는 동등하게 취급되어 일방적인 주장 등은 반영되기 어려움
- 동시에 한 장소에 사람들이 모일 필요가 없음

나) 단점

- 노동 집약형의 작업이며 시간이 걸릴 수 있음
- 참가자는 자신의 의견을 서면으로 표명할 필요가 있음

4) 수행 절차

〈표 3-54〉 델파이법 입 · 출력 프로세스

구분	설명
입력	• 컨센서스가 필요한 일련의 선택사항
프로세스	• 반구조화 조사지를 이용해 전문가 그룹에 질문한다. (전문가가 한자리에 모이는 일이 없기 때문에 각각의 의견은 독립됨) • 절차는 다음과 같다. - 델파이 프로세스를 도급받아 감시하는 팀의 결성 - 전문가 그룹(1인 이상 전문가 응답자) 선정 - 첫 번째 조사지 작성 - 조사지 검증 - 응답자 개개인의 조사지 송부 - 첫 번째 답변에서 얻은 정보를 분석하고 이를 통합하여 다시 응답자에게 송부 - 응답자가 응답하고 컨센서스를 얻을 때까지 이 프로세스를 반복한다.
출력	• 해당 문제에 관한 컨센서스를 향한 의견 수렴.

제 4 장

안전보건관리 실무

제4장 안전보건관리 실무

1. 안전보건관리 개요 및 이론

1.1 안전보건관리 개요

1) 개요

모든 사업장은 앞선 내용과 같이 조직의 안전·보건에 관한 경영방침과 목표, 성과개선에 대한 목적을 효과적으로 달성하고 관리하기 위한 조직을 구성하여야 한다. 그리고 올바른 안전보건정책은 사업장이 유지하고자 하는 안전보건의 체계적인 관리를 위한 명확한 목표를 가지고 있어야 한다. 아울러 조직은 이러한 안전보건정책을 성공시키기 위해 적극적인 관리를 시행해야 한다.

효과적인 안전보건관리에 필요한 핵심요소들은 품질 · 재무 및 일반 비즈니스 관리에 필요한 요소와 매우 유사한 성질을 가지고 있다. 따라서 상업적으로 성공을 이룬 사업장은 대개 우수한 안전보건관리를 이행하고 있으며, 이들이 기준을 삼은 안전보건관리의 원칙들은 결국 사업장 내 안전보건을 유지하고 발전시키기 위한 토대를 제공하게 된다.

2) 안전보건관리시스템(OSHMS)

우리나라에서 Occupational Safety and Health Management System(이하 OSHMS)은 안전보건관리 시스템, 안전보건관리 체제, 안전보건관리 체계, 산업안전보건경영체제, 안전보건체제, 안전경영시스템 등의 다양한 표현으로 사용되고 있다. OSHMS란 사업장의 산업재해 방지활동에 대한 방침 및 목표의 달성을 위하여 안전보건관리를 자율적으로 일상 업무 속에서 행함으로써 사업장의 산업재해 방지를 도모함과 동시에 쾌적한 작업환경을 조성함을 도모하는 것이다.

가) 국제적 흐름

OSHMS는 역사적으로 1990년대부터 유럽에서 국제적인 논의를 시도하며 구축되어 왔지만, 영국에서는 이러한 논의를 시작하기 전부터 규격화 작업을 시행했다. 1990년 중반 ISO(국제표준화기구)가 ISO 9000(품질관련), ISO 14000(환경관련)에 이어 ISO 18000 시리즈를 통해 안전보건에 대한 규격화를 제기하였다. 그러나 이러한 시도는 회원국들의 의견이 합치되지 못하였고 특히 ILO(국제노동기구)의 반대로 인해 3차례에 걸쳐 보류되어 왔다. 2001년 ILO는 OSHMS 가이드라인인 ILO-OSH 2001을 제정 및 공표하였고, 이는 산업안전보건관리 시스템 지침의 발간을 계기로 유일한 가이드라인이자 규격이 되었다. 또한 민간기구 차원에서는 BSI(영국 표준협회)에서 OHSAS 18001을 제정했으며, 이는 국제적으로 많이 사용되기 시작하였다. 결국 2013년 10월 ILO와 ISO는 합의를 통해 OSHMS를 ISO규격으로 만들기로 결정하였고, 마침내 2018년 3월 12일 정식으로 ISO 45001이라는 규격을 제정하여 안전보건시스템의 기준으로 공표하였다. ISO 45001의 주 목적은 사업장 내 부상 및 질병 예방에 있어서 안전보건관리 기준을 능동적으로 개선할 수 있도록 하는 것이다. 이는 HSG65와 마찬가지로 계획, 실행, 평가 및 개선이라는 PDCA(Plan, Do, Check, Act)의 모형을 적용하였고, 위험 관리(Risk Management)와 위험 평가(Risk Assessment)의 중요성을 강조하고 있다.

나) 우리나라의 흐름

우리나라는 1981년 산업안전보건법 제정으로 사업장의 안전보건관리조직의 구축 및 운영이 시작되었으며, 지금까지 산업재해가 지속적으로 감소하는 효과를 보였다. 그러나 산업재해의 발생건수는 감소하고 있더라도 아직까지 많은 근로자가 산업재해를 입고 있고, 재해예방선진국에 비해 높은 산업재해 발생률을 보이고 있다. 우리나라의 경우 다음과 같은 문제가 항상 지적되어오고 있다.

① 산업안전보건법 제정 시, 이러한 규정에 따라 각 사업장에서 관리조직을 구축했던 장년층들의 은퇴 등으로 인해 사업장 내에 안전보건관리에 대한 지식 및 노하우가 원활하게 승계되지 않고 있어, 사업장 내 안전보건관리 수준의 저하로 산업재해가 많이 발생할 우려가 있다.

② 현 시스템은 무재해를 목표로 하는 구조를 가지고 있는데, 이는 일정 기간 산업재해가 발생하지 않았다는 말일뿐 산업재해의 위험(Risk)이 없는 사업장을 의미하는

것은 아니다. 즉, 항상 잠재된 위험을 제거하는 것이 목표가 아니기에 내재된 위험은 항상 존재하게 된다.

③ 법령만으로는 다양화되고 복잡해지고 있는 유해위험요인에 대해 능동적으로 대처하는데 한계가 있다.[34]

이러한 문제점이 지적되는 가운데 앞으로 산업재해를 방지하기 위해선, 사업장에서 안전보건시스템을 선제적이고 계속적으로 시행될 수 있는 여건을 만들어 법적 기준을 상회하는 내용으로 실시하게 하는 것이 중요하다.

현재 우리나라의 안전보건관리경영시스템(KOSHA 18001)은 산업안전보건법 제4조 1항 4호의 정부의 책무에서 '사업주의 자율적인 산업 안전 및 보건 경영체제 확립을 위한 지원'에 의거해서 국가 지원 하에 경영인이 안전보건정책과 그 세부 실행 절차서와 지침서를 규정한 후 재해 예방과 기업 손실감소 등을 목적으로 추진하는 안전보건 체계이다.

다) 안전보건시스템 표준 ISO 45001:2018

선박을 포함한 사업장은 작업 활동에 종사하는 모든 구성원의 안전보건에 대한 책임이 있다. 이러한 책임은 신체적인 것에 더해 정신적 건강과 안전의식까지 보호하고 증진하는 것이 포함된다. 안전보건경영시스템의 도입 목적은 사업장이 건강하고 안전한 작업환경을 구성하며, 수행되는 모든 작업 및 업무와 관련하여 상해 및 건강상의 장해와 사고를 방지하며 지속적으로 안전보건 성과를 달성할 수 있도록 하는 것이다.

안전보건경영시스템의 목적은 내재되어 있는 안전보건 위험의 식별과 이를 관리하기 위한 틀을 제공하는 것이다. 즉, 다시 언급하지만 안전보건경영시스템이 지향하는 목적은 사업장 내 구성원들이 업무 진행 중 발생할 수 있는 상해와 건강상 장해 등을 방지하고 안전하게 작업을 수행하게 만드는 절차를 수립하는 것이다. 결론적으로 사업장이 위험요인을 식별하고, 제거하거나 감소하는 효과적인 계획을 수립하여 효과적인 예방 및 보호조치를 수행함으로써 그 위험을 최소화하는 것이 매우 중요하다. ISO 45001은 이러한 목적을 달성하기 위해 안전보건경영시스템의 구성과 이행에 대한 표준을 제시하고 있으며, 이를 통해 안전보건 성과를 계측하고 관리할 수 있도록 한다.

34) http://www.anjunj.com/news/articleView.html?idxno=32786, 안전저널, 2022.04.12.

〈표 4-1〉 안전보건시스템의 성공적인 달성을 위한 요소

용어	정의
안전보건경영시스템	최고경영자가 안전보건관리 정책을 수립하고(Plan), 이를 실행하며(Do), 점검 및 시정하여(Check), 그 결과를 바탕으로 개선(Act)하는 순환과정을 통하여 지속적으로 발전시키는 안전보건 활동
사업장 또는 조직 (Organization)	사업을 운영하는 조직과 기능을 갖추고 있는 회사 · 기업 · 연구소 등
사건(Incident)	위험요인으로 인해 사고로 이어졌거나 이어질번 했던 원하지 않은 현상(Event)
사고(Accident)	위험요인으로 인해 발생한 인적 · 물적 손실
유해 · 위험요인(Hazard)	유해 · 위험을 일으킬 잠재적 가능성이 있는 특징이나 속성
위험(Danger)	위험요인에 노출된 상태
위험성(Risk)	유해 · 위험요인이 사고 및 재해로 이어질 수 있는 가능성(빈도)과 중요성(강도)를 요인으로 식별한 수치
허용가능한 위험 (Acceptable Risk)	위험성 평가에 의해 위험도가 법적 및 시스템 허용치 이하의 위험
위험성 평가 (Risk Assessment)	유해 · 위험요인을 파악하고 위험성을 추정 및 결정하여 감소대책을 수립하여 실행하는 일련의 과정
안전(Safety)	위험요인이 없는 상태, 위험요인의 위험도를 허용가능한 위험수준으로 관리하는 상태
목표(Objective)	안전보건관리 성과측면에서 조직이 달성하고자 하는 수치 혹은 조건
지속적 개선 (Continual Improvement)	당해연도 안전보건관리 성과를 분석 · 평가하여 그 결과를 차년도의 활동에 반영하여 지속적으로 향상시키는 반복과정
내부심사 (Internal Audit)	사업장 또는 조직의 안전보건관리가 시스템에 따라 효과적으로 실행되어 목표를 달성하고 있는지에 대한 조직내부의 평가와 검증 과정
부적합사항 (Non-conformity)	안전보건관리가 법적 기준이나 지침, 작업 표준 및 절차를 위반하거나 벗어난 상태
권고사항 (Recommendation)	관리효율성을 높이기 위한 가능성이 있는 사항 또는 규정되로 시행되고 있으나 비효율적인 사항
관찰사항 (Observation)	부적합사항은 아니지만 진행될 우려가 있는 사항
시정조치 (Corrective Action)	발견된 부적합사항 또는 관찰사항의 원인을 제거하여 재발을 방지하기 위한 조치
예방조치	잠재적인 부적합사항 또는 관찰사항의 원인을 제거하여 발생을 방지하기 위한 조치

〈표 4-2〉 안전보건시스템의 성공적인 달성을 위한 요소

요소
1. 최고경영자의 리더십
2. 최고경영자의 책임 및 책무 수행능력
3. 안전보건시스템에서 목적하는 조직문화를 개발, 선도 및 증진
4. 구성원과 경영자간의 의사소통
5. 근로자와 근로자 대표의 협의 및 안전보건시스템에 참여
6. 안전보건시스템을 유지하기 위해 필요한 적절한 자원과 배치
7. 사업장의 전반적인 전략적 목표 및 방향에 알맞은 안전보건 방침
8. 위험요인 파악, 안전보고 위험 관리 및 안전보건시스템의 개선을 위한 효과적인 프로세스
9. 안전보건 성과의 개선을 위한 지속적인 평가와 모니터링
10. 안전보건시스템과 조직 경영 프로세스와의 연관성
11. 안전보건 방침과 일치된 작업장의 목표
12. 법적 요구사항 및 기타 요구사항의 준수

1.2 PDCA 사이클

1) PDCA 사이클 개요

영국의 Health and Safety Executive (HSE)에서 발행하는 지침문서 Managing for health and safety(HSG65)는 영국에서 광범위하게 사용되는 사업장 내 안전보건관리 시스템을 설명한다. HSE는 2013년 안전보건관리 모델을 PORMAR (Policy, Organising, Planning, Measuring performance, Auditing and Review) 모델에서 'PDCA (Plan, Do, Check, Act; 계획, 실행, 평가 및 개선)'로 전환하였다.[35] PDCA 모델은 PORMAR 모델에 비해 경영시스템의 구성과 그 이행 사이에서 더 나은 성능을 보이며, 안전보건관리를 별도로 수립하고 관리해야 할 독립형 시스템이 아니라 일반적으로 좋은 경영시스템을 구성하기 위한 필수 요소로 취급한다. 안전보건관리에 대한 이 4단계의 구성은 다음과 같다.

가) 계획(Plan)

위험성 평가와 법적 요구상황에 따라 안전보건관리를 위한 표준 지침을 수립하는 단계이다. '누가', '무엇을', '얼마나', '왜', '언제까지', '어떻게'를 생각하며 계획을 수립해야 하며, 이러한 계획은 반드시 현실적인 목표를 설정하여야 한다. 급한 안건이 아니더라도 성과를 달성하기까지의 기한을 설정하는 것이 좋다.

나) 실행(Do)

안전보건관리의 목표를 달성하기 위해 수립한 표준지침을 실행하는 단계이다. 업무 프로세스와 결과를 나중에 평가할 수 있도록 활동 내역을 상세히 기록하는 것이 좋다. 이 때, 몇 가지 지표를 설정하여 수치화한 상태로 기록하면 평가자의 주관을 배제하고 객관적인 데이터로 사용할 수 있다.

다) 평가(Check)

실행되고 있는 지침의 상황이 규정에 알맞게 실행되는지를 평가하는 단계이다. 계획

35) HSG65, UK, 2013

단계에서의 지침이 적절히 이행되었는지, 그 성과는 예상대로 달성했는지 등을 평가한다. 단순하게 성공 여부만을 확인하는 것이 아니라 실행단계에서의 활동 방법과 성공 혹은 실패하게 된 요인을 찾는 것이 중요하다.

라) 개선(Act)

안전보건관리 목표 실현을 위해 평가 단계에서 도출된 문제 요인들을 수정하는 단계이다. 잘못된 점을 고치는 것뿐만 아니라 잘 이행된 점을 더 발전시켜 나가는 것 역시 중요하다.

이러한 단계를 거친 후 다시 현실적인 목표를 수정하여 설정하고 PDCA 사이클을 순서대로 계속 반복하면 목표를 달성할 수 있다.

〈그림 4-1〉 PDCA 사이클

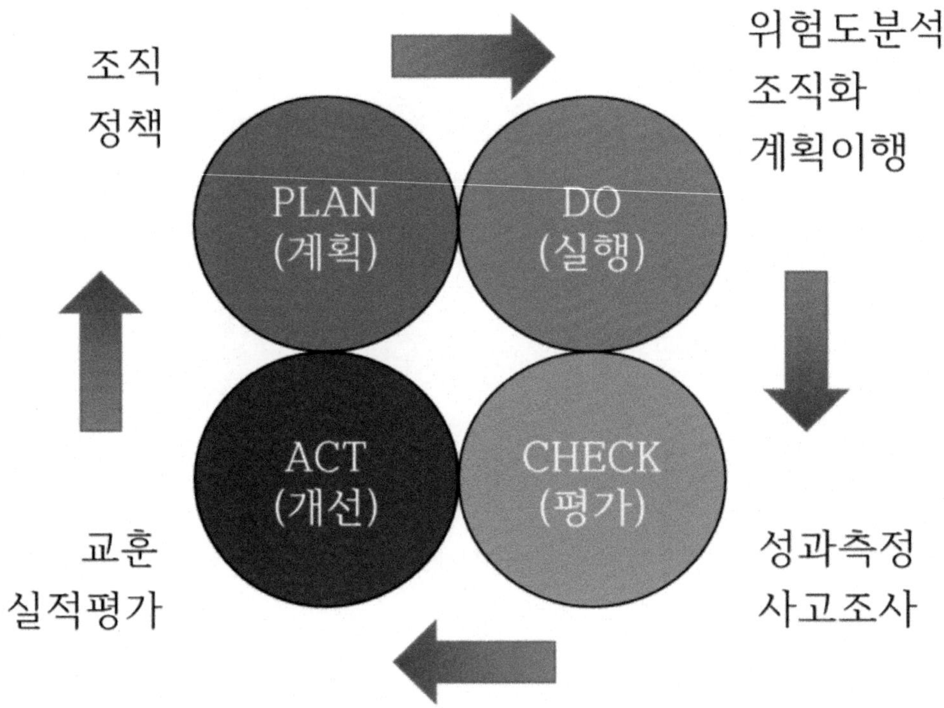

2) 계획(Plan)

안전보건관리시스템의 계획(Plan)단계는 안전보건관리 목표를 달성하기 위해 안전보건 예방책과 위험을 통제하기 위한 적절한 관리방안의 개발 및 이행을 포함한다. 그러한 조치는 사업장에서 발생할 가능성이 있는 위험들의 위험도와 빈도에 비례하여야 한다. 그리고 모든 안전보건관리 시스템은 구성원들의 활동과 법적 요건의 변화를 수용할 수 있어야 한다. 계획 시에는 반드시 아래 3가지의 필수 요건들을 고려하도록 한다.

① 현재 조직은 어느 정도의 안전보건관리 성과지표를 나타내고 있는가?
② 안전보건관리 목표는 무엇인가?
③ 어떻게 목표 달성을 이룰 것인가?

〈그림 4-2〉 계획(Plan) 단계의 관리 사이클

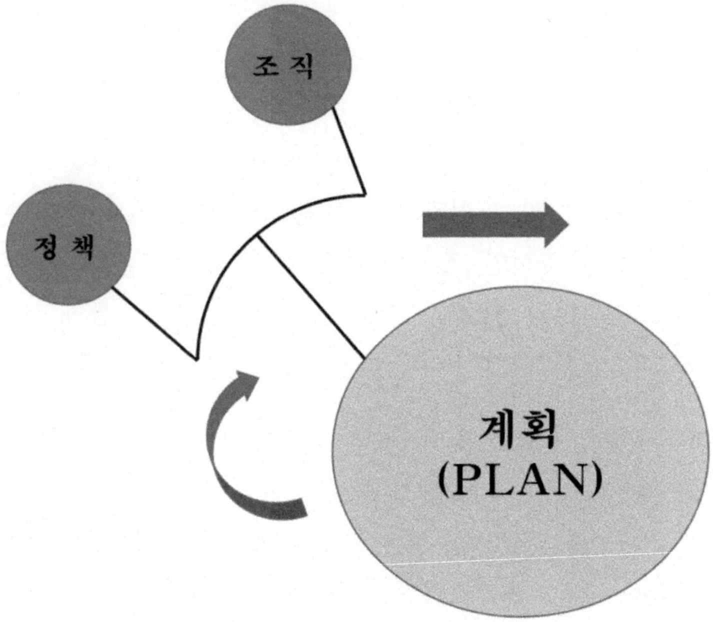

상기의 계획 시 필수적으로 고려해야 할 질문에 대한 답변은 해상 현장과 육상 현장이 다를 수 있다. 따라서 계획을 효과적으로 수립하기 위해서는 조직 전체의 안전보건관리 시스템의 효과를 완전히 반영할 수 있도록 모든 부서 및 구성원에게 질문하여야

하며, 중복과 누락이 없도록 하여야 한다. 안전보건관리 시스템의 계획을 시행할 시 고려하여야 할 사항들은 다음과 같다.

① 명확한 안전보건정책 : 우수하게 설립된 정책이 시스템 전체의 효율성과 지속적인 개선에 기여 할 수 있음은 당연하다. 명확한 정책은 피할 수 있는 사고에서 발생하게 될 재정적 손실을 제거한다는 점에서 매우 중요하다. 또한, 발생한 사고가 구성원 개개인의 잘못이 아니라는 것을 구성원들에게 인지시켜 주어야 한다. 이러한 관리기술을 통해 구성원들의 직무만족도 및 생산성 향상을 도모할 수 있다. 즉, 명확하고 우수한 안전보건정책은 위험평가에 대한 체계적인 접근을 하게 함으로써 구성원들의 건강, 안전 및 복지를 보장할 수 있게 되고, 이를 통해 효율성을 높인다는 데에 그 중요성이 있다. 따라서 정책은 안전보건조직이 추구해야 할 명확한 목표 및 방향을 설정해야하며, 모든 구성원들이 누가 무엇을 어떻게 이행하고 관리될 것인지 이해할 수 있도록 조직 전체에 걸쳐 공유해야 한다.

② 명료한 안전보건조직 : 모든 구성원에게 안전보건조직이 추구하는 가치와 신념에 대해 정확하게 공유하고 이해시키는 것은 안전보건관리의 필수 요소이다. 이를 위해서 안전보건조직은 보건 및 안전에 대한 책임을 명확하게 정의해야 하고, 사업장 전체에 걸쳐 항상 보건과 안전에 대한 관리도 이행해야 한다. 이러한 안전보건조직은 회사 대표자 및 관리자와 구성원들 간의 협업 활동을 통해 공식적인 구조를 가져야 한다. 효과적인 조직은 관리시스템의 실행(DO)단계에 필수적인 요소이며, 구성원들의 참여와 커뮤니케이션 및 역량 증진을 통해 모든 구성원이 안전보건조직에 기여하도록 한다.

③ 확실한 안전보건계획 : 효과적인 안전보건관리 시스템을 사용하여 목표한 성과 달성을 위한 표준 및 절차를 수립하고 이행하는 것이다. 이 계획은 위험평가방법(Risk Assessment Method)을 기반으로 작업의 우선순위를 결정하고 위험을 통제 및 제거하거나 혹은 경감시키기 위한 목표를 설정한다. 또한, 목표달성 측정을 위해 확인할 수 있는 정량화된 지표도 설정하여야 한다.

위의 고려 사항에서 명시했듯이 안전보건관리 계획은 특정 기간을 설정하여 해당 기간 내 목표를 달성하기 위해 구체적으로 수립하는 것이 중요하다. 설정 기간은 사업장 내 가용 가능한 자원, 현재 안전보건정책 준수 상태 및 달성하고자 하는 목표에 따라 달라진다. 일반적으로 우수한 안전보건관리를 위해서는 최소한의 요건인 법적 기준을 상회한 엄격한 정책을 설정해야 할 것이다. 그리고 효과적인 시스템 관리를 위해서는 항목에 대한 우선순위를 결정하는 것이 필수적이며, 이 때 고위험(High Risk) 활동이 우선하도록 설정하여야 한다. 특수한 경우에는 장기적인 계획 수립과 더불어 계획이 완료되기 전까지 위험을 최소화하기 위한 단기적인 조치가 필요할 수도 있다.

안전보건조직에서 관리 시스템을 계획할 때에는 보편적으로 탑다운(Top-down) 방법 또는 바텀업(Bottom-up) 방식을 선택하여 시행한다.

① 탑다운(Top-down) : 사업장 내 이사회(Boardroom) 등을 통해 안전보건관리 시스템을 계획하고 합의하는 방법이다. 역사적으로 가장 많이 사용되는 방법이지만, 해상과 같은 상황에서는 사고가 발생하는 현장과 다소 떨어져 있기에 현장의 의견이 반영되기 힘들 수도 있다.

② 바텀업(Bottom-up) : 현장에서 중대한 위험(Significant Risk)에 노출된 구성원들이 안전보건관리 시스템 계획을 설정하고, 상위 그룹에 승인 및 조정을 거치는 방법이다. 전체적인 목표는 이사회 등에서 정한 후 현장에서 세부 계획을 구성할 수도 있다. 이러한 방법은 전 구성원의 적극적인 노력이 뒷받침되어야 한다.

〈표 4-3〉 탑다운(Top-down)과 바텀업(Bottom-Up)의 특징

방법	장점	단점
탑다운(Top-Down)	시스템 설계가 간단하다.	현장의 요구(Needs)와 맞지 않은 구성이 나올 수 있다.
바텀업(Bottom-Up)	현장에서의 요구(Needs)가 정확하게 반영될 수 있다.	참여 구성원의 적극적인 노력이 없다면 설계에 시간이 오래 소요될 수 있다.

어떠한 설계 방식이 사용되든, 안전보건책임자(회사 지정자 혹은 근로자 대표)는 목표 설정 및 이행 중에 협의 등을 통해 완전히 참여해야 한다. 그리고 이러한 목표는 문서화가 되어야 한다. 안전보건관리의 계획은 구체적이고, 정량적인 지표에 의해 측정 가능해야하며, 달성 가능하고, 적절한 기간을 가지고, 구성원들 간에 합의가(SMART) 필요하다. 아울러 구성원 개인의 목표 또한, 소속되어 있는 조직의 목표달성을 보장하기 위해 개인과 반드시 조정해야 한다.

〈그림 4-3〉 탑다운(Top-down) 및 바텀업(Bottom-up)의 비교

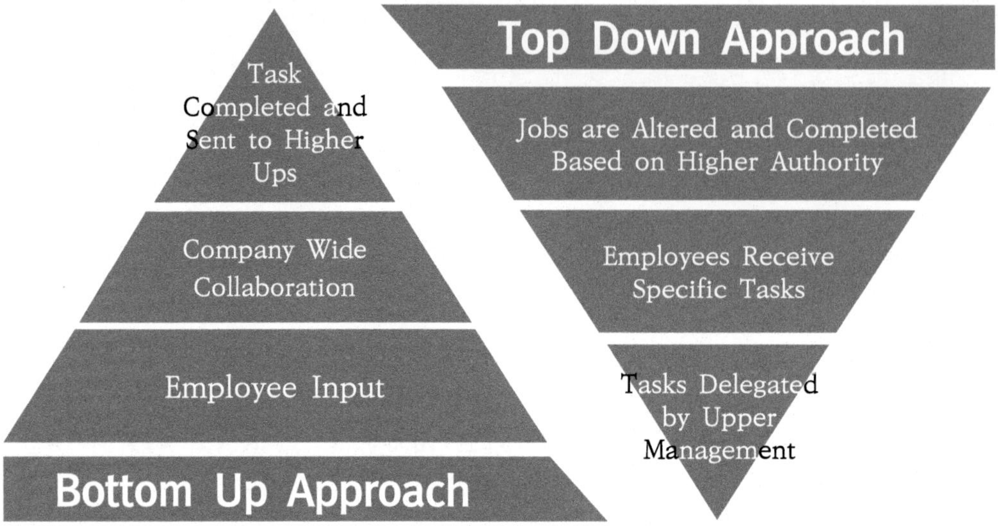

〈그림 4-4〉 SMART 성능 표준 및 목표

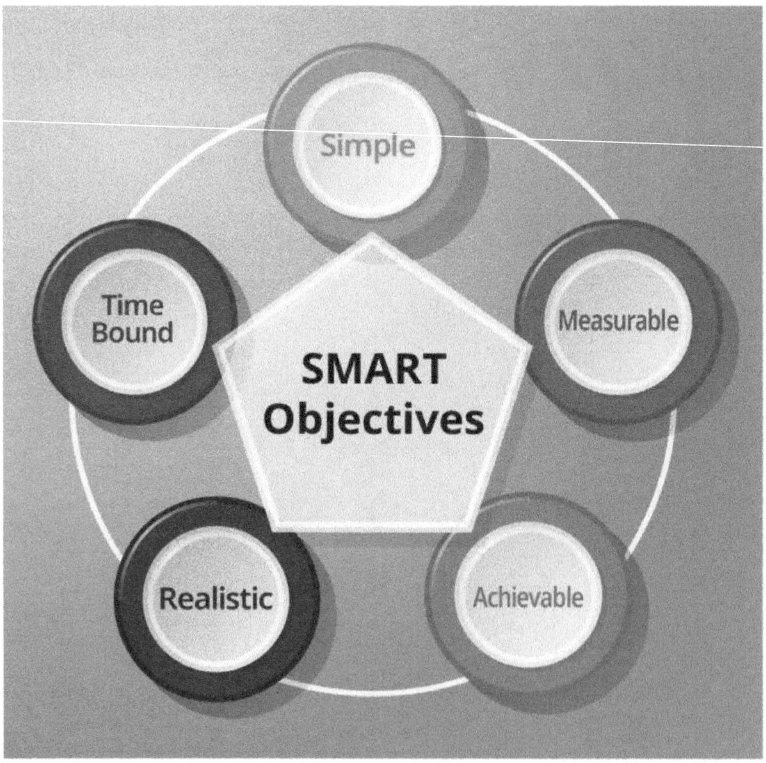

안전보건관리 시스템의 계획은 항상 사업장과 구성원의 합의된 성과 표준을 목표로 해야 하며, 해당 표준들은 우선순위가 필요하다. 우선순위가 매겨진 이러한 목표를 우리는 핵심성과지표(Key Performance Indicator; KPI)라고 한다. 계획단계에서는 아래 세 가지의 결과가 도출되어야 한다.

① 하기의 내용을 포함하는 안전보건관리 시스템의 개발, 유지, 개선을 목적으로 하는 계획
  - 해상 현장을 비롯한 모든 현장에서의 안전보건관리 계획 및 사고 관리·조사 시스템의 구성
  - 위험물질에 대해 신뢰할 수 있는 위험 평가 기준
  - 전 구성원이 참여하는 작업장 안전보건 예방조치 준비 과정
  - 매년 말까지 시행하는 평가 관리
  - 각각 특정 기계 및 기구에 대한 가이드라인

② 위험 통제(Risk Control) 및 작업장 예방 조치에 대한 계획

③ 안전보건관리 시스템 구현을 위한 정량적인 성과 평가

〈표 4-4〉 안전보건관리 추진계획서 예시 (안전보건경영시스템 이해와 실무, 강양현·류호철 공저, 2017)

( )년도 안전보건 목표 및 추진 계획서(실적) ( )팀								작성자			
								검토자			
								승인자			
안전 보건 목표	세부추진목표	안전보건관리계획			추진 일정		변경사유발생		소요 예산	담당자 (추진팀)	성과측정 (목표대비 달성도)
	세부추진 목표내용	관리 계획 내용	목표	성과	추진예정일정	완료일	변경 내용 및 일정	완료일			
무재해 달성	1. 개선활동	1.1 위험성평가 실시	매 작업시		매 작업시						
		1.2 상시 평가	분기별		1분기(3월)						
	2. 교육시행	2.1 신규입사 교육	입사시								
		2.2 정기 교육	매달								
		2.3 특별 교육									
		2.4 비상 교육 및 훈련	매달								
		2.5 내부심사교육	연1회								

안전 보건 목표	세부추진목표	안전보건관리계획			추진 일정		변경사유발생		소요 예산	담당자 (추진팀)	성과측정 (목표대비 달성도)
	세부추진 목표내용	관리 계획 내용	목표	성과	추진예정일정	완료일	변경 내용 및 일정	완료일			
무재해 달성	3, 안전보건 시스템 운용	3.1 정기 심사 실시	1회		매 작업시						
		3.2 경영자 검토	1회		1분기(3월)						
	4. 법규준수 및 기타 관리활동	4.1 건강검진 실시	1회								
		4.2 안전보호구 관리	필요시								
		4.3 사내 캠페인									
		4.4 아차사고 관리									
		4.5 안전 우수상 시상									

3) 실행(DO)

가) 개요

실행(DO)단계는 안전보건관리의 목표를 달성하기 위해 계획(Plan)단계에서 수립한 표준지침을 실행하는 단계이다. 즉, 사업장 조직에서 안전 관리자와 구성원들이 보건과 안전에 영향을 미칠 수 있는 행동들에 대하여 사고의 위험성을 판단하는 것과 더불어 안전보건관리를 위한 조직화와 표준지침을 실행하는 단계까지 포함한다.

조직화를 통해 안전보건관리의 책임 및 사업장 내 의사소통에 대해 담당하는 책임자를 설정하고 통제토록 하는 것은 매우 중요하다. 조직화를 통해 지정된 책임자(관리자)는 안전보건관리 시스템 및 조직을 효과적으로 유지시키고 관리하는 것에 대해 명확한 방향을 제시해야 한다. 이러한 방향은 '모든 사람이 건강과 안전에 책임이 있다.' 라는 식의 모호한 표현으로 나타내는 것이 아니라, 시기 및 방법을 구체적으로 제시하여야 한다. 예를 들어 '사업장 내 식별된 결함에 대하여 지정된 체크리스트에 따라 3일의 영업일 내에 수정하겠다.'와 같이 구성원들에게 정확한 업무 목표와 행동 시점을 제시하는 것이다. 책임자(관리자)는 구성원들에게 안전보건관리 시스템의 계획에 의해 진행되는 실행 요소에 대해 다음과 같은 책임도 명시하여야 한다.

① 직무기술서(Job Description)
② 개인별 기여도를 판단할 수 있는 성과 평가 시스템
③ 낮은 성과를 개선하기 위한 조치
④ 필요한 경우, 징계 절차

〈그림 4-5〉 실행(Do) 단계의 관리 사이클

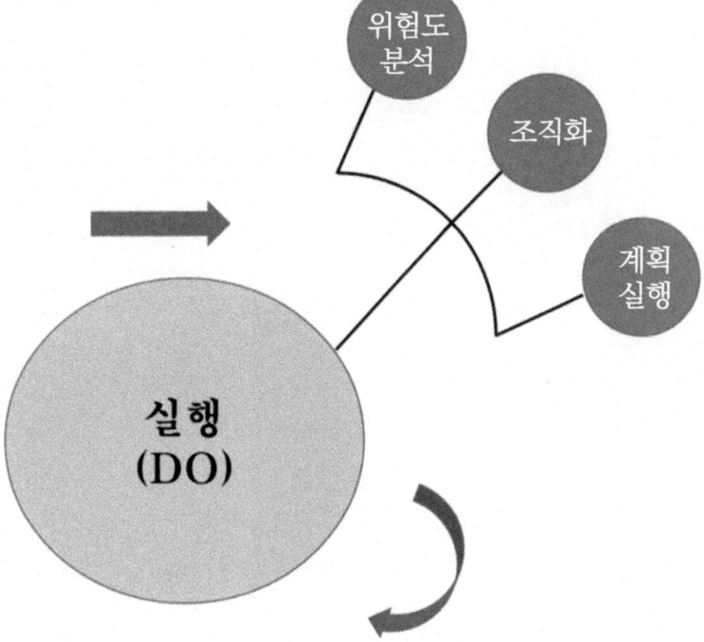

나) 조직화

사업장의 안전보건활동 업무를 효율적으로 수행하기 위해서는 활동 계획 및 업무별로 담당자를 지정하고, 그 역할과 책임 그리고 권한을 문서화하고 조직 내에 공유되어야 한다. 즉, 효과적인 관리를 위해서 기본적으로 조직화 되어 시스템 운용을 위한 임무를 정하는 방식이다. 통상적인 조직 내 안전보건관리와 관련된 책임과 권한은 다음과 같다.

〈그림 4-6〉 안전보건 조직도 예시

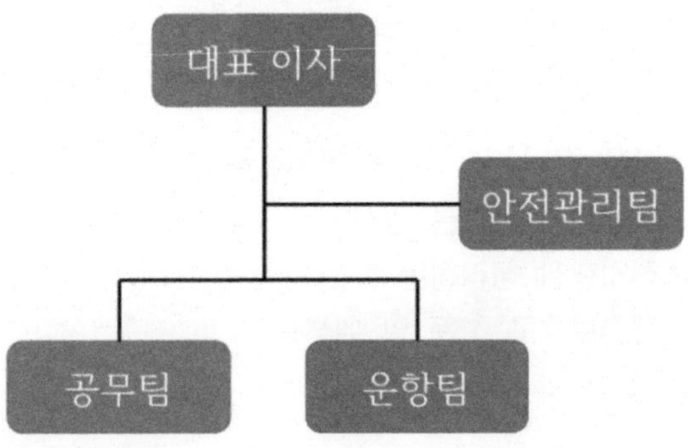

〈표 4-5〉 조직 내 안전보건관리와 관련된 책임 및 권한 사항

직위	책임 및 권한
대표이사	• 관련 법령 및 규칙에서 정하는 임무 • 안전보건관리 방침을 수립하고 정기적으로 유효성 검토 • 안전보건관리 목표 승인 및 유효성 검토 • 안전보건관리 운용 및 유지 확인 • 안전보건관리 실행을 위한 지원 • 비상사고에 대한 총괄 지휘 및 사고대책 수립 • 경영자검토의 결과를 수행 및 관리
안전보건관리팀장	• 최고경영자의 지휘를 받아 안전보건관리를 위한 목표 작성 • 안전보건관리 매뉴얼 작성 및 개정 • 안전보건관리 실행을 위한 계획 수립 • 목표 달성을 위한 추진계획 관리 • 위험성 평가의 총괄 관리 • 법규 및 규칙에서 정하는 사항 관리 • 교육계획 수립 및 실시 • 성과 측정 및 평가
각 부서장	• 담당 부서의 안전보건관리 계획 시행 • 담당 부서의 성과 측정 및 보고 • 위험성 평가의 실시 • 계획 추진 및 목표달성률 확인 • 부서 내 교육계획 수립 및 실시 • 비상사태 발생 시 긴급조치 및 원인분석 • 부서 내 개인보호구 지급 및 착용 관리 감독
조직원(팀원)	• 사용 장비 및 설비의 안전장치를 최상의 상태로 유지 • 운영절차에 따른 안전보건관리 활동 수행 • 작업현장 정리정돈 • 개인보호구 착용 및 위생관리 • 부서장의 지시사항 준수

이러한 조직화는 사업장 및 조직 내 안전 문화를 확립하고, 관리 발전시켜 나아가기 위해 선행되어야 한다. 조직 내 안전문화에 대해서 HSE65에서는 다음과 같이 설명한다.

'개인의 가치와 조직의 가치, 태도, 인식, 역량과 행동 패턴의 산물이며, 조직의 안전 및 보건 관리에 대한 숙련도를 결정한다. 긍정적이고 적극적인 안전 문화를 가진 조직은 상호 신뢰에 기초한 의사소통방식과 안전의 중요성에 대해 상호 공유되고 잘 인지되어 있으며, 효과적인 예방조치를 취한다.'

많은 안전보건문화가 고위 관리자들에 의해 단순히 개발되고 추진되고 있다. 하지만 긍정적인 안전보건관리문화는 성공적인 품질 시스템과 같이 전체 조직원의 참여가 필수적이다. 특히 목표와 가치관 확립에 있어서 관리자와 현장의 공동의 약속으로 이루어져야 하며, 조직원들은 재무 및 성과목표에 다소 영향을 끼치더라도 시행하는 안전보건 조치가 효과적이고 준수하여야 하는 성과임을 인지하여야 한다. 긍정적인 안전보건관리 문화는 다음과 같은 구성 요소들을 가지고 있으며, 이는 안전보건관리 측면에서 우수한 성과를 낼 수 있는 기반이 된다.

① 사업장 조직 전체에 있어 안전보건 관리에 대한 획일화된 구조
② 안전보건관리를 위한 충분한 재원과 높은 수준의 업무 중요도
③ 위험에 대한 제어절차와 모니터링 시스템
④ 장기적인 계획과 꾸준한 교육을 바탕으로 하는 인식 개선
⑤ 현실적이고 달성 가능한 목표와 측정된 성과
⑥ 결함이 생겼을 경우 즉시 수정하기 위한 시스템
⑦ 발생한 모든 사고 및 사건에 대한 신속한 조사 및 관련 보고서

이러한 높은 수준의 안전보건관리 문화 정착을 위해서는 충분한 재정과 인적 자원이 필요하며, 특히 인적 자원의 경우 조직화를 통해서 구현할 수 있다. 1950년 미국의 H.W. Heinrich가 수행한 조사에 따르면 발생한 사고의 90%가 인적요소에서 발생하였으며, 특히 이 중 전체의 70%는 단순 실수가 주요 원인으로 나타났다. 이러한 사고의 예방은 인적 요소와 관련된 선제적 조치로 충분히 피할 수 있었다. 그래서 이러한 연구 결과에 기인해 현재는 조직화 된 방법으로 안전보건관리를 구체화시켜 모든 조직원들이 참여할 수 있도록 사업장 및 선박 문화를 정착해 나가고 있다.

안전보건문화 및 규칙을 준수하기 위해서 사업장은 구성원에게 적절한 안전보건 교육을 제공해야 한다. 교육과 훈련은 구성원들이 관련된 기술과 지식을 갖추도록 하여 사고없이 안전하게 업무를 수행할 수 있는 능력을 가질 수 있도록 한다. 교육과 훈련은 집체형식 뿐만 아니라 다양한 방법으로 제공될 수 있으며, 업무에 수반되는 위험과 그러한 위험을 줄이거나 제거하기 위해 취해야 할 상세한 방법과 정보에 대해 알려주어야 한다.

① On Job Training
② 서면 지침
③ 온라인 강의

안전보건 교육 및 훈련은 특히 신규 채용 시 또는 위험도 측정 및 프로파일링을 한 내용보다 더욱 위험도가 높아진 경우나 기존의 위험교육이 갱신되거나 개선되었을 경우 반드시 이루어져야 한다. 하지만 교육과 훈련을 위험도를 낮추기 위한 영구적인 관리 수단으로 대체해서는 안 되며, 위험도가 높은 직무의 경우는 반드시 그 원인을 파악해 위험도를 줄이거나 제거하는 방법을 택해야 한다.

〈표 4-6〉 산업안전보건법 시행규칙 [별표 4] 〈개정 2021. 11. 19.〉

<table>
<tr><th colspan="4">안전보건교육 교육과정별 교육시간
(제26조제1항 동 관련)</th></tr>
<tr><th>교육과정</th><th colspan="2">교육대상</th><th>교육시간</th></tr>
<tr><td rowspan="4">정기교육</td><td colspan="2">사무직 종사 근로자</td><td>매 분기 3시간 이상</td></tr>
<tr><td rowspan="2">사무직 종사 근로자 외</td><td>판매업 근로자</td><td>매 분기 3시간 이상</td></tr>
<tr><td>판매업 외 근로자</td><td>매 분기 6시간 이상</td></tr>
<tr><td colspan="2">관리감독자의 지위에 있는 자</td><td>연간 16시간 이상</td></tr>
<tr><td rowspan="2">채용 시 교육</td><td colspan="2">일용근로자</td><td>1시간 이상</td></tr>
<tr><td colspan="2">일용근로자를 제외한 근로자</td><td>8시간 이상</td></tr>
<tr><td rowspan="2">작업내용 변경시의 교육</td><td colspan="2">일용근로자</td><td>1시간 이상</td></tr>
<tr><td colspan="2">일용근로자를 제외한 근로자</td><td>2시간 이상</td></tr>
<tr><td rowspan="2">특별 교육</td><td colspan="2">별표 8의2 제 1호 라목 각 호의 어느 하나에 해당하는 작업에 종사하는 일용근로자</td><td>2시간 이상</td></tr>
<tr><td colspan="2">별표 5 제1호라목 각 호의 어느 하나에 해당하는 작업에 종사하는 일용근로자를 제외한 근로자</td><td>• 16시간 이상(최초 작업에 종사하기 전 4시간 이상 실시하고 12시간은 3개월 이내에서 분할 실시 가능)
• 단기간 작업 또는 간헐적 작업인 경우에는 2시간 이상</td></tr>
<tr><td>건설업 기초안전 · 보건교육</td><td colspan="2">건설 일용근로자</td><td>4시간 이상</td></tr>
</table>

〈표 4-7〉 교육실시 결과 보고서 예시(안전보건경영시스템 이해와 실무, 강양현·류호철 공저, 2017)

<table>
<tr><td colspan="2" rowspan="2">교육실시 결과 보고서</td><td rowspan="2">결재</td><td>작성</td><td>검토</td><td>승인</td></tr>
<tr><td></td><td></td><td></td></tr>
<tr><td rowspan="3">교육일시</td><td>년 월 일</td><td>교육대상</td><td>교육구분</td><td>교육과정</td><td>교육시기</td></tr>
<tr><td rowspan="2">시작시간:
종료시간:</td><td rowspan="4">일반
근로자
대상</td><td></td><td>정기시행</td><td>분기(6시간)</td></tr>
<tr><td></td><td>채용 시</td><td>신규채용 후
작업종사 전</td></tr>
<tr><td rowspan="4">교육내용</td><td rowspan="4">-
-
-
-
-
-</td><td></td><td>작업내용
변경 시</td><td>작업내용
변경 전</td></tr>
<tr><td></td><td>특별안전
보건교육</td><td>안전담당자
지어
작업배치 전</td></tr>
<tr><td>관리
감독 급
대상</td><td></td><td>정기시행</td><td>년 16시간
이상</td></tr>
<tr><td>기타</td><td></td><td>내부심사
외부심사
결과
수신 이후</td><td>필요시
1/2시간
이상</td></tr>
<tr><td rowspan="2">교육인원</td><td rowspan="2">계 :</td><td colspan="4">비고(불참자 관련)</td></tr>
<tr><td colspan="4"></td></tr>
<tr><td>교육과목</td><td colspan="5"></td></tr>
<tr><td>교육장소</td><td colspan="5"></td></tr>
<tr><td>교육장비</td><td colspan="5"></td></tr>
<tr><td rowspan="2">교육자</td><td>소속</td><td colspan="2">직위</td><td colspan="2">성명</td></tr>
<tr><td></td><td colspan="2"></td><td colspan="2"></td></tr>
<tr><td>기타</td><td colspan="5">※ 교육평가는 참석자 명단에 기재 함</td></tr>
</table>

다) Risk Assessment & Profiling

위험성 평가(Risk Assessment)와 프로파일링(Profiling)은 안전보건관리시스템의 실행단계에서 필수적인 부분이다. 이는 안전보건관리에서 우선순위를 결정하고 위험을 제거 및 줄이기 위한 목표를 설정하는 데 사용된다. 즉, 가능한 경우 시설·장비 및 프로세스의 설계와 변경을 통해 위험을 제거하도록 하고, 그렇지 못할 경우에는 작업 시스템 개선과 개인 보호 장비의 착용 등의 방법을 통해 위험을 최소화해야 한다. 위험 통제(Risk Control)는 관련 법적 요건을 준수하면서 안전하고 건강한 작업장 및 선내 작업환경을 확보하고 유지하기 위해 필수적이다.

안전관리자 및 사업주는 조직이 직면하는 위험에 대해 정확하게 식별하고, 위험성과 중요도에 따라 순위를 매기고 이를 통제하기 위한 조치를 이행한다. 위험의 범위는 보건과 안전 위험뿐만 아니라 품질·환경 및 자산 손상을 포함하지만, 이러한 위험은 단편적인 영역에서만 일어나지 않고 다른 영역에 영향을 미치는 경우가 많다. 예를 들어 안전하지 않은 하역 크레인 조작은 이송 물품의 손상을 야기하고, 이는 서비스와 품질 차원에서도 손상을 입히는 경우이다. 위험 프로파일링은 선박 및 조직에서 발생할 위험에 대해 각각 직면한 손상과 손실에 대한 성격과 정도를 조사하는 것이다. 그리고 시행중인 조치들에 대한 유효성도 같이 조사한다. 위험 프로파일링은 다음과 같은 내용을 반드시 포함해야 한다.

① 조직·선박 및 사업장이 직면하는 위험의 성격 및 수준
② 위험에 따른 손실과 손상의 종류와 수준
③ 특히, 위험과 관련되어 예상될 손실 비용
④ 위험관리를 위해 시행되는 조치의 유효성

일부 조직에서는 보건과 안전 위험이 즉각적으로 식별되는 문제가 될 수 있는 반면, 특정 조직에서는 명백히 나타나기까지 오랜 시간이 걸릴 수 있다. 위험 프로파일링을 하다 보면 위험에 따라서 잘 일어나진 않지만 굉장한 위험도를 가진 사건(예를 들어 선박의 침몰, 화재, 충돌사고 등)도 있으며, 훨씬 더 자주 발생하지만 위험도는 낮은 사건 등 다양하게 분석된다. 분명한 것은 위험도가 높고 빈도가 낮은 사례는 선박 및 사업장 전부를 중지·파괴시킬 수 있으며 위험 프로파일링에서의 우선순위는 높아야 한다.

위험성 평가와 관련해서는 별도의 장에서 상세히 다루고 있기에 이 장에서는 개괄적인 내용을 설명한다. 위험성 평가의 의미에 대해서는 다양한 해석들이 존재한다. 그 중 NEBOSH에서는 위험성 평가에 대한 정의를 다음과 같이 나타낸다.

'사고 및 재해로부터 발생하는 위험을 평가하여 예방 및 보호조치를 식별하고 기존의 통제방식의 적절성을 고려하며, 해당 위험이 허용 가능한 수준인지 여부를 결정하고 판단하는 방법'

이러한 위험성 평가의 주요 목표는 사업장 및 조직이 안전보건관련 법적 기준을 준수하기 위해 필요한 조치사항을 결정하고, 이에 따라 사고나 재해가 발생할 확률을 낮추는 것이다. 위험성 평가 대상에는 사업장의 조직원을 포함하여 외부 업체 · 고객 등 포괄적으로 지정되어야 한다. HSE가 수행한 연구 결과에 따르면 사고와 관련해 직접적인 처리비용(Direct Cost)과 비교해 드러나지 않은 간접비용(Hidden Cost)이 36배나 더 클 수 있는 것으로 나타났다. 다시 말해, 사고나 재해의 직접적인 처리비용은 그 사고로 야기된 전체 손실에 비해 빙산의 일각임을 나타낸다. 직접비용이란, 사고와 직접적으로 관련된 비용이다. 장비 · 선박 등의 물적 손실과 벌금 · 보상금 등의 재물 손실이 포함된다. 간접비용에는 프로세스의 중단으로 인한 시간적 · 영업적 손실 등이 있다. 아울러 위험성 평가에는 안전보건관리를 위한 절차, 교육 프로그램 및 감독 준비와 같은 영역의 평가도 포함되어야 한다. 아울러 위험성 평가는 해당 평가 항목에 대해 지식을 가진 사람이 수행하여야 한다.

〈표 4-8〉 위험성 평가의 기본 5단계

위험성 평가의 기본 5단계
1. Look for Hazard(위험의 확인) 2. Decide who might be harmed and how(누가, 어떻게 피해를 받는지 식별 및 결정) 3. Evaluating the risks and the adequacy of current control (위험을 평가하고 조치를 결정) 4. Recording significant findings(중요한 발견사항의 기록) 5. Review your assessment from time to time and revise it as necessary (평가를 검토하고 필요한 경우 개정)

〈표 4-9〉 사고의 예시

사고의 예시
1. 이동 혹은 낙하 물체에 부딪힘 2. 인양장비 운반 중 부상 3. 고소작업 중 미끄러짐, 넘어짐 및 추락사고 4. 화재 및 폭발 5. 방전 및 감전 사고 6. 밀폐구역 질식 혹은 익사 7. 사람에 의한 신체적 폭행 8. 유해물질에 노출되거나 접촉되는 사고

라) 작업장 관리

사업장 및 선박 내에서 근무하는 조직원들은 언제든지 부상 혹은 사고를 겪을 수 있다. 이러한 조직의 사업주나 안전관리자는 직접 작업장 관리를 수행할 수 있어야 하지만, 선박이나 사업장이 지나치게 복잡하거나 해당 사업주 및 직무자가 친숙화가 되어있지 않으면 외부 전문가 또는 컨설턴트로부터 전반적인 안전보건관리에 대해 진단을 받아야 한다.

사고는 직무에 의해서 발생하는지의 여부보다는 발생 직후 즉각적으로 응급처치를 받을 수 있는지가 더욱 중요하다. 응급처치와 관련된 규정에 의하면 사업주는 근로자가 다치거나 질병에 걸렸을 경우, 응급처치를 할 수 있도록 적절한 장비, 시설 및 인력을 제공하도록 규정되어 있다. 적절하다는 정도는 작업 현장에 따라 달라질 수 있다. 사고는 언제든지 일어날 수 있다는 사실을 반드시 상기해야 한다. 그러기에 최소한의 응급처치는 즉시 제공될 수 있도록 준비되어야 한다. 기본적으로 모든 작업 현장에서의 최소 응급처치는 다음을 포함한다.

① 최소한의 법적 수량을 가지고 있는 구급함

② 응급처치를 담당하도록 임명된 사람

작업장의 상황에 따라 중대 사고의 발생 위험이 높은 경우, 자격을 갖춘 응급처치인력을 배정해야 하고, 그에 대한 응급처치에는 다음과 같은 사항을 고려한다.

① 응급 처치자 교육
② 최소 법적 수량 외 작업 종류에 따른 추가 구급장비 및 내용물
③ 응급구급함의 배치(어디서든지 사용할 수 있도록 신속히 접근이 가능하게)
④ 현지 의료 서비스 기관의 비상연락망

〈표 4-10〉 전문가에게 안전보건 진단을 받을 수 있는 항목 예시(출처: HSG65)

전문가	안전보건 진단을 수행할 수 있는 보유 지식
인체공학자	▷ 작업자의 시야 및 시선 ▷ 인력운반 및 반복 작업 ▷ 작업장 레이아웃 ▷ 작업에 사용되거나 사용 될 장비의 적합성 ▷ 조명을 포함한 작업장의 물리적 환경요소 ▷ 작업자의 피로 문제
미생물학자	▷ 생물학적 위험도의 평가 ▷ 건강과 관련된 위험에 대한 예방 조치 ▷ 미생물 시료 채취를 통한 작업장 환경요소
소음 및 진동과 관련된 전문가	▷ 소음 및 진동의 측정을 통한 작업장 환경요소 ▷ 소음 및 진동의 원인 분석 및 해결을 위한 조언
의사 및 간호사	▷ 건강과 관련한 위험도 평가 및 해결방안 제안 ▷ 고용 전 건강검진 ▷ 건강 상 문제에 대한 조언 ▷ 보건 및 질병 교육 ▷ 사고 후 재활에 대한 조언
물리치료사	▷ 치료 및 재활에 대한 조언 ▷ 근골격계 질환 예방에 대한 조언
방사능 방호 자문위원	▷ 작업장 내 방사선 사용에 관한 법률 및 규칙 제언 ▷ 환경 모니터링 수행
전문 엔지니어	▷ 제어 및 계측(C&I) · 전기 · 화학 · 기계 엔지니어링 문제에 대한 조언

마) 계획의 이행

사업장 및 조직 내 모든 구성원이 자신의 업무를 안전하게 수행할 수 있는 역량을 갖추고 있으며, 그러한 수행을 적절히 감독할 인원이 배정된다면 작업장 안전보건관리 시스템은 보다 쉽게 수행할 수 있다, 계획을 이행하는 중에는 다음과 같은 중요 포인트를 확인하여야 한다.

① 필요한 안전보건 예방조치가 적절히 수행되고 있는지?
② 직무를 수행하는데 적합한 도구와 장비가 제공되고 유지 및 관리 되는지?
③ 모든 사업장 및 선박 구성원이 자신의 업무를 수행할 수 있는 역량을 갖추도록 적절한 교육 및 훈련이 제공되는지?
④ 안전보건계획 이행과 관련한 적절한 감독관이 배치되었는지?

또한 이러한 안전보건계획을 이행하면서 작성되는 문서들은 적절히 보관되어야 하며, 문서의 양보다는 적합하게 문서가 사용되는 지가 더욱 중요하다. 문서는 간결해야하며 효과성에 대해 주기적으로 검증해야 한다. 문서에 너무 많은 초점을 맞출 경우 오히려 계획의 정확한 이행에 방해가 되어 오히려 위험의 통제가 잘 이루어지지 않을 수 있다. 문서는 법률에 의거해서 반드시 작성해야 되는 경우도 있다. 계획의 이행 중 이루어지는 위험의 통제 중 비교적 낮은 위험도의 위험의 경우는 간단히 명시된 일반 규칙에 의해, 별도의 위험성평가 없이 처리될 수도 있다. 하지만 사업장 내 절차서와 지침서에 의거해 작성되고 식별되어진 위험의 경우는 정해진 위험 통제 시스템에 따라 처리되어야 한다. 고위험 작업에 대한 통제는 상세한 작업장 주의사항과 작업허가서의 작성 등 엄격한 수준의 위험 통제 시스템이 요구될 수 있다.

4) 점검(Check)

가) 개요

점검(Check)단계에서는 안전보건관리에 대한 정기적 혹은 비정기적 검사와 같은 긍정적인 측정(Measurement)과 부상자 관리 등과 같은 부정적인 측정을 포함한 모니터링에 관한 내용을 다룬다. 이는 사전에 사고 방지를 위해 얼마나 이행이 되는지를 검토하는 작업이다. 그래서 발생한 사고와 관련된 모든 기록들과 더불어 법적 요구사항 및 간단한 분석도 필수로 시행해야 한다.

사고 측정은 모든 관리 체계의 핵심이며, 지속적인 시스템의 개선을 달성하는데 주요 자료로 사용된다. 사업장 내에서의 위험을 관리하고 있는지 측정하는 단계는 매우 중요하지만 때때로 간과되기도 한다. 측정이 제대로 이루어지지 않으면 안전보건관리시스템의 실효성이 적어지고, 경영자 및 안전 관리자에게 안전보건 관련 위험들이 얼마나 잘 통제되고 있는지를 알려줄 수 없게 된다. 반면에 적시에 적절하게 이루어지는 측정은 구성원과 사업장 및 선박 내에 지정된 안전보건시스템이 충분히 잘 유지 및 관리되고 있다는 사실을 나타낼 것이며, 구성원들은 이를 통해 더욱 안전하게 직무를 수행하고 있다는 확신을 가질 수 있다.

안전관리자는 안전보건 위험 관리를 위한 준비가 갖추어져 있는지 확인하고, 이것이 최소한의 법적 요구를 달성하는지, 효과적으로 운영되고 있는지 점검해야 한다. 이러한 사고 측정은 모니터링의 방법을 이용하여 수행한다. 우수하고 효과적인 모니터링은 단순히 시스템상의 문제를 식별하는데 그치지 않고 문제의 원인이 무엇인지, 문제를 해결하기 위해 어떤 종류의 변화가 필요한지 인지하는 역할도 수행한다. 모니터링이 적절하게 이루어지지 않으면 문제가 있다는 사실은 인지할 수 있으나, 그 문제가 어디서부터 야기되었는지의 이유나 해결 조치방안을 찾는 데에 도움이 되지 않는다.

모니터링을 하는 데는 시간과 노력이 수반된다. 따라서 경영진 및 사업주는 적절한 자원(Resource)을 할당하고 해당 직무를 수행할 관리자에게 미리 충분한 교육 및 훈련을 제공해야 한다. 앞서 기술한 대로 모니터링은 시기적절해야 한다. 다른 모든 사업시스템과 마찬가지로 과거의 상태보다는 현재 사업장에서 어떠한 일을 알고자 하는 것이 모니터링의 본질적인 목표다. 그리고 모니터링의 결과는 의사결정자인 경영진 및 사업주에게 반드시 보고되어야 한다. 이러한 모니터링의 방법은 크게 아래와 같이 두 가지로 구분할 수 있다.

(1) 능동적 모니터링(Active Monitoring)

사고가 발생하기 전에 이를 방지하기 위해 시행하는 점검으로, 관리 시스템 및 정책이 잘 운영되고 시행되고 있는지 확인하는 작업이다. 정기적인 점검의 형태로 나타난다.

(2) 대응적 모니터링(Reactive Monitoring)

사고가 발생한 후에 과거의 사건을 분석하여 미비점을 찾아내고, 재발을 방지하기 위해 올바른 조치(Corrective Action)를 취할 수 있도록 분석하는 작업이다.

이러한 측정은 안전보건관리의 측면에서 반드시 필요한 작업이나, 실제로 사업장에서는 단순히 사고나 상해의 통계일 경우가 많다. 일반적인 사업장의 경영 및 재무성과의 경우에는 다양한 측정방법을 통해 이루어지며 이러한 성과는 긍정적인 효과로 나타난다. 하지만 안전보건관리의 경우에는 잘 이행된 관리라 하더라도 성과가 비교적 낮은 지표로 환산되기도 하며, 이러한 지표가 앞으로 사고가 발생하지 않는다는 보장을 해줄 수 없기에 잘 측정된 성과에 대해서도 비교적 낮은 이익으로 결정하게 된다. 특히 사고가 발생할 확률은 낮지만 발생할 경우 재앙이 될 수 있는 선박과 같은 조직에서는 더욱 그러한 경향이 두드러진다. 그리고 이러한 측정에 대한 내용을 단순히 교육시행 여부로 판단하는 경향도 있는데 아주 일부분만을 측정 대상으로 하는 것이다. 사업장의 안전보건재해를 예방하고 방지하기 위해 관리 시스템을 도입하고 운용하는 것인데, 단순히 교육시행 여부만을 가지고 판단하는 것은 무의미하다. 즉, 점검단계에서 시행하는 측정과 검토 작업은 사업장 내의 안전보건관리가 얼마나 유의미하게 효과를 내고 있으며, 조직원의 안전보건의식이 향상되고 사업장 내 건전한 안전보건문화가 정착이 되어가고 있는 것을 확인하는 것이 진정한 목적이다.

나) 능동 감시(Active Monitoring)

능동 감시(Active Monitoring)는 수립된 안전보건 정책 및 시스템의 적절성과 이행도를 검증하는 방법이다. 이는 안전관리시스템(Safety Management System)의 결함을 파악해 잠재적인 원인을 제거해 사고를 예방하자는 취지다. 능동 감시는 사업장 조직의 특성에 따라 아래와 같은 방법들로 시행되고 있다.

① **안전관리시스템 심사**는 전체 사업장 조직의 안전관리시스템에 대한 적정성을 평가하는 수단으로 일반적으로 2~4년마다 수행되는 주요 평가이다.

② **안전 조사(Safety Survey)**는 일반적으로 사업장 조직 내 안전관리 시스템의 한 측면(예: 조직의 교육준비, 교육시행 등)에 대한 상세한 평가이다.

③ **안전 점검(Safety Inspection)**은 작업장의 안전에 대한 평가와 이후 시정조치에 대한 확인이다. 일반적으로 일선의 관리자가 체크리스트를 통해 수행한다.

④ **현장 점검(Safety Tour)**은 작업장의 안전 중 '사람'과 관련된 측면을 다루며, 다양한 조직원과의 면담을 통해 안전절차와 규정사항들에 관한 숙지여부를 파악한다. 일반적으로 설문지를 통해 많이 진행된다.

⑤ **표본 추출**(Safety Sampling)은 사업장 내 안전과 관련해 특정 영역 및 주제에 집중하여 점검 및 측정하는 기술이다. 특정 검사 및 심사관이 지정된 시간 동안 일정하게 샘플링하고, 이를 분석하여 시간흐름에 따른 변화 및 결함을 측정하는 방법이다.

능동 감시는 안전보건 계획 및 목표가 충족되고 달성되는지 확인하기 위하여 관리자가 직접 참여하여 실시해야 하며, 이러한 감시 결과를 토대로 정확한 판단을 내릴 수 있는 충분한 교육을 받아야 한다. 또한 관리자뿐만 아니라 조직원들도 자신들이 근무하고 있는 작업장에 대해 정기적으로 점검하여 문제 여부를 확인해야 하며, 상부에 식별된 위험을 보고하거나 가능하다면 수정하도록 해야 한다. 예를 들어, 리프팅 장비나 압력 용기 검사 등은 일반적으로 해당 특수 교육을 받고 경험이 풍부한 인력에 의해 계획서에 명시된 간격대로 수행하는 것이 능동감시의 좋은 사례이다. 이러한 능동 감시의 빈도는 작업장의 위험 수준과 법적 검사요건에 따라 달라진다. 그리고 안전보건 관리 점검 계획 역시 정기적으로 모니터링하여 목표가 충족되고 있는지 확인해야 하며, 필요에 따라서는 계획을 지속적으로 변경해야 한다.

다) 대응적 감시(Reactive Monitoring)

대응적 감시는 사고나 재해의 발생을 방지하기 위한 측정활동인 능동감시에 더해 위험 관리(Risk Control)의 실패를 측정하여 이를 바탕으로 안전보건관리 시스템 및 절차를 개선할 수 있도록 제공되는 분석 방법이다. 통상 사고나 재해가 발생한 이후 시행되며 다음의 내용을 포함한다.

① 부상 및 작업관련 인적 손실
② 기물 파손 등의 기타 물적 손실
③ 아차사고(Near-Miss)를 포함한 사고보고
④ 위험 및 결함
⑤ 당국의 시행 조치를 포함한 법적 성능 표준에 의거한 시스템의 결함 및 누락된 내용

대응적 감시는 사업장 내 조직이 달성한 성과를 확인하고, 발생한 사고를 통해 안전보건관리 시스템을 개선할 수 있는 기회를 제공함과 동시에 미비한 점을 개선할 수 있도록 배우는 기회를 제공한다. 특수한 경우에는 적절한 사법 및 행정기관에 발생한 사

고의 상황 및 원인에 대한 보고서를 제출하여야 한다. 이 경우, 법률로 지정된 안전관리자와 사업장 내 안전관리자는 동시에 사고를 조사하게 된다.

Organization Memory(조직의 기억, Corporate Memory)는 발생한 사건과 이를 조사하는 과정에 의해 축척·강화되며 필수적인 안전보건 강화를 위한 교육 등의 정보로 사용될 수 있다. 사업장 내 안전 위원회(Safety Committee)와 안전관리자는 발생하고 있는 사고의 공통적인 특징이나 동향을 파악하기 위해 노력해야 하며, 이러한 대응적 감시를 통하여 가장 심각한 재해와 빈번하게 일어나는 업무에 대해 식별하여 조직원들에게 제공되어야 한다. 아울러 사업장은 심각한 사고와 재해에 대한 데이터를 축척하는 것을 기피하지 않아야 한다. 오히려 경미한 사고와 재해 및 손실로부터 정보를 얻어 안전보건 강화를 시행하는 것이 어려울 수 있기 때문이다. 모든 실제 및 잠재적 손실에 대한 데이터를 수집하여 향후 보다 심각한 사고가 발생치 않도록 예방하도록 주안점을 두어야 한다. 이를 위해서는 정확한 보고가 선행되어야 하며, 보고 기능은 다음을 통해 강화시킬 수 있다.

① 보고의 기본 목표와 이유를 명확히 하는 교육
② 사고가 발생하기 전에 통제 시스템을 갖추는 것이 중요함을 강조하는 사내문화
③ 공정한 환경에서의 솔직한 커뮤니케이션
④ 보고되지 않은 다른 사건의 식별을 위한 교차점검(Referencing, Cross-Checking)

라) 사고 조사

선박을 포함한 사업장 현장에서는 안전보건과 관련된 모든 사항이 항상 계획대로 이행되지는 못한다. 예상치 못한 사건들에 대한 대비가 되어 있어야 그로 인해 발생하는 손실을 줄일 수 있다. 그리고 사고는 통상 한 가지 원인으로 발생하는 경우보다는 많은 것이 복합적으로 합치된 경우 발생한다. 따라서 대부분의 사고는 상호 연관된 여러 인과적 요인이 수반된다. 중대한 결함·실수·오류·누락 및 변경 등이 발생할 때마다 사고의 전조를 유발시킬 수 있다. 그러므로 모든 실재한 사고와 잠재적인 손실에 대한 정보를 조사하는 것은 차후의 더 심각한 사고를 예방하는 데에 의의를 둔다. 사고 및 재해의 조사는 사업장이 해당 사고와 연관된 여러 요인에 대해 재발을 방지하기 위한 적절한 조치를 취할 수 있도록 철저하게 시행되어야 한다. 이는 안전보건관리를 개선하는데 매우 중요한 요소이다. 효과적인 사고 조사를 위해서는 정보 수집을 비롯해 분석

에 대한 체계적인 접근 방식이 필요하다. 또한 이러한 조사는 일어난 사고가 다시 재발하지 않도록 예방하고 전반적인 위험 관리를 개선하기 위한 조치를 위한 객관적인 기초 자료가 된다. 사고 조사는 다음의 내용을 기본으로 시행한다.

① 모든 사고에는 원인이 존재 - 원인을 제거하여 추후 사고를 예방
② 사고의 직접적 및 간접적 원인은 사고 조사를 통해 발견 가능
③ 사고 조사를 통해 제시된 시정 조치를 취함으로 추후 사고 예방

사고 조사는 감정적으로 시행해서도, 누군가를 비난하고 책임을 할당시키기 위하여 진행되는 것이 아니다. 객관적인 고찰을 통해 발생한 사고가 미래에 예방 가능하도록 물적·인적·시스템적 보완을 목적으로 해야 한다. 가령 사업장의 성장 등을 목적으로 작업 절차를 단축하는 것 등은 안전을 경시하는 문화에 기반을 둔 문제일 수 있으므로 단순히 그 절차를 단축한 담당자를 문책하는 것이 아닌 전반적인 보완과 문화 개선이 필요하다는 의미다. 현재 선박을 포함한 사업장 현장에 대한 안전 보건 조사와 이미 보고되어 있는 직업병 사례를 비교하고 분석하는 것 역시 중요할 수 있는데, 이를 통해 미처 식별되지 않았던 안전보건 법규 준수 위반사항을 발견하게 될 수도 있다.

〈표 4-11〉 사고 조사를 통해 얻을 수 있는 사항

사고 조사를 통해 얻을 수 있는 사항
1. 사고 및 재해의 원인이 되는 문제가 발생한 방법과 이유에 대한 이해
2. 물적·인적 요소에 유해를 끼칠 수 있는 물질의 존재와 노출되는 방법에 대한 이해
3. Snap-Shot : 안전 규칙을 무시하고 지름길을 택하는 등의 절차 무시 이유
4. 조직 내 위험 관리(Risk Control)의 결함 유무
5. 구성원들의 안전보건 향상을 위한 효과적인 대책
6. 향후 위험 관리의 개선

〈표 4-12〉 사고 조사를 토대로 얻을 수 있는 장점

장점
1. 유사한 사고를 미연에 방지할 수 있음
2. 사고 직후 발생하는 업무중단·손실 등의 최소화
3. 안전보건관리 기술 개선을 통한 사업장 전체의 성과 개선

사고 조사를 통해 발견하는 사고의 유형은 다음과 같이 분류할 수 있다.

〈표 4-13〉 사고 조사를 토대로 얻을 수 있는 장점

장점	
사고의 유형	정의
사고(Accident)	부상 또는 건강상의 재해 및 물적(사업장 · 선박 · 기기 등) 손상을 포함해 사업상 손실을 초래하는 사건
사건(Incident)	아차사고(Near-Miss) 및 바람직하지 않은 상황(Undesired Circumstance)으로 구분된다.
아차사고(Near-Miss)	위해를 유발하지는 않지만, 부상이나 손실을 끼칠 가능성이 있는 사건
바람직하지 않은 상황 (Undesired Circumstance)	부상이나 손실을 유발할 수 있는 상황

아울러 아무도 피해를 당하지 않은 아차사고나 바람직하지 않은 상황에 대한 조사와 식별은 실제 사고를 조사하는 것보다는 쉽지만 매우 유용하다. 안전보건관리자로 임명된 자는 작업장에서의 잠재적인 위험과 일어난 사고에 대한 조사를 면밀히 수행해야 한다.

〈그림 4-7〉 사고(Accident), 아차사고(Near-Miss), 바람직하지 않은 상황(Undesired Circumstance)

마) 기록과 보고

기록은 식별 · 유지 · 보관 · 보호 · 검색 및 폐기와 관련된 절차를 수립하고 문서화되어야 한다. 기록은 안전보건관리 시스템에 의거해서 작성한 문서에 대하여 관리 절차를 시행하는 단계로 사업장의 안전보건관리 수준을 나타내는 지표로 나타난다. 통상 안전보건관리 수준을 확인할 때 법적 기준에 의거해 정해져 있는 기록물이 누락되는 경우가 없는지를 판단하기 때문이다. 효과적인 안전보건관리를 위해서는 상시로 해당 기록물들에 대해 세심하게 관리하도록 해야 하며, 보존기간과 관련하여 법령에서 정하는 사항에 맞추어 설정하도록 한다. 통상 기록 대상에는 다음 사항을 포함하여 목록화한 후 보존기간을 정하여 적합한 장소에 보관하여야 한다.

영국의 경우, 모든 고용주, 자영업자 및 작업현장을 관리하는 사람은 부상 · 질병 및 위험에 관한 보고규정(RIDDOR; Reporting of Injuries, Diseases and Dangerous Occurrences Regulations)에 따라 보고의무를 가진다. RIDDOR는 모든 작업 활동에 대해 적용되며, 고용주들은 구성원들이 그들의 업무와 관련된 특정한 부상과 건강상의 문제 및 사고에 대해 반드시 보고해야 한다. 그리고 사고를 보고한다고 하더라도, 고용주가 이행하고 있는 사고 조사를 중단하거나 미흡하게 해서는 안 되도록 규정하고 있다. 특히 사고보고서의 경우는 사업장 내부 안전보건관리의 기본 시작점으로 여길 수 있다. 사고보고서는 다음과 관련한 사항을 규정하고 작성되어야 한다.

① 보고하는 사고 및 재해의 종류
② 사고 보고서 양식 및 담당자
③ 관리를 위한 정량화된 데이터를 분석하는 방법
④ 사후 조치

〈표 4-14〉 안전보건관리 기록 사항

기록 사항
1. 안전보건관리 계획수립과 관련한 결과물 - 안전보건활동 수준평가, 위험성 평가, 법규 등 검토 - 안전보건목표, 안전보건활동 추진계획 등 2. 안전보건관리 조직의 운영과 관련한 결과물 - 조직도 및 업무분장표, 교육훈련 계획 및 결과, 자격보유자 목록, 회의록 등 3. 안전보건관리의 점검 및 시정조치 결과물 - 비상대응 절차 및 시행 결과 - 성과 측정 및 모니터링 결과 4. 경영자 검토 결과물 5. 기타 안전보건관리와 관련된 활동 결과물

5) 개선(Act)

가) 안전보건관리 심사

마지막 단계인 개선(Act)은 검사·성과 검토·개선 사항 식별 등에 대한 조치이다. 시스템은 사업장에서의 위험을 줄이고 통제할 수 있는 능력을 강화, 개발 및 유지를 할 수 있어야 한다. 이는 일회성으로 시행되는 것이 아닌 지속적인 개선 프로그램의 일부를 형성하여야 한다.

〈그림 4-8〉 개선(Act) 도식화

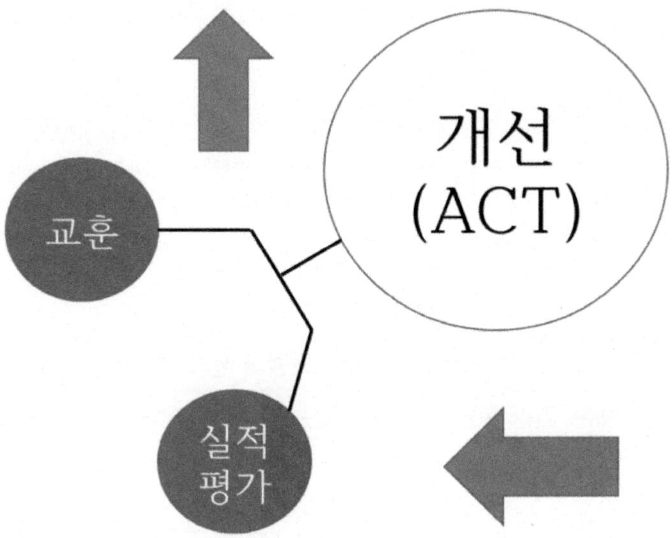

심사는 재무, 환경 및 품질 문제에 대해 자주 사용되는 감사 기법이며, 안전보건 분야에서도 똑같이 잘 적용해 사용할 수 있는 좋은 도구이다. 심사는 검사 또는 기타 모니터링 활동을 의미하며 영국의 HSG65에 따르면 다음과 같이 정의된다.

"전체 안전보건관리 시스템의 효율성, 효과 및 신뢰성에 대해 독립적인 정보를 수집해 시정 조치 계획을 수립하는 구조화된 과정"

안전관리시스템(Safety Management System; SMS) 심사는 전체 사업장에 적용되는 SMS의 적합성을 평가하기 위한 수단으로 일반적으로 2~4년마다 수행된다. 통상 서면

질문을 이용해 시스템의 구조를 비롯한 안전보건관리의 모든 측면을 다루며, 기록 검토, 구성원과의 면담 및 운영 상황 실사 등을 통해 확인한다. 이를 통해 안전보건관리시스템의 계획과 구성요소가 얼마나 효과적으로 구현되고 있는지를 점검한다. 더불어 심사는 관리체계와 위험통제시스템(Risk Control System; RCS)의 적합성과 효과에 대한 점검도 수행한다.

심사는 안전보건관리 시스템에서 매우 중요한 요소이지만, 작업장 점검(Workplace Inspection)과 같은 다른 검사를 대체하지는 않는다. 즉, 안전보건관리 시스템은 연차 검사나 상시검사 등과 같은 모니터링 방법을 포함해 매일 관리 및 점검을 할 수 있도록 고안되어야 한다.

여러 가지 모니터링 방법의 차이점은 아래 〈표 4-15〉와 같다.

〈표 4-15〉 모니터링의 종류

모니터링의 종류	내용
심사(Audit)	시스템의 구조 및 구성요소가 적합한지, 관리 체계 및 위험통제시스템이 적절한지에 대한 시스템 전반적인 모니터링
조사(Survey)	안전보건관리 시스템의 한 측면만을 모니터링
검사(Inspection)	현장 책임자가 정기적으로 수행하는 모니터링
현장점검(Tour)	현장상태가 안전보건관리 시스템과 일치한지를 알아보는 모니터링
샘플링(Sampling)	짧은 기간 동안 한 영역 또는 주제만을 살펴보는 표본추출 방법의 모니터링

심사의 목적은 안전보건관리시스템의 세 가지 주요 구성요소가 적절히 배치되고 효과적으로 작동하는지 점검하는 것이다. 세 가지 구성요소는 다음과 같다.

① 적절한 관리 배치가 되어야 함

- 만약 사업장의 현장이 물리적으로 분산된 경우, 각각 현장별로 배치된 관리 시스템, 인력 및 도구 등은 심사를 통해 검사되어야 함.

② 적절한 위험통제시스템(RCS)이 구성되어 있으며, 구현되고 있어야 함

- 현장별로 분류된 위험도에 따라 우선순위를 갖추어서 구성 및 구현되고 있는지 검사되어야 함.

③ 적절한 작업장 내 사고 예방 조치가 마련되어야 함

- 복잡한 현장의 경우 기술적인 심사가 동반되어 이루어져야 함.

적합하게 구성된 심사 프로그램은 위험 통제에 있어 안전보건관리시스템의 효과에 대해 명확한 결과를 도출할 수 있다. 이러한 프로그램은 각 구성요소의 심사 시기 및 기간과 방법 등을 포함해 구성해야 한다. 심사 과정은 안전보건관리 시스템에 대한 모든 정보를 수집하며, 이러한 정보를 토대로 적절성 및 효과를 판단해야한다.

나) 심사의 진행

안전보건관리 시스템에 대한 심사를 위해 정보를 수집하기 전에, 시행할 심사의 수준과 세부사항에 대해 결정해야 한다. 심사에는 표본 추출이 필수적이므로, 심사 신뢰를 위한 수집 표본의 양과 기간을 결정해야 한다. 이러한 내용은 심사받는 사업장의 규모와 조직, 그리고 기존의 안전보건관리 시스템의 목표와 범위뿐만 아니라 운영되어 온 기간과 관련된다. 통상 심사는 아래와 같은 순서대로 진행된다.

(1) 준비 작업

① 관련 관리자 및 직원 대표를 만나 심사의 목표와 범위에 대해 논의하고 합의
② 심사 절차를 준비하고 관리자와 합의
③ 정보 및 문서를 수집

(2) 현장 심사

① 인터뷰
② 수집된 문서 외 추가 문서의 검토 및 평가
③ 현장 상황과 현장에서 이루어지는 작업 활동의 관찰

(3) 결과 도출

① 결과를 도출하게 된 경위 및 사유에 대한 평가
② 심사 결과 보고서의 작성
③ 경영진 및 인사 대표에게 결과 발표(해당되는 경우)

〈그림 4-9〉 심사 과정 도식화

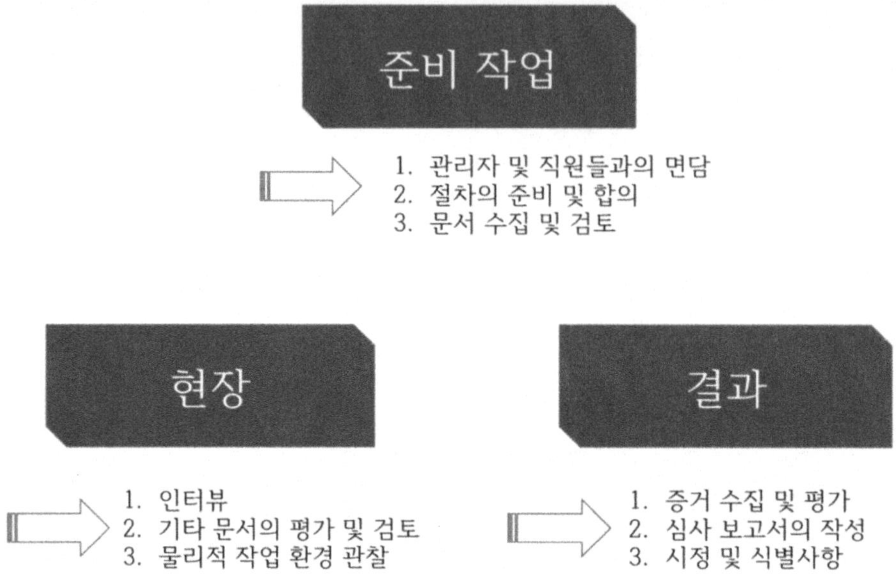

안전보건관리 시스템을 평가하기 위한 기준은 명확해야 하며, 이는 법적 요소, 관련 지침, 해당 산업 표준 및 유사한 평가기준을 벤치마킹함으로써 설정되어야 한다. 또한, 심사를 결함을 찾고자 하는 활동이 아닌 우리 회사의 안전보건관리 시스템을 발전시키는 가치 있는 업무로 보아야 한다. 따라서 심사의 결과에 따른 성과와 결함에 대하여 면밀히 검토하고 강조 및 보완하는 것이 무엇보다 중요하다. 이러한 성과와 결함에 대하여 나타내기 위해 통상 채점 시스템(Scoring System)을 사용할 수 있다. 이는 현장의 안전보건 정도를 비교하거나 시간에 따른 진행상황을 모니터링하기에 매우 유용한 방법이다. 그러나 채점 시스템을 통한 점수제를 도입하는 경우, 안전 관리자 및 구성원들이 안전보건관리 시스템의 효과적인 사용보다 우선순위에 따른 고득점 문제에 더 중점을 두도록 장려할 수 있기에 근본적인 세부 사항에서 문제가 사라지는 현상도 발생한다. 즉, 반드시 정량적인 지표화가 효과적이라고 볼 수는 없다.

사업장은 자체 심사 시스템을 통해 심사하거나 심사기관에 위탁을 맡겨 시행하는 방법 중 하나를 사용할 수 있지만, 통상 심사기관에 위탁만을 맡기기에는 해상 현장과 완벽하게 적합하지 않을 수도 있기에 위 두 가지 방법을 조합하여 사용할 수 있다. 이때, 사용방법을 결정하는 데에는 비용과 편익을 고려하여야 한다.

〈표 4-16〉 심사 방법 결정 시 고려 요소

결정 고려 요소
1. 심사기관에서 사용하는 시스템 심사 방식이 사업장의 목표와 요구에 적합한지?
2. 심사 방식이 조직의 규모와 문화와 적합한지?
3. 채점 시스템을 사용할 것인지?

안전보건관리 시스템은 조직이 자체적인 계획과 심사기준을 사용하여 평가되어야 한다. 면접(Interview)심사는 그러한 평가를 수행하는데 좋은 방법이다. 면접심사 대상자로 선정된 구성원에게는 심사 전 통지 및 참여 동의를 받아야 한다. 이러한 면접심사는 대상자에게 심사 결과에 대한 책임을 전가하고자 하는 것이 아니라, 조직을 대표하여 안전보건관리 시스템을 개선시키는 역할을 부여하는 것임을 이해시켜야 한다. 심사관은 객관적인 위치에서 심사 활동에 대해 독립적으로 진행할 수 있어야 하며, 최상의 결과를 도출할 수 있도록 외부 컨설턴트 혹은 감독관을 선정할 수 있다. 그리고 심사관은 심사 대상 분야에 대해 전문적인 지식 및 경험을 필수로 가져야 하며, 특히 면접심사 경험을 필수로 보유하여야 한다. 소규모의 회사에서는 한 사람의 심사관이 심사를 진행하기도 하지만, 대규모의 현장 및 조직에서는 다양한 분야의 전문가로 구성된 팀 단위의 심사 방식을 사용하기도 한다. 마지막으로 경영진은 사전 감사 준비, 면접심사, 현장점검 및 사후 지적사항 선정 등 심사 진행에 충분한 시간을 할당하고 준비해야 한다.

다) 내부 심사(Internal Audit)와 외부 심사(External Audit)

경영진은 안전보건관리 시스템을 구축하고 운영해야 하는 주요 의무가 있다. 이러한 시스템이 보장해야 하는 내용은 HSE UK INDG714(rev.1) 및 ILO-OSH 2001에 명시되어 있으며, 주요 내용은 아래와 같다.

〈표 4-17〉 안전보건관리 시스템이 보장해야하는 사항들

안전보건관리 시스템이 보장해야하는 사항들
1. 안전보건관리 시스템의 구조 및 위험통제의 효과에 대한 정기적인 심사 수행
2. 작업절차의 변경 및 도입과 같은 변경사항의 영향 및 중대한 결함이나 실패는 가능한 빠르게 경영진에 보고되어야 함
3. 새로 개설되거나 변경된 법적 요건, 기타 외부 요인을 가능한 빠르게 시스템에 구현하는 절차
4. 예방 조치(교육 및 유지관리 프로그램 진행률 등)와 사고 보고서(인적, 물적)에 적절한 가중치를 부여해서 보고

심사 수행과 심사 결과보고서는 재무 감사보고서 등과 같이 사업장의 연례보고 절차의 일부로 취급되어야 한다. 이를 통해, 외부에서 현 회사조직이 적절한 안전보건관리 시스템을 운영하고 있다는 사실을 투명하게 나타내야 한다. 심사는 내부적으로 시행하는 내부 심사와 외부 기관에 의해 진행되는 외부 심사로 나누어지며, 두 심사 모두를 관리하고 시행해야 한다. 내부 및 외부 심사의 장단점 등의 특징은 다음과 같다.

(1) 내부 심사자 사용 시 장점

① 사업장 시스템 프로세스 및 조직과 현장에 대해 정통함.
② 지난 심사 결과와 대비하여 개선 및 악화됨을 파악하는 능력이 우수함.
③ 구성원 개인의 자질 등 인력 부분에 능통함.
④ 대형회사의 경우, 다른 부서끼리 심사를 진행하는 등 시간 및 비용을 경감시킬 수 있음.

(2) 내부 심사자 사용 시 단점

① 사업장 시스템 및 현장에 익숙하다보니 일부 문제를 놓칠 수 있음.
② 결과에 대한 두려움 때문에 객관적으로 심사를 하지 못할 수 있음.
③ 공인된 심사 기술을 보유하지 않을 수 있음.
④ 최신 법적 요구사항을 반영하지 못할 수 있음.
⑤ 다른 사업장의 모범 사례와 비교 및 분석하지 못할 수 있음.
⑥ 경영진의 압력을 받을 수 있음.

(3) 외부 심사자 사용 시 장점

① 새로운 시각 및 시선으로 심사가 가능.
② 시스템에 대해 다각적인 분석을 통해 근본적인 문제를 도출할 수 있음.
③ 경험에 의거하여 문제에 대한 다양한 해결책을 제시할 수 있음.
④ 심사 결과보고서의 공정성이 뛰어남.
⑤ 공인된 심사 기술을 보유함.
⑥ 경영진의 영향력과 무관하게 심사를 진행함.
⑦ 다른 사업장의 모범 사례와 비교 및 분석이 가능함.

(4) 외부 심사자 사용 시 단점

① 사업장 시스템의 상세 내용 및 현장 상황에 대한 이해도가 떨어질 수 있음.

② 업계에 익숙하지 않을 수 있으며, 비현실적인 표준을 제시할 수 있음.

③ 내부 심사자를 사용하는 것과 비교해 시간 및 비용이 증가함.

④ 구성원 개별의 특성 파악이 어려워 면접심사 등에서 까다로울 수 있음.

경영진은 심사 결과보고서를 받은 후, 즉시 적절한 조치를 계획해야 한다. 책임 심사관은 결과 및 권고 사항에 대해 최종회의 시 상세하게 알려야 한다. 또한, 경영진은 권고 사항을 시정하기 위해 교육 및 훈련을 포함한 다양한 방안을 마련해야 한다. 때로는 이러한 시정을 확인하기 위한 후속 심사도 필요할 수 있다.

심사 결과보고서 및 권고 사항 내역은 안전보건관리 시스템을 개선하고, 위험통제시스템(RCS)을 강화하기 위한 새로운 도구로써 취급되어야 하고, 정책 또는 기타 변경이 필요한지 여부를 내부 검토를 통해 판단한다.

라) 안전보건관리 시스템 성과 검토

성과 검토의 목적은 시스템에 대한 타당성을 판단하고, 심사 결과 시정사항이 발생했을 경우 그것을 해결할 방법과 시기에 대한 결정을 내린다는 데에 있다. 개선(Act)단계는 사업장이 안전보건관리 시스템을 의도한 대로 운영하고 있는지 확인하는 단계이다. 시스템 운영의 성공과 실패 모두에 대한 피드백은 모든 구성원이 안전보건관리 성과를 개선하도록 동기를 부여하는 중요한 요소가 된다. 다수의 성공적인 사업장 및 조직은 피드백을 장려하며, 위험 통제를 개선하는 데 집중한다. 이러한 성과 검토 방법으로는 앞서 이야기한 SMART 성과 표준이 사용되며, 이를 통해 변경이 필요한 시스템적 요소와 완료 기한을 설정할 수 있다. 성과 검토는 기존 시스템을 계속해서 작동 및 유지 관리를 해야 하며, 변화하는 상황(법적 요인 혹은 환경적 요인 등)을 빠르게 수용할 수 있도록 시스템을 변화하는 방법으로 시행해야 한다.

〈표 4-18〉 성과 검토의 예시

성과 검토의 예시
1. 개별적 현장별로 시행하는 월간 검사
2. 부서단위로 시행하는 분기 검사
3. 현장 및 조직 전체단위로 시행하는 연간 검사

〈표 4-19〉 성과 검토 항목 종류 예시

성과 검토 항목 종류 예시
1. 법적 및 산업계 요구 요인 준수 여부 평가
2. 사고 데이터(물적, 인적)에 대한 권고사항 및 조치 계획
3. 품질 및 환경과 관련된 모든 보고서
4. 자료, 보고서 및 기록류 관리 모니터링
5. 동종업계 내 모범사례와의 비교, 분석, 벤치마킹
6. 내부 커뮤니케이션의 상태 및 효과
7. 안전 및 보건 목표가 충족되었는지 여부
8. 이전 검토의 조치가 완료되었는지 여부

마) 시스템의 지속적인 개선

다수의 사업장 및 조직들은 다른 재무 및 환경관리 시스템과 같이, 현재 보유한 안전보건관리 시스템에 대해 지속적으로 개선하고자 하는 정책을 가지고 있다. 지속적인 개선 정책에는 다음 사항이 포함되어야 한다.

① 안전 심사 및 검사를 통해 지적된 시설 · 장비 · 문서 및 절차에 대한 문제점과 관련된 능동적인 대응
② 각 구성원 개인의 안전관리보건 시스템 이행도
③ 위험 통제 및 완화에 대한 시스템의 효과를 검증하기 위한 평가 기준
④ 업무에 대한 안전성 검토, 연구 및 절차 개선
⑤ 위험 식별 및 위험 평가 방법 개선, 조직 내 위험 인식 개선
⑥ 안전보건과 관련된 하부 업체, 공급 업체 및 고객과의 관계 개선

〈표 4-20〉 성과측정 및 모니터링 평가표 예시(안전보건경영시스템 이해와 실무, 강양현·류호철 공저, 2017)

성과측정 및 모니터링 평가표	결재	작 성	검 토	승 인

일시		평가팀		평가자	

No.	성과측정/ 모니터링 항목	세부항목	성과지표 (목표대비 달성)	평가점수		부진사항 평가
				배점	득점	
1	목표대비달성	재해관련		20		
		산업재해율		10		
		근로손실율		10		
2	안전보건활동계획의 적정성과 이행여부	안전보건활동계획의 적정성 및 이행도 총점		50		
		시정조치 개선율		10		
		교육훈련 이행도		5		
		법규검토 및 이행도		5		
		위험성평가 개정 활동		5		
		성과측정 및 모니터링 실시		5		
		아차사고를 포함한 잠재위험발굴 활동		10		
		내부심사 시정조치 이행		10		
		안전사고발생 원인분석	(발생시)			
		안전보건활동계획의 적정성	(발생시)			
3	절차서와 안전보건 경영활동의 일치성 여부	절차서와 안전보건 경영활동과의 일치성		10		
4	적용법규 및 준수여부 평가	법규 및 준수평가 이행		10		
5	재해발생 시 발생원인과 안전보건 활동성과의 관계	아차사고를 포함한 사고 발생 시 원인조사를 실시하여 시스템과 연관성 조사		10		
총점				100		

※ 평가 기준

1. 평가점수는 각 추진계획에서 성과지표를 참고하여 산정

2. 산재 및 근로손실일수 감소 점수는 아래 기준에 의거 산정

■ 산업 재해율 관리(10점)
- 전년도 대비 5% 상승 시 마다 2점 감점
- 산출방식: (당해년도 재해율/전년도 재해율) × 100

■ 근로 손실율 관리(10점)
- 전년도 대비 5% 상승 시 마다 2점 감점
- 산출방식: (당해년도 총 근로 손실 일수 /전년도 총 근로 손실 일수) × 100

3. 안전보건활동계획의 적정성과 이행여부의 점수부여는 다음과 같다.

■ 시정조치의 개선 관련
- 개선율의 단계를 6단계로 하고 각 단계별로 점수부여 시행
- 단계구분은 다음 표와 같다.

개선율 (실시율) (분석율)	점수 부여								
	시정 조치	교육	위험성 평가	아차 사고	내부 심사	사고원 인분석	절차서 일치성 여부 (건수)	법규 준수 (건수)	재해 발생 원인 분석
0-19	0	0	0	0	0	0	0(5)	0(5)	0
20-39	2	1	1	1	1	1	2(4)	2(4)	2
40-59	4	2	2	2	2	2	4(3)	4(3)	4
60-79	6	3	3	3	3	3	6(2)	6(2)	6
80-99	8	4	4	4	4	4	8(1)	8(1)	8
100	10	5	5	5	5	5	10(0)	10(0)	10

■ 교육훈련 실시 및 수준의 점수반영은 위의 표를 참고하여 산정한다.
■ 법규검토는 정기적으로 절차에 따라 실행하는 경우 최고점을 부여한다.
■ 위험성 평가의 개선은 개선율에 따라서 위의 표를 참고하여 점수를 부여한다.
■ 성과측정 및 모니터링의 점수는 실행하는 경우 최고점을 부여한다.
■ 아차사고 및 잠재위험발굴활동은 건수의 달성율에 근거하여 부여한다.
■ 안전사고 발생 원인분석을 실시한 비율에 따라서 위의 표를 참고하여 산정한다.
■ 절차서와 안전보건경영활동의 일치성 여부는 절차서에 따라 실행여부를 판단하여 산정한다.

2. 안전보건관리 실무 적용

2.1 개요

앞서 언급한 바와 같이 '안전'이란 위험(Risk)으로부터 얼마나 멀어질 수 있느냐를 측정하는 것으로 사고나 재해로부터 자유로워지는 것을 의미한다. '안전관리'는 사업장 및 기업이 사고 혹은 재해의 원인을 규명하고, 이로 발생하는 손실을 최소화하기 위하여 상황분석 및 예방 대책 강구를 시행하는 일련의 과정을 뜻한다. 최근의 안전관리는 단순히 예방차원을 뛰어넘어 위험 자체를 사전에 제거하는 방향으로 발전하고 있다. 이러한 안전관리를 위하여 사업장들은 경영시스템과 연계하여 보다 쾌적하고 안전한 작업장 및 선박 환경을 조성한다. 오늘날의 안전경영이란 말은 작업이 이루어지는 모든 공간에서 안전관리를 통합하고 운영하는 일이며, 이를 통해 추구하는 바는 크게 다음과 같다.

① 안전경영을 통하여 인간을 중요하게 여기는 인도주의의 실현
② 인적·물적 손실 예방을 목표로 하는 영업 손실 방지
③ 사업장 및 선박에 근무하는 근로자들이 스스로가 안전하다는 인식을 가지게 함으로써 근로 효율성 확대
④ 안전한 사업장에서 운영되는 선박이라는 인식 개선을 통해 영업능력 제고
⑤ 노사 상호간 공동의 목표를 둠으로써 관계 개선

2.2 산업재해

1) 사고

사고는 앞서 기술하였듯이, 특정 목표를 달성하기 위해 행동하는 동안에 그러한 행동이 일시적 혹은 영구적으로 멈추게 만드는 예측치 못한 채 발생하게 되는 것을 의미한다. 이 중 안전사고는 자신의 의지와 관계없이 불안전한 행동과 상태에 진행되어 작업 효율이 저하되는 것과 더불어 인명이나 물적 손실을 야기 시킬 수 있는 사건을 뜻한다.

2) 재해

재해는 사고로부터 발생된 결과로 인적 혹은 물적 손실을 발생시킨 고의성이 없는 사건을 의미한다. 이 중 인명의 손실이 수반되는 경우를 상해라고 칭하며, 인적·물적 손실 등 일체 피해가 없는 사고를 아차사고(Near-miss accident)라고 칭한다.

산업재해는 작업 과정에서 기인하거나, 작업 과정 도중 돌발적으로 일어난 사고로 구성원이 겪게 되는 피해를 의미한다. 산업재해 중에서도 그 피해정도가 현격히 커서 별도의 법률 등으로 특별 관리하는 재해를 중대재해라고 칭한다. 산업안전보건법 제2조에서 규정하고 있는 중대재해는 다음 3가지 경우를 포함한다.

① 1인 이상의 사망자가 발생한 재해
② 2인 이상의 3개월 이상의 요양을 요하는 부상자가 동시에 발생한 재해
③ 10인 이상의 부상자 또는 질병자가 동시에 발생한 재해

3) 하인리히(Heinrich)의 사고 도미노 이론

하인리히의 도미노 이론이란 5개의 사고 요인을 도미노처럼 세워 두었을 때 하나의 도미노가 쓰러지면 연쇄적으로 나머지 도미노가 쓰러지는 것과 같이, 한 가지의 사고 요인이 발생하는 경우 연쇄적으로 최종 사고까지 발생한다는 이론이다. 하지만 그 도미노들 중 한 가지 혹은 두 가지의 도미노만 제거하면 완전히 붕괴되지는 않는 것을 기초로 사고나 재해가 발생하기 전 도미노로 비유된 주위 환경의 요인을 제거하여 최종 사고로 연결되지 않도록 예방할 수 있다고 주장한다.

하인리히가 제창한 5가지 요인(도미노)은 다음과 같다.

① 유전적 요인 및 사회적 환경
② 개인적 결함
③ 불안전한 행동 및 불안전한 상태
④ 사고
⑤ 재해

예를 들어 선박의 고소 작업 중 난간에 걸쳐져 있는 작업도구를 보았는데, 이러한 불안전한 상태를 제거하지 않는다면 작업자가 개인적인 결함으로 인해 그 도구를 잘못 건

드려 떨어트려 아래에 있던 다른 사람을 다치게 하는 상해 사고가 생기거나, 혹은 그 도구를 밟아 추락을 하는 등의 사고가 유발될 수 있기에 사전에 작업 도구의 위치를 수정하는 행위를 수행해 사고 및 재해를 방지할 수 있다는 것이다.

〈그림 4-10〉 하인리히의 도미노이론

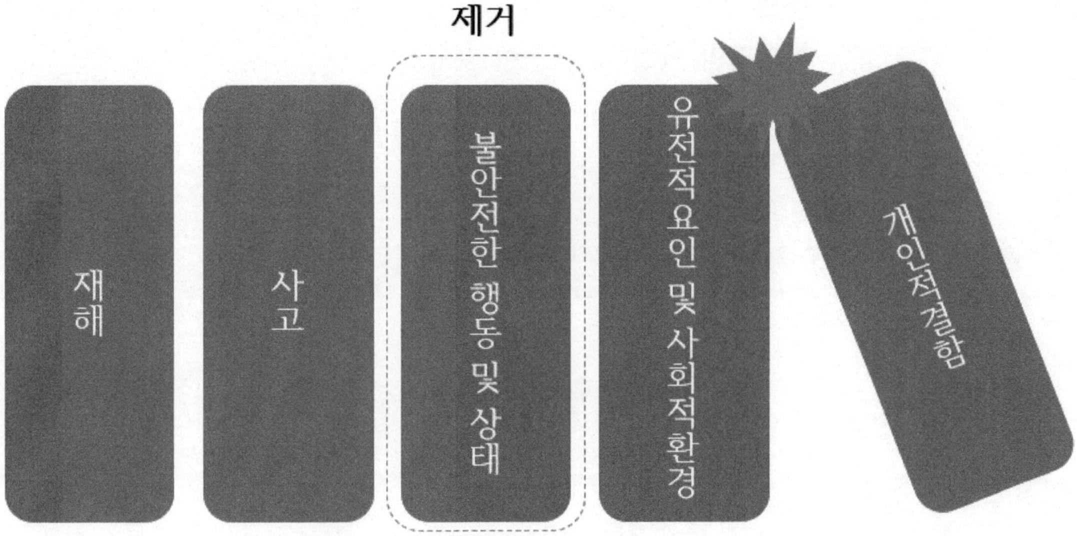

4) 선박에서의 산업재해의 분류

선박에서 발생하는 산업재해의 종류를 구분해보면 다음과 같이 나눌 수 있다.

① 기계적 위험 : 파열 및 분출, 낙하 · 도괴 · 절단, 진동, 전도 및 추락, 협착 및 절상
② 전기적 위험 : 감전 및 발화
③ 물리적 위험 : 안구 장해, 유해광선으로부터 인한 장해, 열중증 및 동상, 소음공해 등
④ 화학적 위험 : 유해물질 등으로 인한 상해 및 중독
⑤ 시설에 의한 위험 : 붕괴 및 침하 등

5) 산업재해의 원인

산업재해의 원인을 분류해보면 다음과 같이 나눌 수 있다.

가) 직접원인

① 불안전한 상태 : 물적 원인에 대한 총칭으로 작업자가 취급하는 기계 및 설비와 작업장의 환경 및 조건이 해당된다.

② 불안전한 행동 : 인적 원인에 대한 총칭으로 작업자의 부주의 등이 해당된다.

〈표 4-21〉 불안전한 상태의 예

불안전한 상태의 예
1. 물적 요인 자체의 결함 - 설계불량, 구성 재료 및 상태의 결함, 노후화, 장비의 피로상태, 사용한계, 고장 후 미 수리, 정비 상태의 불량 등
2. 방호조치의 결함 - 방호의 불충분 또는 미 설치, 접지 혹은 절연의 불충분, 차폐 불충분, 구간 표시 등의 결함
3. 물적 요인의 보관 및 작업장의 결함 - 통로의 미확보, 작업 개소의 공간 부족, 기계 · 장비 · 용구 등의 배치 결함, 물건 보관의 부적절, 적치방법의 결함 등
4. 보호장비의 결함 - 지정된 안전구가 없거나, 보호구 및 복장을 지정하지 않음 등
5. 작업환경의 결함 - 환기의 결함, 부적절한 조명, 부적당한 온도 및 습도, 소음 관리 부족, 기타 작업 환경의 결함
6. 외부적, 자연적으로 불안전한 상태
7. 작업방법의 결함 - 부적절한 장비의 사용, 부적절한 작업 계획 및 관리, 안전의 미확인
8. 기타

〈표 4-22〉 불안전한 행동의 예

불안전한 행동의 예
1. 안전장치의 무효화 - 안전장치의 제거 또는 무효화, 안전장치의 조정을 잘못함, 기타 방호물을 제거
2. 보호구 및 복장의 결함 - 보호구의 미사용, 부적절한 보호구의 선택 및 사용, 불안전한 복장
3. 안전조치 불이행 - 위험에 대처하는 조치의 불이행, 기계 및 장치를 정해진 규정을 무시하고 운용, 신호 확인없이 기계 및 장비 운용
4. 위험장소의 접근 - 작동중인 기계에 접근 및 접촉, 인화물에 접촉, 유해위험 장소에 허가받지 않고 진입
5. 불안전한 방치 - 기계 및 장비를 불안전한 상태로 방치, 공구 및 용구를 정해진 장소 외 방치
6. 운용의 실패(물건 인양 등) - 과속(Over speed) 및 불안전한 행동

나) 간접 원인

간접 원인으로는 직접적으로 원인으로 제공된 직접 원인과 2차적으로 영향을 끼친 원인으로 나눌 수 있다.

① 1차 원인 : 작업관리상의 원인, 학교 교육적 원인, 사회적 원인, 역사적 원인
② 2차 원인 : 교육적 원인, 기술적 원인, 신체적 원인, 정신적 원인

2.3 작업환경관리

1) 위험성 물질

가) 개요 및 분류

일반적으로 화재·폭발의 위험성이 있거나 인체에 유해하여 인간의 안전을 위협할 수 있는 물질을 위험성 물질이라고 한다. 산업안전보건법 시행규칙에서 그 성상 등에서 폭발성물질, 발화성물질, 산화성물질, 인화성문질, 가연성가스, 부식성물질, 독성물질 등으로 분류되어 있다.36) 위험물안전기준에 따라서는 1~6류로 구분되어 있다. 위험물 분류 및 표지에 관한 기준 제3조 유해위험성의 분류는 아래의 표와 같다.

〈표 4-23〉 유해위험성의 분류(위험물의 분류 및 표지에 관한 기준 제3조)

종류	명칭	내용
물리적 위험성	폭발성 물질	자체의 화학반응에 의해 주위환경에 손상을 줄 수 있는 온도, 압력과 속도를 가진 가스를 발생시키는 고체·액체 상태의 물질이나 그 혼합물
	인화성 가스	20℃, 표준압력 101.3 kPa에서 공기와 혼합하여 인화 범위에 있는 가스, 54℃이하 공기 중에서 자연발화 하는 가스 또는 20℃, 표준압력 101.3 kPa에서 화학적으로 불안정한 가스
	에어로졸	에어로졸, 즉 에어로졸 분무기는 재충전을 할 수 없는 용기(금속, 유리 또는 플라스틱 소재)에 가스(압축가스, 액화가스 또는 용해가스)만을 충전하거나 액체, 페이스트(paste) 또는 분말과 함께 충전하고, 특정상태(가스에 현탁시킨 고체나 액체 입자 형태나 폼, 페이스트, 분말, 액체, 또는 가스 상태)로 분사될 수 있도록 방출장치를 한 것
	산화성 가스	일반적으로 산소를 공급함으로써 공기와 비교하여 다른 물질의 연소를 더 잘 일으키거나 연소를 돕는 가스
	고압가스	200 kPa 이상의 게이지 압력 상태로 용기에 충전되어 있는 가스 또는 액화되거나 냉동 액화된 가스

36) https://terms.naver.com/entry.naver?docId=508074&cid=42380&categoryId=42380, (위험물)

종류	명칭	내용
	인화성 액체	인화점이 93℃ 이하인 액체
	인화성 고체	쉽게 연소되거나 마찰에 의해 화재를 일으키거나 화재를 일으킬 수 있는 고체
	자기반응성 물질 및 혼합물	열적으로 불안정하여 산소의 공급이 없어도 강렬하게 발열 분해하기 쉬운 고체·액체 상태의 물질이나 그 혼합물
	자연발화성 액체	적은 양으로도 공기와 접촉하여 5분 안에 발화할 수 있는 액체
	자연발화성 고체	적은 양으로도 공기와 접촉하여 5분 안에 발화할 수 있는 고체
	자기발열성 물질 및 혼합물	자연발화성 물질이 아니면서 주위에서 에너지를 공급받지 않고 공기와 반응하여 스스로 발열하는 고체·액체 상태의 물질이나 그 혼합물
	물반응성 물질 및 혼합물	물과의 상호작용에 의하여 자연발화하거나 인화성 가스의 양이 위험한 수준으로 발생하는 고체·액체 상태의 물질이나 그 혼합물
	산화성 액체	자체로는 연소하지 아니하더라도 일반적으로 산소를 발생시켜 다른 물질을 연소시키거나 연소를 돕는 액체
	산화성 고체	그 자체로는 연소하지 아니하더라도 일반적으로 산소를 발생시켜 다른 물질을 연소시키거나 연소를 돕는 고체
	유기과산화물	2가의 -O-O- 구조를 가지는 액체나 고체 유기물질로써 과산화수소의 수소원자 1개 또는 2개가 유기라디칼로 치환된 과산화수소 유도체
	금속부식성 물질 및 혼합물	화학작용으로 금속을 손상 시키거나 파괴시키는 물질이나 그 혼합물
	둔감화된 폭발성 물질	대폭발 및 급격한 연소가 일어나지 않도록 감도를 줄이는 방식으로 폭발 특성을 억제한 고체 또는 액체의 폭발성 물질
건강 유해성	급성 독성 물질	입이나 피부를 통해 1회 또는 24시간 이내에 수회로 나누어 투여하거나 4시간 동안 흡입 노출시켰을 때 유해한 영향을 일으키는 물질
	피부 부식성 또는 자극성 물질	최대 4시간 동안 접촉시켰을 때 비가역적인 피부 손상을 일으키는 물질(피부 부식성 물질) 또는 회복 가능한 피부 손상을 일으키는 물질(피부 자극성 물질)

종류	명칭	내용
	심한 눈 손상 또는 눈 자극성 물질	눈 앞쪽 표면에 접촉시켰을 때 21일 이내에 완전히 회복되지 아니하는 눈 조직 손상을 일으키거나 심한 물리적 시력감퇴를 일으키는 물질(심한 눈 손상 물질) 또는 21일 이내에 완전히 회복 가능한 눈 손상을 일으키는 물질(눈 자극성 물질)
	호흡기 또는 피부 과민성 물질	호흡을 통하여 노출되어 기도에 과민 반응을 일으키거나 피부 접촉을 통하여 알레르기 반응을 일으키는 물질
	생식세포 변이원성 물질	자손에게 유전될 수 있는 사람의 생식세포에 돌연변이를 일으킬 수 있는 물질
	발암성 물질	암을 일으키거나 암의 발생을 증가시키는 물질
	생식독성 물질	생식기능, 생식능력 또는 태아 발생, 발육에 유해한 영향을 주는 물질
	특정 표적장기 독성 물질 - 1회 노출	1회 노출에 의하여 특이한 비치사적 특정 표적장기 독성을 일으키는 물질
	특정 표적장기 독성 물질 - 반복 노출	반복 노출에 의하여 특정 표적장기 독성을 일으키는 물질
	흡인 유해성 물질	액체나 고체 화학물질이 입이나 코를 통하여 직접적으로 또는 구토로 인하여 간접적으로 기관 및 더 깊은 호흡기관으로 유입되어 화학폐렴, 다양한 폐 손상이나 사망과 같은 심각한 급성 영향을 일으키는 물질
환경 유해성	수생환경 유해성 물질	단기간 또는 장기간 노출에 의하여 물속에 사는 수생생물과 수생생태계에 유해한 영향을 일으키는 물질
	오존층에 대한 유해성 물질	오존층을 파괴하는 성질을 가져 몬트리올 의정서 부속서에 등재된 물질이나 이 물질이 0.1%이상 포함된 혼합물

나) 위험성 물질의 종류

위험물안전관리법(약칭: 위험물관리법)에 따라 분류한 위험성 물질의 종류는 아래의 표와 같으며, 이에 따라 위험물 안전대책 수립이 필요하다.

〈표 4-24〉 위험성 물질 종류(위험물안전관리법)

종류	성질	품명
제1류 위험물	**산화성 고체** 1. 모두 산소를 가지고 있는 무기화합물로서 산화제로 작용 2. 불연성 물질이지만 가연성 물질의 연소를 도움 3. 대부분 무색 결정이거나 백색 분말 4. 가열, 충격, 마찰에 의해 분해되어 산소가 발생하고 가연물 혼합되어 연소, 폭발이 일어남 5. 물보다 비중이 크고 무거우며 물에 녹는 것이 많고 수용액 상태에서도 산화성이 있음 6. 조해성이 있는 것도 있음	• 아염소산염류 • 염소산염류 • 과염소산염류 • 무기과산화물 • 브롬산염류 • 질산염류 • 요오드산염류 • 과망간산염류 • 중크롬산염류 • 그 밖에 행정안전부령으로 정하는 것 • 제1호 내지 제10호의1에 해당하는 어느 하나 이상을 함유한 것
제2류 위험물	**가연성 고체** 1. 비교적 낮은 온도에서 착화되기 쉬움 2. 강한 환원성 물질 3. 산화제와 접촉하면 마찰 또는 충격으로 급격하게 폭발할 수 있음 4. 연소속도가 매우 빠르고 연소열이 큼 5. 금속분류, 철분, 마그네슘은 물과 반응하여 수소가스를 발생시키고 묽은 산과 접촉에 의해 수소가스를 발생 6. 화재시 유독성 가스를 발생	• 황화린 • 적린 • 유황 • 철분 • 금속분 • 마그네슘 • 그 밖에 행정안전부령으로 정하는 것 • 제1호 내지 제7호의1에 해당하는 어느 하나 이상을 함유한 것 • 인화성 고체
제3류 위험물	**자연발화성 및 금수성 물질** 1. 자연발화성 및 금수성 물질로서 상온에서 고체 상태로 존재하며, 접촉 시 발열만 하는 것, 가연성 가스를 발생시키는 것, 급격하게 발화 2. 물과 반응할 때 가연성 가스를 발생시키며, 발화의 위험 3. 물과 반응할 때 부식성 물질을 만드는 것도 있음 4. 가열하거나 강산화성 물질, 강산류와 접촉하면 위험성이 증가	• 칼륨 • 나트륨 • 알킬알루미늄 • 알킬리튬 • 황린 • 알칼리금속 및 알칼리토금속 • 유기금속화합물 • 금속의 수소화물 • 금속의 인화물 • 칼슘 또는 알루미늄의 탄화물 • 그 밖에 행정안전부령으로 정하는 것 • 제1호 내지 제11호의1에 해당하는 어느 하나 이상을 함유한 것

종류	성질	품명
제4류 위험물	**인화성 액체** 1. 물보다 가볍고 물에 잘 녹지 않음 2. 연소하한계수가 낮아 공기와 증기가 조금만 혼합되어 있어도 연소 가능 3. 증기는 공기보다 무거움	• 특수인화물 • 제1석유류(비수용성, 수용성 액체) • 제2석유류(비수용성, 수용성 액체) • 제3석유류(비수용성, 수용성 액체) • 제4석유류 • 동식물류
제5류 위험물	**자기반응성 물질** 1. 가연성 물질, 자체 내 산소를 함유 2. 연소속도가 빠른 폭발성 물질 3. 가열, 마찰, 충격 등에 의해 폭발가능 4. 분해 시 스스로 산소를 방출	• 유기과산화물 • 질산에스테르류 • 니트로화합물 • 니트로소화합물 • 아조화합물 • 디아조화합물 • 히드라진 유도체 • 히드록실아민 • 히드록실아민염류 • 그 밖에 행정안전부령으로 정하는 것 • 제1호 내지 제10호의1에 해당하는 어느 하나 이상을 함유한 것
제6류 위험물	**산화성 액체** 1. 증기가 유독성 2. 부식성이 강함	• 염소산 • 과산화수소 • 질산 • 그 밖에 행정안전부령으로 정하는 것 • 제1호 내지 제4호의1에 해당하는 어느 하나 이상을 함유한 것

산업안전보건기준에 관한 규칙에 따른 위험물질의 종류는 아래와 같다.

〈표 4-25〉 위험물질의 종류(산업안전보건기준에 관한 규칙 [별표 1])

종류	성질	품명
1	폭발성 물질 및 유기과산물	가. 질산에스테르류 나. 니트로화합물 다. 니트로소화합물 라. 아조화합물 마. 디아조화합물 바. 하이드라진 유도체 사. 유기과산화물

종류	성질	품명
		아. 그 밖에 가목부터 사목까지의 물질과 같은 정도의 폭발 위험이 있는 물질 자. 가목부터 아목까지의 물질을 함유한 물질
2	물반응성 물질 및 인화성 고체	가. 리튬 나. 칼륨·나트륨 다. 황 라. 황린 마. 황화인·적린 바. 셀룰로이드류 사. 알킬알루미늄·알킬리튬 아. 마그네슘 분말 자. 금속 분말(마그네슘 분말은 제외한다) 차. 알칼리금속(리튬·칼륨 및 나트륨은 제외한다) 카. 유기 금속화합물(알킬알루미늄 및 알킬리튬은 제외한다) 타. 금속의 수소화물 파. 금속의 인화물 하. 칼슘 탄화물, 알루미늄 탄화물 거. 그 밖에 가목부터 하목까지의 물질과 같은 정도의 발화성 또는 인화성이 있는 물질 너. 가목부터 거목까지의 물질을 함유한 물질
3	산화성 액체 및 산화성 고체	가. 차아염소산 및 그 염류 나. 아염소산 및 그 염류 다. 염소산 및 그 염류 라. 과염소산 및 그 염류 마. 브롬산 및 그 염류 바. 요오드산 및 그 염류 사. 과산화수소 및 무기 과산화물 아. 질산 및 그 염류 자. 과망간산 및 그 염류 차. 중크롬산 및 그 염류 카. 그 밖에 가목부터 차목까지의 물질과 같은 정도의 산화성이 있는 물질 타. 가목부터 카목까지의 물질을 함유한 물질
4	인화성 액체	가. 에틸에테르, 가솔린, 아세트알데히드, 산화프로필렌, 그 밖에 인화점이 섭씨 23도 미만이고 초기끓는점이 섭씨 35도 이하인 물질 나. 노르말헥산, 아세톤, 메틸에틸케톤, 메틸알코올, 에틸알코올, 이황화탄소, 그 밖에 인화점이 섭씨 23도 미만이고 초기 끓는점이 섭씨 35도를 초과하는 물질 다. 크실렌, 아세트산아밀, 등유, 경유, 테레핀유, 이소아밀알코올, 아세트산, 하이드라진, 그 밖에 인화점이 섭씨 23도 이상 섭씨 60도

종류	성질	품명
5	인화성 가스	가. 수소 나. 아세틸렌 다. 에틸렌 라. 메탄 마. 에탄 바. 프로판 사. 부탄 아. 영 별표 10에 따른 인화성 가스
6	부식성 물질	가. 부식성 산류 (1) 농도가 20퍼센트 이상인 염산, 황산, 질산, 그 밖에 이와 같은 정도 이상의 부식성을 가지는 물질 (2) 농도가 60퍼센트 이상인 인산, 아세트산, 불산, 그 밖에 이와 같은 정도 이상 의 부식성을 가지는 물질 나. 부식성 염기류 (1) 농도가 40퍼센트 이상인 수산화나트륨, 수산화칼륨, 그 밖에 이와 같은 정도 이상의 부식성을 가지는 물질
7	급성 독성 물질	가. 쥐에 대한 경구투입실험에 의하여 실험동물의 50퍼센트를 사망시킬 수 있는 물질의 양, 즉 LD50(경구, 쥐)이 킬로그램당 300밀리그램 -(체중) 이하인 화학물질 나. 쥐 또는 토끼에 대한 경피흡수실험에 의하여 실험동물의 50퍼센트를 사망시킬 수 있는 물질의 양, 즉 LD50(경피, 토끼 또는 쥐)이 킬로그램당 1000밀리그램 -(체중) 이하인 화학물질 다. 쥐에 대한 4시간 동안의 흡입실험에 의하여 실험동물의 50퍼센트를 사망시킬 수 있는 물질의 농도, 즉 가스 LC50(쥐, 4시간 흡입)이 2500 ppm 이하인 화학물질, 증기 LC50(쥐, 4시간 흡입)이 10 mg/ℓ 이하인 화학물질, 분진 또는 미스트 1 mg/ℓ 이하인 화학물질

다) 위험성 물질의 영향

위험성 물질이 인체에 영향을 끼치는 경로는 다음과 같다.

① 호흡기를 통한 흡수

위험성 물질이 산재하는 공간의 공기에는 해당 물질이 함유되어 있는 경우가 대부분이다. 이렇게 공기 중에 산재된 물질은 호흡기를 통하여 체내로 들어오게 된다. 폐로 들어간 유해물질의 대다수는 모세혈관으로 바로 흡수되어 전신으로 퍼지게 된다. 이러한 영향은 대부분 소량이라 미미하지만, 장시간 혹은 장기간 노출되는 경우 심각한 부상이나 장해를 일으키기도 한다.

② 소화기를 통한 흡수

유해물질이 소화기관을 통해 직접 체내로 들어가는 경우는 흔하지는 않지만, 발생하는 경우 통상 심각한 부상이 즉시 일어난다. 통상 물질의 흡수는 소장에서 발생하기에 물질의 위내 체류시간에 따라 흡수 속도가 달라지게 된다.

③ 피부를 통한 흡수

피부가 페놀, 벤젠 및 이황화탄소와 같은 화학물질에 노출되는 경우에는 굉장히 빠른 속도로 흡수되어 심각한 중독을 일으키며, 심각할 경우 사망에까지 이르게 된다. 보통 피부의 표피층은 저항력이 굉장히 강해 보호 작용이 우수하지만, 모낭이나 임파관의 개구부는 다수의 혈관이 직접 연결되어 있어 흡수를 더욱 용이하게 한다.

④ 눈을 통한 흡수

눈의 점막을 통해 흡수된 유해물질은 직접 흡수되기에 심각한 전신발작을 비롯한 장해를 일으킬 수 있다.

라) 위험물의 취급

일반 위험물의 불안전한 취급에 의해 재해를 일으킬 수 있다. 이를 방지하기 위해 산업안전보건법 및 위험물관리법에서는 위험물 취급과 관련된 기준이 마련되어 있다. 아래의 표는 위험물관리법에 따른 위험물 분류의 취급방법에 대한 내용이다.

〈표 4-26〉 위험성 저장 및 취급 방법(위험물안전관리법)

종류	성질	품명
제1류 위험물	산화성 고체	1. 저장시 화기엄금, 가열금지, 직사광선 차단 등의 조치가 필요하다. 2. 충격, 타격, 마찰 등 기계적 점화에너지가 부여되지 않도록 조심한다. 3. 화재의 위험이 있는 곳으로부터 떨어진 장소에 저장한다. 4. 용기가 파손되지 않도록 하고, 밀봉하여 저장한다. 5. 조해성 물질은 방습, 용기 밀봉을 요구한다. 6. 분해 촉매, 이물질과의 혼입을 방지하고 위험물의 누출을 막는다.

종류	성질	품명
제2류 위험물	가연성 고체	1. 저장 시 화기엄금, 가열엄금, 고온체와 접촉방지 등의 조치가 필요하다. 2. 강산화성 물질과 혼합을 피한다. 3. 점화원으로부터 멀리하고 가열을 피한다. 4. 강한 독성이 있으므로 취급에 주의하여야 한다. 5. 금속분은 산 또는 물과의 접촉을 피한다. 6. 저장용기를 밀폐하고 위험물의 누출을 방지하며 통풍이 잘되는 냉암소에 저장한다.
제3류 위험물	자연발화성 및 금수성 물질	1. 용기는 완전히 밀봉하고, 파손 및 부식을 막으며, 수분과의 접촉을 방지한다. 2. 보호액 속에 위험물을 저장할 경우 위험물이 보호액 표면에 노출되지 않게 주의한다. 3. 강산화제, 강산류, 기타 약품과 접촉되지 않도록 한다. 4. 가연성 가스를 발생하는 위험물은 화기에 주의해야 하므로 화기주의를 표시한다. 5. 황린은 공기 중에서 산화를 피하기 위해 물속에 저장한다. 6. 알킬알루미늄, 알킬리튬, 유기금속화합물류는 화기를 엄금하고 용기 내압이 상승하지 않도록 한다. 7. 알킬알루미늄은 공기나 물을 만나면 격렬하게 반응하여 발화할 수 있다. 특히 저장 시 수분의 접촉을 차단하기 위하여 핵산 속에 저장한다.
제4류 위험물	인화성 액체	1. 통풍이 잘되는 냉암소에 저장한다. 2. 화기 및 가열을 주의한다. 3. 발생된 증기와 공기의 혼합물은 최소점화에너지가 적어 정전기 발생에 주의하여야 한다.
제5류 위험물	자기반응성 물질	1. 통풍이 잘되는 냉암소에 보관하여야 한다. 2. 가열, 마찰, 충격등을 피하고 화기, 점화원을 멀리하여 저장 및 보관을 하여야 한다. 3. 화재 시 위험하므로 소분하여 저장한다. 4. 용기는 밀전, 밀봉하고 운반용기, 저장용기 표면에 화기주의 및 충격주의 등 주의표시를 기재한다.
제6류 위험물	산화성 액체	1. 가연물 접촉, 혼합이나 분해를 촉진하는 물품 접근 금지하며 과열을 금지한다.

마) 물질안전보건자료(MSDS) 관리

선박을 포함한 작업장에서는 노동부 고시 제1996-12호의 세부기준에 따라 취급하는 물질의 안전자료의 작성과 비치를 이행해야 한다. 따라서 노동부 및 소방방재청 고시에 따라 MEK, 에탄올 등 명시된 물질에 대해 화학물질 등급과 위험등급이 분류되어야 하며 적절한 안내경고 문구를 표시해야 한다. 여기에 산업안전보건법 제110조 규정의 물질안전보건자료(MSDS)의 작성 및 제출에 근거하여 유해인자의 분류기준에 해당하는 것에 대하여는 〈표 4-27〉의 사항을 적은 자료를 고용노동부장관에게 제출하도록 하고 산업안전보건법 제111조에 따라 양도받거나 제공받는 자에게 물질안전보건자료를 제공하도록 하고 있다. 그리고 산업안전보건법 제114조에 따라 물질안전보건자료대상물질을 취급하려는 사업주는 ① 제품명, ② 물질안전보건자료대상물질을 구성하는 화학물질 중 제104조에 따른 분류기준에 해당하는 화학물질의 명칭 및 함유량, ③ 안전 및 보건상의 취급 주의 사항, ④ 건강 및 환경에 대한 유해성, 물리적 위험성, ⑤ 물리·화학적 특성 등 고용노동부령으로 정하는 사항을 포함하는 물질안전보건자료를 게시하거나 갖추어야 한다.

〈표 4-27〉 물질안전보건자료에 게시되어야 할 내용(산업안전보건법 제110조제1항)

물질안전보건자료에 게시되어야 할 내용
1. 제품명 2. 물질안전보건자료대상물질을 구성하는 화학물질 중 제104조에 따른 분류기준에 해당하는 화학물질의 명칭 및 함유량 3. 안전 및 보건상의 취급 주의 사항 4. 건강 및 환경에 대한 유해성, 물리적 위험성 5. 물리·화학적 특성 등 고용노동부령으로 정하는 사항

〈표 4-28〉 물질안전보건자료를 게시하거나 갖추어 두는 방법

물질안전보건자료를 게시하거나 갖추어 두어야 하는 장소(장비)
1. 물질안전보건자료대상물질을 취급하는 작업공정이 있는 장소 2. 작업장 내 근로자가 가장 보기 쉬운 장소 3. 근로자가 작업 중 쉽게 접근할 수 있는 장소에 설치된 전산장비

〈표 4-29〉 MSDS 작성항목(화학물질의 분류·표시 및 물질안전보건자료에 관한 기준)

MSDS의 작성항목 및 순서	
1. 화학제품과 회사에 관한 정보	9. 물리화학적 특성
2. 유해성·위험성	10. 안정성 및 반응성
3. 구성성분의 명칭 및 함유량	11. 독성에 관한 정보
4. 응급조치요령	12. 환경에 미치는 영향
5. 폭발·화재시 대처방법	13. 폐기 시 주의사항
6. 누출사고시 대처방법	14. 운송에 필요한 정보
7. 취급 및 저장방법	15. 법적규제 현황
8. 노출방지 및 개인보호구	16. 그 밖의 참고사항

2) 물리적 물질 관리

가) 소음

소음이란 기계·기구·시설 기타 물체의 사용으로 인하여 발생하는 강한 소리를 말하며, 통상 원하지 않는 성가신 시끄러운 소리이다. 소음은 작업의 효율성을 극히 떨어트려 원활하지 않은 작업 결과를 초래하게 되며, 나아가서 작업자에게 보건상 악영향을 끼치는 유해요소이기에 관리하고 통제해야 한다. 소음으로 인해 발생하는 생체 피해는 다음과 같다.

① 청력 장해 : 일시성 장해와 영구성 장해로 구분할 수 있다. 일시성 장해의 경우, 청력이 일시적으로 저하되는 현상으로 소음으로 인한 피로가 해제되고 나서 통상 1~2일 후에 회복된다. 영구성 장해는 이러한 일시성 장해가 지속적으로 반복되어 축적 효과에 의해 회복 불가능한 상태로 변하는 것이다.

② 대화 방해 : 소음의 마스킹효과(Masking Effect)[37]에 의해 발생한다.

③ 신체적 영향 : 자율신경계 기능의 변화를 주게 되어 혈압상승, 맥박증가 등을 초래하여 신체적 긴장감을 형성하게 된다. 여기에 정신적인 불쾌감이 개개인에 따라 추가로 나타날 수 있다.

37) 마스킹효과 : 강한 큰 소리(방해음) 때문에 듣고자 하는 소리의 주파수가 더 낮아져 잘 들리지 않게 되는 현상

④ 작업능률 영향 : 통상 소음이 심할 경우 작업능률이 현격히 떨어지게 되며, 강도나 지속시간에 따라 영향정도가 달라진다.

⑤ 수면방해 : 세계보건기구(WHO)에서 정한 환경소음 관리지침(Guideline for community noise)에 따르면 5분간 연속 측정한 소음도에 대해 침실에서는 30dB(A) 이하여야 함을 명시하고 있다.

⑥ 소음성 난청 : 소음성 난청은 85dB(A) 이상의 소음에 장시간 노출되는 경우에 발생하는 난청으로, 처음에는 인지하지 못하지만 지속되는 경우 일반 대화에서도 장해를 보이게 된다.

우리나라의 경우, 산업안전보건기준에 관한 규칙 제 512조(정의)에 소음을 규정하고 있다. 여기에서는 '소음작업'을 1일 8시간 작업을 기준으로 85dB(A) 이상의 소음이 발생하는 작업을 말한다. 또한 이 이상의 소음에 대해서는 '강렬한 소음작업'으로 구분하고 있는데 해당 내역은 아래 표와 같다.

〈표 4-30〉 소음의 허용기준

강렬한 소음작업 범주	
1일 폭로 시간	허용 소음 dB(A)
8	90
4	95
2	100
1	105
1/2(30분)	110
1/4(15분)	115

산업안전보건법 제39조(보건조치)는 소음에 의한 건강장해를 예방하기 위한 조치의무를 사업주에게 부여하고 있다. 그리고 동법 제125조(작업환경측정)에 따른 소음의 작업환경 측정 결과에 따라 유해인자 노출기준에서 정하는 소음의 노출기준 (90dB(A))을 초과하는 사업장은 산업안전보건기준에 관한 규칙 제517조(청력보존 프로그램 시행 등)에 따른 청력보존 프로그램을 수립하여 시행해야 한다.

〈표 4-31〉 소음의 발생 대처 및 예방 방안

예방 조치	예방 내용
소음수준의 주지	사업주는 근로자가 소음작업, 강렬한 소음작업 또는 충격소음작업에 종사하는 경우에 다음 각 호의 사항을 근로자에게 알려야 한다. 가. 해당 작업장소의 소음 수준 나. 인체에 미치는 영향과 증상 다. 보호구의 선정과 착용방법 라. 그 밖의 소음으로 인한 건강장해 방지에 필요한 사항
난청발생에 따른 조치	사업주는 소음으로 인하여 근로자에게 소음성 난청 등의 건강장해가 발생하였거나 발생할 우려가 있는 경우에 다음 각 호의 조치를 하여야 한다. 가. 해당 작업장의 소음성 난청 발생 원인 조사 나. 청력손실을 감소시키고 청력손실의 재발을 방지하기 위한 대책 마련 다. 제2호에 따른 대책의 이행 여부 확인 라. 작업전환 등 의사의 소견에 따른 조치
청력보호구의 지급	① 사업주는 근로자가 소음작업, 강렬한 소음작업 또는 충격소음작업에 종사하는 경우에 근로자에게 청력보호구를 지급하고 착용하도록 하여야 한다. ② 제1항에 따른 청력보호구는 근로자 개인 전용의 것으로 지급하여야 한다. ③ 근로자는 제1항에 따라 지급된 보호구를 사업주의 지시에 따라 착용하여야 한다.
진동보호구의 지급	① 사업주는 진동작업에 근로자를 종사하도록 하는 경우에 방진장갑 등 진동보호구를 지급하여 착용하도록 하여야 한다. ② 근로자는 제1항에 따라 지급된 진동보호구를 사업주의 지시에 따라 착용하여야 한다.
유해성 등의 주지	사업주는 근로자가 진동작업에 종사하는 경우에 다음 각 호의 사항을 근로자에게 충분히 알려야 한다. 가. 인체에 미치는 영향과 증상 나. 보호구의 선정과 착용방법 다. 진동 기계 · 기구 관리방법 라. 진동 장해 예방방법
진동 기계·기구 사용설명서의 비치	사업주는 근로자가 진동작업에 종사하는 경우에 해당 진동 기계 · 기구의 사용설명서 등을 작업장 내에 갖추어 두어야 한다.
진동기계·기구의 관리	사업주는 진동 기계 · 기구가 정상적으로 유지될 수 있도록 상시 점검하여 보수하는 등 관리를 하여야 한다.

※ 청력보존프로그램 : 산업안전보건기준에 관한 규칙 제 517조에 따라 작업현장의 작협환경측정 결과 소음수준이 90dB(A) 초과하는 사업장의 경우 작업자의 안전을 위해 청력보존프로그램을 시행하여야 한다. 이와 같은 청력보존 프로그램을 소음성 난청을 예방·관리하기 위하여 사업주는 소음노출평가, 소음노출 기준 초과에 따른 공학적 대책, 청력보호구의 지급과 착용, 소음의 유해성과 예방에 관한 교육, 정기적인 작업자의 청력검사 및 기록·관리 사항 확인하여야 한다.

나) 진동

사전적인 의미에서의 진동이란 물체가 하나의 일정한 규칙에 따라 평형위치에서 요동하거나 떨리는 등 변동하는 현상을 말한다. 항공기나 교통차량에 탑승하거나 특히 선박에 승선하였을 때 발생하는 전신에 퍼지는 진동을 우리는 전신진동(Whole body vibration)이라고 한다. 전신진동의 경우에는 2~100Hz의 저주파구간에서 장해를 유발할 수 있다. 그리고 선박의 작업장에서 사용하는 분쇄기(그라인더)나 자동식 톱 등의 작업공구를 이용할 때는 국소적으로 손이나 발 등의 신체 특정부위로 전달되는 국소진동도 신체에 영향을 주는데, 이러한 국소진동의 경우는 800~1500Hz정도의 고주파에서 장해를 유발한다. 진동으로 인한 신체의 장해는 아래와 같이 전신 진동 장해와 국소 진동 장해로 구분할 수 있다.

〈표 4-32〉 진동의 신체 장해 분류

진동의 신체 장해 분류
1. 전신 진동 장해 - 자율신경 및 순환기 이상 - 혈압 및 맥박의 상승 - 소화기 장애 - 척추 및 근골격계 장애 - 천장골 좌상 - 신장 손상등으로 인한 혈뇨 - 정신적 불쾌감과 불안감
2. 국소 진동 장해 - 말초순환장애(Raynauld 현상) - 감각마비 및 창백 증상 - 혈관 및 신경장애 - 중추신경계 및 내분비계의 일시적 감각 마비 - 손-팔 진동증후군(HAVS, Hand-Arm Vibration Syndrome)

진동에 대한 대책은 종국적으로 사람에게 진동이 노출되는 시간을 줄이거나 진동 자체를 줄이는 기술적인 대책이 있을 수 있다. 선박의 특성상 진동이 노출되는 시간을 줄이는 것이 용이하지 않으므로 다음과 같은 방식으로 진동방지대책을 수립할 수 있다.

① 방진공구 및 장갑 등을 이용한 제어
② 진동기준이 최저인 공구 및 장비 사용
③ 진동공구가 아닌 다른 방법으로 대체 가능여부 점검
④ 지속적인 장비수리 및 관리

다) 유해광선

① 자외선

선박에서 많이 이루어지는 갑판 상 작업은 자외선에 가장 크게 노출이 된다. 자외선은 태양광의 스펙트럼에서 단파장보다도 바깥쪽에 나타나는 눈에는 보이지 않는 빛이다. 피부가 자외선에 노출되면 기본적으로 화학작용에 의해 그을리게 되고, 다량의 자외선에 장시간 노출되는 경우에는 신체 조직이 변형되어 피부암을 유발할 수도 있다. 또한 눈이 자외선에 노출되는 경우에는 결막염이나 수정체의 변형 등을 야기할 수 있다.

② 아크광

용접에서 발생하는 아크광은 자외선, 적외선, 가시광선 등의 다양한 빛이 분포되어 있다. 대표적으로 눈에 '전광성 안염'이라는 급성 각막표층염증을 발생시킬 수 있다. 또한 장시간 노출되는 경우에는 각막표층의 박리, 궤양, 수포, 출혈 등이 나타날 수 있는데 이를 통해 백내장이나 망막황반변성 등의 안구에 치명적인 증상을 발병시킬 수 있다.

③ 조명 및 채광

해양수산부고시 제2021-114호 선박설비기준을 보면 선박에는 한국산업표준 KS A 3011 "조도기준"에 적합한 조명을 설비하도록 고시되어있다. 이 고시에는 SOLAS 2-1장에서 지시하고 있는 비상전원조명을 비롯하여 탈출구 및 선실과 선박 내에서 설치되어야 하는 조명에 대해 상세히 다루고 있다. 또한 채광 역시 동 고시 제46조에 의거해 적절한 수준으로 유지하도록 고시되어 있다. 적절한 조명과 채광은 쾌적한 작업환경을 제공하여 작업효율이 증가하는 효과가 있다.

〈표 4-33〉 조도 분류와 일반 활동 유형에 따른 조도 값(KS A 3011)

활동 유형	조도분류	조도 범위[lx]	조명 방법
어두운 분위기 중의 시식별 작업장	A	3-4-6	공간의 전반 조명
어두운 분위기의 이용이 빈번하지 않는 장소	B	6-10-15	
어두운 분위기의 공공장소	C	15-20-30	
잠시 동안의 단순 작업장	D	30-40-60	
시작업이 빈번하지 않은 작업장	E	60-100-150	
고휘도 대비 혹은 큰 물체 대상의 시작업 수행	F	150-200-300	작업면 조명
일반 휘도 대비 혹은 작은 물체 대상의 시작업 수행	G	300-400-600	
저휘도 대비 혹은 매우 작은 물체 대상의 시작업 수행	H	600-1000-1500	
비교적 장시간 동안 저휘도 대비 혹은 작은 물체 대상의 시작업 수행	I	1500-2000-3000	전반 조명과 국부 조명을 병행한 작업면 조명
장시간 동안 힘드는 시작업 수행	J	3000-4000-6000	
휘도 대비가 거의 안 되며 작은 물체의 매우 특별한 시작업 수행	K	6000-10000-15000	

〈표 4-34〉 선박 구조 상 조도 분류표(KS A 3011)

선박의 조도 분류		
갑판	자동차 갑판	D
	하역 작업	C
객실, 병실, 사무실		E
건조실		D
기관 조작 장소, 해도대, 무선실		F
공작실	일반 작업	C
	정밀 작업	H
기관실, 발전기실 등		E
구명정 진수면(해면상)		A
라운지, 레크레이션 실		F
선내통로		D
세면장, 목욕탕, 화장실		D
세탁기실		E
외부통로	일반 장소	C
	통행량 적은 곳	B

라) 직업병

인체는 외부 환경의 변화에도 신체의 조건을 일정하게 유지할 수 있는 한계를 가지고 있다. 그리고 이러한 한계를 넘어선 외부 자극 및 변화에도 본 상태로 돌아가려는 성질을 적응이라고 한다. 이러한 외부의 자극 및 변화가 지속적으로 계속되면 이러한 적응능력이 저하되며 체내의 균형을 잃게 되어 질환으로 어질 수 있으며 이와 같은 질환의 원인이 직장 내 작업에 따른 근로조건에 기인하여 발병되면 직업병이라고 한다.

이러한 직업병의 방지를 위해서 유해인자 분석과 이를 배제하기 위한 기준을 마련하고 있으며, 작업환경의 조건상 노출되는 경우 질환의 조기 발견을 위해 건강진단실시를 의무화하였다. 그리고 현재까지 100종 이상의 질환이 직업병으로 분류되어 산업재해보험 지원 및 보장제도 마련 등 지원 제도 개선을 위해 노력 중이다.

직업병의 특징으로는 일반 질병과 구분이 어려우며, 유해인자에 노출되는 시점과 증상이 발현되는 시점과의 차이점이 있어 수일에서 수십년까지 걸리기도 한다. 그리고 새로운 유해인자의 발견 및 신물질 등 인체에 미치는 영향이 분석되지 않는 물질에 대한 분석이 부족하여 직업병과의 연관관계를 인정받기에 시간적·절차적 소요가 발생된다. 직업병을 발생시키는 원인은 아래의 그림과 같이 분류할 수 있다.

〈그림 4-11〉 직업병 발생 원인

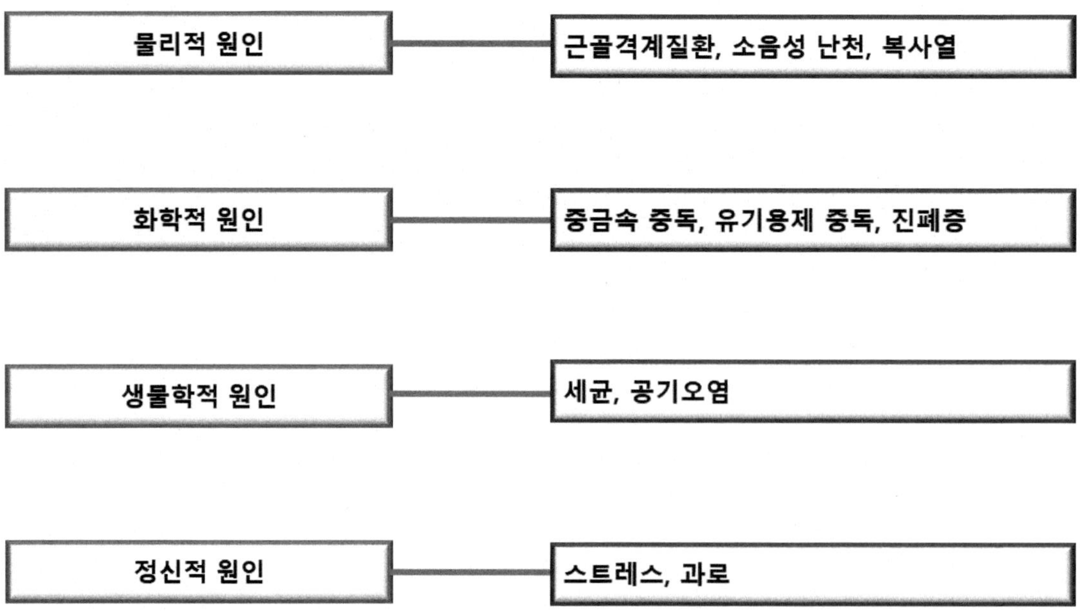

이외로 직업병을 일으키는 환경적인 요인으로 소음, 진동, 방사선, 온열, 가스, 분진, 증기, 미생물 등이 있다. 그리고 작업방법으로는 작업속도 및 방법, 작업자세 등이 영향을 주며, 그 외 조직관계, 인사, 대인관계 등이 사회적 환경 또한 직업병 발생 요인이 될 수 있다.

마) 유해 인자의 노출 기준

산업안전보건법 제125조 및 동 법 시행규칙 제189조는 유해인자로부터 근로자의 건강을 보호하고 쾌적한 작업환경을 조성하기 위하여 작업환경측정의 대상 및 기준을 정하고 있다.

산업의 발전에 따라 유해인자의 종류는 현저히 증가하였으며, 미국산업위생전문가협회(American Conference of Governmental Industrial Hygienists, ACGIH)에서는 화학물질의 허용 농도표를 1995년부터 채택 및 발표하였으며 약 697종류가 있다. 한국도 노동부와 환경부에 유해물질의 노출 정도를 제시하고 있다.

(1) 용어 정의

- 노출기준은 작업자가 유해인자에 노출시 모든 작업자가 건강상 악영향이 발생하지 않는 노출기준 이하 정도이며, 1일의 작업시간을 기준으로 시간가중평균노출기준(Time Weighted Average, 이하 TWA), 단시간노출기준(Short Term Exposure Limit, 이하 STEL) 또는 최고노출기준(Ceiling, 이하 C)으로 표시한다.

- "시간가중평균노출기준(TWA)"이란 작업시간 1일인 8시간, 1주 40시간 작업을 기준으로 하여 유해인자의 측정치에 발생시간을 곱하여 8시간으로 나눈 값을 말하며, 다음과 같이 산출 한다.

$$\text{TWA환산값} = \frac{C_1 \cdot T_1 + C_2 \cdot T_2 + \cdot \cdot \cdot \cdot \cdot \cdot \cdot + C_n \cdot T_n}{8}$$

C : 유해인자의 측정치(단위 : ppm, ㎎/㎥ 또는 개/㎤)

T : 유해인자의 발생시간(단위 : 시간)

• 단시간노출기준(STEL)은 15분간의 시간가중평균노출값으로서 노출농도가 시간가중평균노출기준(TWA)을 초과하고 단시간노출기준(STEL) 이하인 경우에는 1회 노출 지속시간이 15분 미만이며, 1일 4회 이하로 발생하여야 하고 각 노출의 간격은 60분 이상이다.

• 최고노출기준(C)은 근로자가 1일 작업시간동안 잠시라도 노출되어서는 아니 되는 기준이다.

• Skin 마크는 공기중에 부유하고 있거나 직접적으로 접촉하는 경우 경피로 침입하여 피폭량을 증대시키는 위험있는 물질을 표시한다.

• 경보 물질의 표기는 아래의 표와 같다.
(화학물질의 분류표시 및 물질안전보건자료에 관한 기준)

〈표 4-35〉 경보 물질 표기(2018.07.30. 고용노동부 고시)

<table>
<tr><th>분류</th><th>1A</th><th>1B</th><th>2</th></tr>
<tr><td>발암성 정보물질의 표기</td><td>사람에게 충분한 발암성 증거가 있는 물질</td><td>시험동물에서 발암성 증거가 충분히 있거나, 시험동물과 사람 모두에서 제한된 발암성 증거가 있는 물질</td><td>사람이나 동물에서 제한된 증거가 있지만, 구분1로 분류하기에는 증거가 충분하지 않은 물질</td></tr>
<tr><td>생식세포 변이원성 정보물질의 표기</td><td>사람에게서의 역학조사 연구결과 양성의 증거가 있는 물질</td><td>다음 어느 하나에 해당하는 물질
① 포유류를 이용한 생체내(in vivo) 유전성 생식세포 변이원성 시험에서 양성
② 포유류를 이용한 생체내(in vivo) 체세포 변이원성 시험에서 양성이고, 생식세포에 돌연변이를 일으킬 수 있다는 증거가 있음
③ 노출된 사람의 정자 세포에서 이수체 발생빈도의 증가와 같이 사람의 생식세포 변이원성 시험에서 양성</td><td>다음 어느 하나에 해당되어 생식세포에 유전성 돌연변이를 일으킬 가능성이 있는 물질
① 포유류를 이용한 생체내(in vivo) 체세포 변이원성 시험에서 양성
② 기타 시험동물을 이용한 생체내(in vivo) 체세포 유전독성 시험에서 양성이고, 시험관내(in vitro) 변이원성 시험에서 추가로 입증된 경우
③ 포유류 세포를 이용한 변이원성시험에서 양성이며, 알려진 생식세포 변이원성 물질과 화학적 구조가 활성 관계를 가지는 경우</td></tr>
<tr><td rowspan="2">생식독성 정보물질의 표기</td><td>사람에게 성적기능, 생식능력이나 발육에 악영향을 주는 것으로 판단할 정도의 사람에서의 증거가 있는 물질</td><td>사람에게 성적기능, 생식능력이나 발육에 악영향을 주는 것으로 추정할 정도의 동물시험 증거가 있는 물질</td><td>사람에게 성적기능, 생식능력이나 발육에 악영향을 주는 것으로 의심할 정도의 사람 또는 동물시험 증거가 있는 물질</td></tr>
<tr><td colspan="3">수유독성 :
다음 어느 하나에 해당하는 물질
① 흡수, 대사, 분포 및 배설에 대한 연구에서, 해당 물질이 잠재적으로 유독한 수준으로 모유에 존재할 가능성을 보임
② 동물에 대한 1세대 또는 2세대 연구결과에서, 모유를 통해 전이되어 자손에게 유해영향을 주거나, 모유의 질에 유해영향을 준다는 명확한 증거가 있음
③ 수유기간 동안 아기에게 유해성을 유발한다는 사람에 대한 증거가 있음</td></tr>
</table>

• 두 종류 이상의 화학물질이 혼재하는 물질의 유해성을 평가하는 경우 물질간의 작용이 발생할 가능성이 있다. 이러한 혼합물의 경우나 두 종류이상의 유해물질을 취급하는 경우 혼합물질이 개개의 작용이 합친 것과 같은 상가작용으로 발생될 수 있다. 이와 같이 혼합물질의 허용농도의 노출기준은 아래의 식에 따르며, 산출 수치는 1을 초과하지 않는 것으로 간주한다.

$$\frac{C_1}{T_1} + \frac{C_2}{T_2} + \cdots\cdots + \frac{C_n}{T_n}$$

C : 화학물질 각각의 측정치

T : 화학물질 각각의 노출기준

바) 고온에 의한 장해

인체는 외부의 온도가 30℃에서 생리기능이 변화가 나타날 수 있다는 점에서 이와 같이 30℃이상의 온열 환경 조건을 고온으로 판단할 수 있다.

① 고온에 의한 장해 종류

• 열쇠약 : 고온 환경에서 작업 시, 고온에 의해 체내의 비타민 B1이 소모가 되며, 이를 보충하지 않고 작업이 지속되면 만성 B1부족이 발생하게 된다. 이와 같은 부족분이 계속적으로 축적되면 열쇠약로 될 가능성이 높아진다. 몸을 활동하기 어렵거나 식욕, 활력, 정력 감퇴되며 회복이 어렵다.

• 열경련증 : 고온의 환경에서 지속적으로 작업 시 사용빈도가 높은 근육에서 발작적인 경련이 발생하게 되는 경우이다. 근육이 격렬하게 수축하고 비정상적으로 팽창하기도 하며, 전체 근육 및 위에도 발생 가능하다. 고온 작업환경에서 중작업과 같이 노동 강도가 높은 작업을 진행하면 다량의 땀을 배출하게 되고, 체내의 수분 보충을 위해 음료 섭취 시 체액 중 염류농도가 묽어져 생리기능에 문제가 발생하고 이는 기능장애를 유발하여 발생될 수 있다.

• 열허탈증 : 체온을 조절하는 순환기능이 문제가 발생하여 혈액순화의 기능이 현저히 떨어져 혈압저하와 맥박에 이상이 발생한다. 이로 인해 허탈감과 현기증, 시야협소, 구토, 의식 불명이 발생될 수 있다.

• 열사병 : 고온 환경에서 장시간 작업 시 체내 열 흡수가 많아져 체온이 상승되어, 체온조절기능이 이상이 발생하여 현기증, 귀 울림, 두통, 중추신경계 장해가 발생된다.

② 고온작업의 노출 기준

고온 환경에 대한 대책으로는 환경조건에 대한 개선이나 작업조건에 대한 개선이 고려되어야 한다. 환경 조건 개선은 열복사와 같은 기온 상승 요인을 차단하거나 작업자와 격리 시킬 수 있으며, 작업조건은 작업밀도 개선 및 개인방호 장비를 지급하여 재해를 예방할 수 있다.

아래의 표는 화학물질 및 물리적 인자의 노출기준에 따른 고온의 작업 노출 기준을 나타낸 것이다.

〈표 4-36〉 고온의 노출 기준(2020.01.14. 고용노동부 고시 제2020-48호)

작업휴식시간비 \ 작업강도	경작업	중등작업	중작업
계속 작업	30.0	26.7	25.0
매시간 75%작업, 25%휴식	30.6	28.0	25.9
매시간 50%작업, 50%휴식	31.4	29.4	27.9
매시간 25%작업, 75%휴식	32.2	31.1	30.0

▷ 경작업 : 200 kcal까지의 열량이 소요되는 작업을 말하며, 앉아서 또는 서서 기계의 조정을 하기 위하여 손 또는 팔을 가볍게 쓰는 일 등을 뜻함

▷ 중등작업 : 시간당 200~350 kcal의 열량이 소요되는 작업을 말하며, 물체를 들거나 밀면서 걸어 다니는 일 등을 뜻함

▷ 중작업 : 시간당 350~500kcal의 열량이 소요되는 작업을 말하며, 곡괭이질 또는 삽질하는 일 등을 뜻함

3) 기계안전관리

가) 개요

기계설비는 두 개 이상의 부품이 조립되어 에너지를 이용하여 유용한 일을 하는 기계를 위한 전체 시스템이다. 산업혁명 이후 시스템에 사용되는 분야는 스팀기관, 광업기계 및 전기기계, 화학 기계, 전자 기기, 정보기기, 원자력 등 사용되는 에너지는 거대화 및 고속화으로 발전되어 왔다.

기계의 안전관리는 구조적인 결함에 의한 재해나 기계를 작동하는 중에 발생하는 재해 등에 대한 안전관리를 의미하며, 이를 위해서는 해당 사용 기계의 구조와 특성 및 사용방법 등에 대한 충분한 교육과 숙지가 선행되어야 할 것이다. 아울러서 설비의 고장이나 사용자의 오류(Human error)가 발생되더라도 안전이 확보될 수 있도록 본질적인 안전관리도 필요하며, 안전설계기법을 통해 이를 보완하고 있다.

〈표 4-37〉 안전설계기법의 종류

안전설계기법의 종류	
Fail Safe	인간, 기계의 과오나 실수가 있더라도 다른 고장의 발생을 방지하도록 하는 설계
Fool Proof	휴먼에러를 방지하여 고장이 발생되지 않도록 한 설계
Back Up	주기능 고장시 기능을 대신하는 설계
Fail Soft	일부장치가 고장나거나 기능이 떨어지더라도 전체 기능은 유지시키도록 하는 설계
Redundancy	시스템 일부의 고장이 전체 고장으로 되지 않도록 하는 중복 설계
병렬작동(다중계화)	동일한 기능을 다중으로 설비하고 병렬적으로 사용하는 설계

나) 기계의 위험점

각종 기계·설비 및 공구는 운동 특성에 따른 위험점이 있다. 운동 특성은 회전운동·왕복운동·미끄럼 및 운동 간의 조합 등으로 구분할 수 있는데, 이러한 운동 방법에 따라 형성되는 위험점이 달라진다.

① 협착점(Squeeze Point)

왕복운동을 하는 동작부와 고정부 사이의 위치에 눌리는 위험점으로 프레스, 절단기 등에 많이 존재하게 된다.

② 끼임점(Shear Point)

고정부와 회전운동을 하는 동작부 사이의 위치에 끼이는 위험점으로 링크기구, 프레임 등에서 만들어진다.

③ 접선 물림점(Tangential Point)

회전하는 부분의 접선방향으로 물려 들어가는 위험으로 벨트나 체인 등에서 많이 발생한다.

④ 물림점(Nip Point)

서로 맞대어 반대로 회전하는 2개의 회전체에 말려 들어가는 위험성으로 롤러나 기어 등에 맞물려 회전하는 운동체에 많이 발생한다.

⑤ 절단점(Cutting Point)

회전운동을 하는 돌출부에서 발생하는 절단되는 위험점이다. 둥근 톱날이나 이음새부분 등에서 발생한다.

⑥ 회전 말림점(Trapping Point)

회전하는 물체나 튀어나온 회전부위에 의해 장갑, 작업복 등이 말려들어가는 위험점이다.

〈그림 4-12〉 기계의 위험점

다) 기계 설비 재해 원인

① 물적 요인 : 설비적, 재료적 결함
- 설비나 시설에 위험이 있는 것 : 방호 및 설계 불량
- 기구 결함 또는 불량
- 환경 불량 : 환기, 조명, 정리정돈 불량 등
- 설계 불량 : 작업계획 불량, 설비계획 불량
- 작업복, 보호구의 결함 : 작업복, 보호구 불량

② 인적 요인 : 작업자 관련 사항
- 교육 결함 : 안전교육 미비 또는 불완전, 표준작업방법 미비
- 작업 능력 부족 : 무경험, 미숙련자, 판단착오
- 규율 미흡 : 규칙이나 작업기준 미 준수
- 부주의
- 불안전 동작 : 서두르거나 작업절차 생략
- 정신적 부적당 : 피로 등
- 육체적 부적당 : 육체적 한계 및 불편한 상황

라) 방호장치

"산업안전보건법 제80조(유해하거나 위험한 기계ㆍ기구에 대한 방호조치) ① 누구든지 동력으로 작동하는 기계ㆍ기구로서 대통령령으로 정하는 것은 고용노동부령으로 정하는 유해ㆍ위험 방지를 위한 방호조치를 하지 아니하고는 양도, 대여, 설치 또는 사용에 제공하거나 양도ㆍ대여의 목적으로 진열해서는 아니 된다."[38] 라 규정되어 있다.

사전적 의미에서의 방호는 공격이나 위협으로부터 막아내어 지켜낸다는 뜻이지만, 안전보건 분야에서의 방호는 작업자를 사고로부터 보호하기 위하여 설계된 조치 및 장치를 의미한다. 즉, 방호 조치란 기계·기구에 의한 위험작업, 기타작업에 의한 위험으로부터 인간을 보호하기 위하여 행하여지는 위험기계ㆍ기구에 대한 방호장치의 설치, 보호구의 착용, 출입금지, 대피, 안전교육실시 등의 모든 행위가 포함 된다[39]. 사업주는 방

38) 산업안전보건법 제6장 유해ㆍ위험 기계 등에 대한 조치 제1절 유해하거나 위험한 기계 등에 대한 방호조치 내용이다.
(https://www.law.go.kr/LSW/lsInfoP.do?efYd=20220818&lsiSeq=234717#0000, 검색일: 2022.08.27.)

호조치가 정상적인 기능을 발휘할 수 있도록 점검 및 정비를 하여야 할 의무가 있다. 만약 방호조치를 작업자가 제거할 경우 사업자의 허가가 필요하며, 해체사유가 소멸된 경우 원상복귀 해야 한다.

일반적인 방호의 원칙에 따르면 잠재된 위험요인을 원천적으로 제거하거나, 위험으로부터 작업자를 물리적으로 멀어지게 하거나, 안전보호구의 착용 등을 통해 위험을 경감시키는 방법, 그리고 훈련 등으로 위험에 적응시키는 방법이 있다. 아래의 분류는 방호의 기본적인 원칙에 따라 방호장치를 분류한 것이다.

① 위치제한형 방호장치 : 작업자의 신체부위가 위험한계로부터 벗어나도록 위치를 제한하는 방호장치이다.
② 접근반응형 방호장치 : 작업자의 신체부위가 위험한계내로 들어오면 기계가 감지하여 정지하는 방호장치이다.
③ 포집형 방호장치 : 사고가 발생했을 경우 위험원을 특정 위치로 포집하는 방호장치이다.
④ 감지형 방호장치 : 비정상적인 조건(온도, 압력, 과부하 등)이 되었을 경우 감지하여 안전한 상태가 되도록 중단하거나 조절하는 방호장치이다.
⑤ 격리형 방호장치 : 작업자와 위험 기계 및 작업장 사이에 재해 방지를 위해 완전히 차단하는 방호장치이다.
⑥ 접근거부형 방호장치 : 작업자가 설정되어진 위험한계 내로 접근하면 접근이 자체적으로 차단되는 방호장치이다.

마) 용접의 안전관리

금속, 유리, 플라스틱 등의 재료를 열과 압력으로 접합하는 용접의 경우, 선박에서는 아크용접과 가스용접이 가장 많이 사용되고 있다.

① 아크용접

아크(Arc)란 용접봉과 모재사이에 전압을 걸고 용접봉의 선단을 모재에 가볍게 접촉시켰다가 떼는 순간에 방전으로 강한 빛과 고열을 내는 원호모양의 불꽃을 의미하며,

39) 산업안전대사전
(https://terms.naver.com/entry.naver?docId=506858&cid=42380&categoryId=42380, 검색일: 2022.08.27.)

이를 통해서 큰 전류가 흐른다. 아크용접은 이러한 아크열에 의해 금속모재의 용접부를 용융시키고 용접부에 결합시키는 방법이다. 이러한 아크용접 시 발생할 수 있는 유해인자를 보면 전기충격, 아크광선에 의한 눈의 손상, 공기오염, 화재, 폭발 및 소음 등을 꼽을 수 있다. 이를 위한 아크용접의 안전 예방대책은 다음과 같다.

〈표 4-38〉 아크용접 시 안전 예방책

아크용접 시 안전 예방 대책
1. 인적 사항 - 항상 적합한 보호의복을 착용할 것. - 항상 보안경을 착용할 것. - 용접과 관련된 훈련과 기술을 미리 습득하고 훈련할 것. - 작업장에 설정된 규정을 반드시 준수할 것. - 작업장 주위의 환경을 항상 깨끗이 유지하고, 특히 주변에 가연성 및 폭발성 물질이 잔류하지 않도록 할 것.
2. 물적 사항 - 아크 용접기기의 설치 및 접지가 적절한지 확인할 것. - 파손된 케이블 및 장치가 있는지 사용 전 확인할 것. - 납, 크롬, 카드뮴, 망간, 청동, 아연 등을 용접할 경우나 좁은 장소에서 용접작업을 하는 경우 기계적 배기장치를 사용할 것. - 용접아크에서 나오는 광선에 다른 작업자도 노출되지 않도록 차폐할 것. - 남은 용접봉은 방치하지 말고 반드시 지정된 장소에 폐기할 것. - 압출가스 실린더는 구조물에 지지해서 보관하며 항상 취급 시 유의할 것.

② 가스 용접

가스용접은 아세틸렌, 수소, 프로판 등의 가연성 가스와 산소가 화학반응 시 발생하는 열을 이용해 용접작업을 하는 방법이다. 통상 산소-아세틸렌의 용접이 빈번하게 사용되고 있으며 선박에서는 전기를 이용할 수 없는 곳이나 얇은 금속의 용접에 사용되는 등 특수한 작업의 경우 사용되고 있다. 장점으로는 용접응용범위가 매우 넓으며, 설치비용 등이 저렴한 이점이 있다. 하지만 가연성 가스를 사용하기에 그만큼 폭발의 위험성이 크고 금속이 산화될 가능성이 존재하며, 용접 변형도 커서 용접기술이 부족할 경우 기계적 강도가 떨어질 수도 있다. 또한 가스 누설에 대한 위험성도 항상 존재한다. 가스용접과 관련된 사고를 예방하기 위한 주요 대책은 다음과 같다.

〈표 4-39〉 가스용접 시 안전 예방책

가스용접 시 안전 예방 대책
1. 화재사고 - 용접 장소에는 반드시 소화기를 비롯해 불연성 포 등의 물품을 비치토록 한다. 2. 폭발사고 - 역화 방지기를 설치한다. - 인화성 액체 및 가연성 가스의 존재 여부를 Gas Detector 등을 이용해 확인 후, 작업을 시행한다. - 사용 장비에 가스 누설이 없는지 주기적으로 점검한다. 3. 화상사고 - 안면보호구, 헬멧, 방진마스크 등 개인보호구를 반드시 착용한다. 4. 질식사고 - 작업장의 산소 농도를 최소 18퍼센트[40] 이상 유지한다. 5. 추락사고 - 안전대 및 난간을 설치한다. - Harness와 같은 장비를 착용한다. 6. 인적요소 - 작업 전 안전교육을 반드시 실시한다. - 작업 전 위험성평가 및 체크리스트를 통해 작업사항을 인지한다.

바) 공작기계 등의 안전관리

절삭가공이란 금속 등의 재료(공작물)와 공구를 상대적으로 움직이면서 깎거나 구멍을 뚫는 등 원하는 형태로 재료를 가공하는 것이다. 절삭가공은 크게 두 가지 방법으로 분류하는데, 가공하는 공작물은 고정한 채 공구를 회전시키는 전삭과 공작물 자체를 회전시키는 선삭으로 구분된다. 이러한 절삭가공을 하는 기계를 우리는 통상 공작기계로 칭하는데 여기에는 선반, 드릴, 밀링 등이 포함된다.

① 선반의 안전관리

선반이란 공작물을 주축에 고정하여 회전하고 있는 동안, 바이트에 이송을 주어 외경, 절단, 보링, 단면절삭, 나사 절삭 등의 가공을 하는 공작기계이다. 선반의 종류는 다양

40) 산업안전보건기준에 관한 규칙(2022) 제618조 3항에 따르면 적정공기에서의 산소농도는 18퍼센트~23.5퍼센트 사이의 범위를 제시한다.

하며, 목적과 용도에 따라 나뉜다. 해당 주요 위험요인과 안전 대책은 다음과 같다.

ⓐ 회전부위 등 위험
- 회전부위에 접촉하거나 말림에 의한 재해
- 주축대, 심압대의 결함에 의한 재해
- 선반의 부품이나 공작물에 작업복, 안전장갑, 손 또는 팔이 걸리는 재해

ⓑ 비산에 의한 위험
- 튀는 금속 조각에 의해 눈이나 신체 부상

ⓒ 절삭유, 냉각제 등에 의한 공기오염 및 피부질환

ⓓ 공작물의 낙하에 의한 위험

ⓔ 장시간 반복 작업 시 발생하는 위험
- 근골격계 부상 및 질환

〈표 4-40〉 선반작업 시 안전조치

선반작업 시 안전 조치
1. 보호가드 설치 2. 비상용 브레이크 설치 3. 칩(Chip) 비산 방지를 위한 가드 또는 브레이크 설치 4. 방진구 및 돌리개 등의 설치 (긴 공작물 가공작업 시) 5. 바이트는 가급적 짧고 단단히 조일 것 6. 칩 제거 시 수공구 사용

② 연삭기(Grinder)의 안전관리

연삭기는 고정식 연삭기와 휴대용 연삭기로 구분할 수 있다. 고정식 연삭기 안전작업에 관한 기술지침은 KOSHA GUIDE M-190-2015로 지정하여 고시하고 있다. 연삭기를 통한 주요 위험요소와 기본 안전대책은 다음과 같다.

ⓐ 소재의 비산 혹은 반발로 인한 신체 부상

ⓑ 파손된 절단석으로 인한 위험

ⓒ 금속 분진으로 인한 호흡기 및 피부질환

ⓓ 누전 발생 시 감전 위험

ⓔ 장시간 반복 작업 시 발생하는 위험

〈표 4-41〉 연삭기 사용 시 안전조치

연삭기 사용 시 안전 조치
1. 방호덮개 및 소재 고정 장치 이용
2. 규격화된 절단석 사용 및 주기적인 점검과 교체
3. 절단 작업 시, 제조사의 지침에 맞는 규격을 지킬 것
4. 누전차단기 접속
5. 개인 안전 보호구 착용

③ 목공기계의 안전

목공기계는 선박에서 합판이나 목재 절단 및 가공을 위해서 사용된다. 목재가공용 톱이나 동력식 수동대패의 경우는 산업안전보건법 시행령 제77조에 따라 자율안전확인대상기계[41]로 지정되어 있다. 목공기계를 이용해서 작업하는 경우 다음과 같은 안전대책을 고려하도록 한다.

ⓐ 안전보호구의 착용

ⓑ 위험한 기계 작업의 경우, 나무 막대, 푸시 블록, 클램프 등의 보조도구 활용

ⓒ 클램프 중심대에 가드 설치하기

ⓓ 2인 1조로 작업 수행하기

ⓔ 도구의 진행방향을 고려하여 베임 및 절단 사고 주의하기

4) 가스 안전 관리

가) 개요

선박에서 가스 사고 폭발이 일어난다면 폭발음과 화염이 발생하며, 폭발 에너지의 특성에 의해 심각한 인적·물적 피해가 발생될 수 있다. 이와 같은 결과는 선박으로서의 기능 정지와 더불어 관련 회사의 명성과 존립에도 심각한 악영향을 끼치게 된다. 따라서 이와 같은 사고가 발생되지 않도록 예방이 필요하며 가스 사고 발생시 발생될 수 있는 피해를 최소화 하기 위한 대책 마련이 필요하다.

41) 산업안전보건법 제89조에 따르면, 자율안전확인대상기계로 지정된 경우, 해당 기계의 안전에 관한 성능이 고용노동부장관이 정하여 고시하는 안전기준(자율안전기준)에 맞는지 확인하여 고용노동부장관에 신고하도록 명시하고 있다.

(1) 가스 특징

① 일반 공기

지역 및 고도에 따른 차이점은 있지만 대부분 질소, 산소, 아르곤, 이산화탄소 및 수증기와 소수의 기체로 구성되어 있다. 그리고 공기의 평균 분자량은 22 g/mol이며 22.4 ℓ를 1몰로 가정시 표준상태에서의 공기 밀도는 1.2 g/ℓ이다.

② 기체 비중

기체의 비중은 일정한 체적을 갖고 있는 가스의 분자량과 같은 체적을 갖는 공기 평균 분자량의 비율이다. 이와 같은 기체의 비중은 표준상태에서의 기체의 상태를 나타낸다. 비중이 1보다 큰 경우 그 기체가 고기보다 무거워 공기보다 아래로 가라앉아 고일 것이고, 1보다 낮은 경우 공기보다 가벼워 공기 중으로 분산된다.

③ 예혼합가스 연소

가연성 가스[42]와 지연성 가스[43]가 일정한 비율로 혼합된 연료가 확산하는 형태의 연소이다. 연소된 가스와 미연소된 가스 사이의 경계면에서 화염이 발생하며 이로 인해 역화(Flash back)가 발생될 수 있다. 연소된 가스는 고온이며 이를 통해 가스 체적이 팽창하여 미연소된 가스를 연소 방향으로 유동시킨다. 이렇게 진행되는 화염속도는 미연소 가스의 유속에 따라 증가하게 된다.

④ 폭발한계

가연성 가스와 공기 또는 산소가 일정한 비율로 혼합되어 한정된 범위의 농도가 되었을 때 연소가 일어난다. 혼합된 가스의 연소로 인해 발생된 화염이 전파되기 위해서는 그 열량이 주변의 혼합기체의 발화온도까지 가열되어야 연소가 계속적으로 이어진다. 이 같은 농도가 낮을 경우를 연소하한계(Low Explosive Limit)라 하고 높을 경우를 연소상한계(Upper Explosive Limit)라 하며, 그 사이의 범위를 폭발 범위 또는 가연성 범위라고 한다. 이 같은 한계는 일반적인 단일계의 경우 가연성가스의 용적백분율로 표시하며[Vol. %], 분진과 같은 불균일계는 [mg/l]이나 [g/m^3] 등으로 나타낸다. 아래는 이를 표시하는 방법은 혼합가스 성분의 연소범위를 구하는 르샤틀리에 법칙과 하나의 가연성 가스의 연소범위를 구하는 존스식이 있으며, 이는 가연성가스의 연소상한계수 및 하한계수를 나타내는 식이다.

42) 산소 또는 공기와 혼합하여 빛과 열을 발해서 연소하는 가스

43) 불연성 가스와 똑같이 연소하거나 폭발하지 않지만 연소를 지지하는 가스, (https://terms.naver.com/entry.naver?docId=505830&cid=42380&categoryId=42380, (지연성가스)

〈그림 4-13〉 연소범위와 포화증기압선도

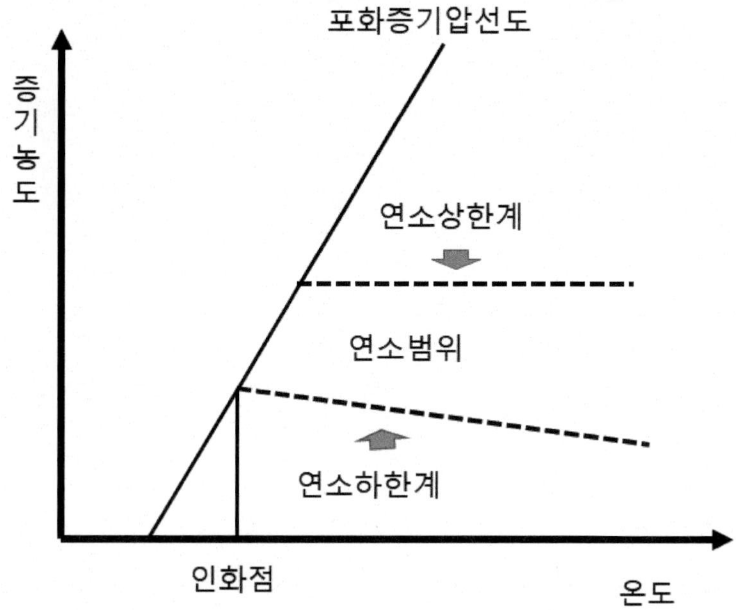

〈표 4-42〉 연소가스별 특성

물질명	화학식	비중	인화점(℃)	착화점(℃)	폭발한계(Vol.%)	
					상한계수	하한계수
메탄	CH4	0.55	기체 상태	537	5.0	15.0
프로판	C3H8	1.56	기체 상태	432	2.2	9.5
부탄	C4H10	2.01	기체 상태	365	1.9	8.5
톨루엔	C7H8	3.14	4.0	480	14.3	6.7
가솔린	혼합물	3.40	-43.0	257	1.4	7.6
아세톤	C3HO	2.00	-18	465	2.6	12.8
벤젠	C6H6	2.77	-11	498	1.4	6.7
수소	H2	0.07	기체 상태	500	4.0	75.0

각각의 물질들은 〈표 4-42〉와 같이 각각의 다른 연소범위를 가지고 있으며, 이와 같은 가스를 취급하는 경우 이러한 특성에 대해 인지하여 관리하여야 한다. 그리고 일반 산업에서 사용하는 폭발성가스의 정의는 연소하한계의 농도 하한 10% 이하, 또는 상·하한계수의 차가 20% 이상인 가스를 나타낸다.

⑤ 가스의 종류

ⓐ 압축 가스 : 임계온도가 상온(14.5℃~15.5℃)보다 낮아 상온에서 압축시켜도 액화되지 않고, 단지 기체 상태로 압축된 가스

ⓑ 액화 가스 : 가압 및 냉각을 통하여 액체 상태로 되어 있어 대기압에서의 끓는점이 40℃이하 도/는 상용 온도 이하인 가스

ⓒ 용해 가스 : 압축 및 액화시 스스로 분해폭발을 일으키는 가스

ⓓ 독성 가스 : 공기 중에 일정량 이상 존재하면 인체에 유해한 독성을 가지는 가스로 허용농도가 5000/1000000 이하인 것

(2) 연소에 영향을 주는 요소

① 온도

온도가 올라가면 기체의 분자 운동도 증가되어 반응성이 올라가며 결국 폭발범위 확대로 이어진다. 일반적으로 온도가 10℃상승시 반응속도는 2배 증가되는 경향이 있다. 이와 관련된 식은 아래와 같다.

$$V = Ce^{-\frac{E}{RT}} = \frac{C}{e^{\frac{E}{RT}}}$$

※ V : 반응속도 또는 충돌빈도(상수). C : 빈도계수 또는 충돌계수
E : 활성화에너지(Cal/mol or KJ/mol),
R : 기체상수(Cal/,mol·K or 8.314 J/mol·K) T : 절대온도(K)

온도가 높아지면 열의 반응속도는 올라가게 되고, 반대로 온도가 내려가면 반응속도는 내려가며 연소범위에도 영향을 끼치게 된다. 그리고 보일 샤를 법칙에 의해 온도 상승시 부피와 압력도 상승하게 되어 연소범위가 확대된다.

$$\frac{P_1 V_1}{T_1} = \frac{P_2 V_2}{T_2} = K$$

자베타키스는 연소한계와 온도의 관계성을 확인하였으며, 100℃ 상승시 연소상한계수 및 하한계수는 ±8% 정도로 범위가 확대된다.

$$LFL_T = LFL_{25} \times [1 - 0.000721(T - 25℃)]$$
$$UFL_T = UFL_{25} \times [1 - 0.000721(T - 25℃)]$$

〈그림 4-14〉 온도 상승과 연소범위 변화

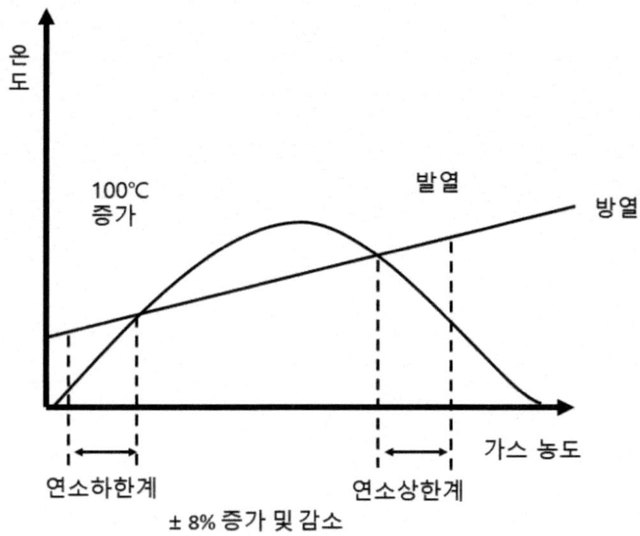

② 압력

연소한계는 압력에 영향을 받아 변화하게 된다. 상한계와 하한계에 따라 차이가 발생한다. 일반적으로 하한계는 압력의 증가에 따라 증가하며 이는 가스의 성질에 따라 차이가 발생한다. 그리고 상한계는 일반적으로 압력상승과 같이 증가한다. 즉 고압이 되면 연소범위도 확대가 되며, 폭발시 온도, 압력, 조성의 관계에서 일어나 발화 온도는 압력에 영향을 주게 된다.

③ 산소 농도

최소산소농도 화재 및 폭발방지 기준으로 사용되는 단위이며, 최소산소농도 이하로 감소시키면 화재 및 폭발을 방지할 수 있다. 예를들어 가연성 가스에 불연성 가스를 첨가하면 최소산소농도를 감소시킬 수 있다. 그리고 연소하한계 값은 산소중에서 변함이 없으나 연소상한계에서는 산소의 농도 증가에 따라 폭발의 위험은 증가한다.

④ 점화원

폭발 및 화재를 발생시키기 위해서는 가연성 혼합가스와 적당한 발화원이 필요하다. 이와 같은 점화원에는 아래와 같은 종류가 있다.

ⓐ 전기점화 : 전극 사이의 가연성 기체와 공기의 혼합기체에 전기 에너지 주입시 화학반응에 의해 화염 발생

ⓑ 마찰 : 고체 표면의 미세 요철 및 돌기가 접촉시 마찰에너지가 집중되어 열 에너지로 변환

ⓒ 자연발화 : 외부 에너지 주입 없이 물질이 상온에서 축적된 에너지에 의해 스스로 연소를 일으키는 현상

ⓓ 압축 : 기체 압축시 단열압축이 되고 온도가 상승

ⓔ 고온표면 : 작업시 열이 발생하는 기기 및 설비

(3) 연소 및 폭발 종류

① 분진폭발

가연성 고체가 세분화 되어 작은 입자 상태로 공기중에 일정 이상의 밀도로 부유하며 점화원과 접촉시 산소와 반응하여 급속하게 열과 빛을 내며 전파되는 현상이다. 이와 같은 작은 입자 즉 분진입자는 쉽게 공기중에 부유하며, 표면적이 크기 때문에 쉽게 연소되어 폭발 위험성이 발생 된다.

② 분무폭발

가연성의 액체가 공기중에 분출되며 미세한 액적이 되어 공기 중에서 혼합된 후 열에너지 접촉시 발생한다. 가연성 액체의 온도가 인화점 이상인 경우 액적의 주위에 가연성 혼합기체가 되어 가스폭발이 되거나 분출된 가연성 액체의 온도가 인화점이하로 존재하여도 착화에너지에 의해 가열되어 가연성 혼합기체가 되고 연소하면 연쇄적으로 주변에 반응하여 폭발을 가속화 한다. 예를 들어, 압력유나 윤활유 등은 인화점이 높아 연소되기 어려우나 압력이 가해진 상태에서 기기설비나 배관의 외부로 분무된 경우 분무폭발을 일으킬 수 있다.

③ 분해폭발

불안정화된 물질이 분해반응을 일으키며, 이와 같은 반응에서 발생한 발열에 의해 진행되는 폭발현상이다. 이와 같은 물질을 불안정물질이라 하며 산소나 산화성물질과 혼합되지 않아도 에너지 주입시 분해되어 다량의 발열 발생하는 경우가 있다. 이와 같은 물질은 아세틸렌, 산화에틸렌, 산화질소, 시안화수소, 니트로글리세린, 과산화 벤조일, 아세틸렌동, 디아조늄염, 질산암모니아 등이 있다. 그리고 공간내 가연성 가스의 압력을 상승 및 착화에너지가 주입시 연소가 발생하며, 이로 인해 발생되는 화염의 속도는 상승하여 결국 발생 압력도 증가 시킬 수 있다. 이 현상은 벨브의 개폐의 따른 단열압축열로 인해 연소가 일어날 수 있다.

사고 방지를 위해 발화에너지와 접촉 금지시키며 분해성이 없는 안정된 불활성물질과 희석하여 관리할 수 있다.

④ 증기운폭발

대기중에 대량의 가연성 가스나 증기가 유출되거나 대량의 가연성 액체가 유출되어 열을 흡수하여 발생된 유증기가 공기와 혼합하여 가연성 혼합기체를 형성하고 발화하며 화염을 동반한 폭발 현상이다.

〈그림 4-15〉 증기운 폭발

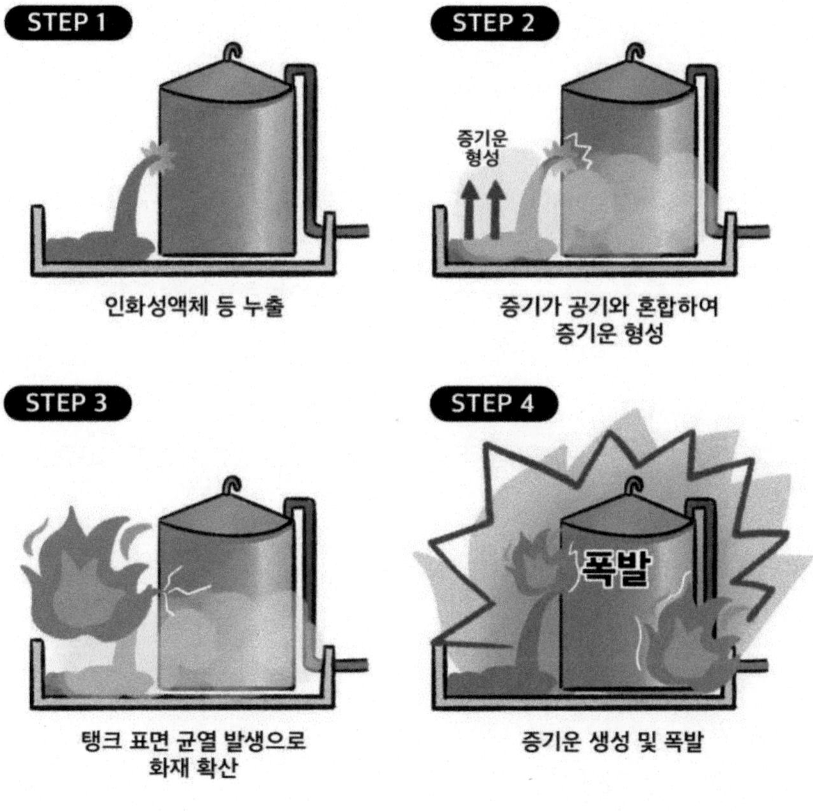

⑤ 증기폭발

액체가 급속하게 가열되거나 주변의 압력이 감소하게 되면 액체 내부에 기포가 생성되며 증발하여 발생하는 폭발이다. 이와 같은 비등현상에 의해 액체가 급격히 기화됨에 따라 부피가 증가되는데 이는 공간내 압력 상승으로 이어져 폭발이 발생하게 된다. 착화가 필요하지 않아 화염없이 폭발이 발생할 수 있다.

(4) 폭발 사고의 예방

폭발 사고 예방을 위해서는 인화성 액체나 가스를 사용하는 장소에서는 기준에 따라 폭발 위험장소를 구분하고 적정한 방폭 기기를 사용하여야 한다.

① 폭발위험장소 구분

폭발위험장소는 인화성 액체 증기 또는 가연성 가스로 인하여 화재 및 폭발이 발생할 수 있는 위험구역에서 적절한 방폭형 설비나 기기를 선정하기 위하여 필요한 사항을 정하기 위해 분류를 한다. 이와 같은 구분은 각 국가별로 차이가 있으며 일반적인 구분은 Zone의 형태로 분류한다. 아래는 HSE 및 KOSHA에서의 위험지역 분류를 구분하는 형식을 나타낸다.

ⓐ Zone 0(0종 장소) : 가스 폭발 분위기가 연속적으로 장기간 또는 빈번하게 존재하는 장소

ⓑ Zone 1(1종 장소) : 정상작동 중에 가스 폭발분위기가 주기적 또는 간헐적으로 생성되기 쉬운 장소

ⓒ Zone 2(2종 장소) : 정상작동 중 가스 폭발분위기가 조성되지 않을 것으로 예상되며 생성된다 하더라도 짧은 기간에만 지속되는 장소

이와 같은 폭발위험장소에서는 다음과 같은 사항을 위험 요소를 고려하여야 하며 문서화 하여 기록화 하여야 한다.

- 존재할 수 있는 가연성 물질;
- 각각의 가연성 물질의 물성 및 특성;
- 잠재적인 방출의 원천과 폭발성 대기를 형성할 수 있는 방법;
- 작동 온도 및 압력
- 환기의 존재, 정도 및 가용성 (강제 및 자연)
- 방출된 증기를 가연성 한계 이하로 분산시키는 단계

② 기기보호 수준과 방폭구조

방폭기기 선정을 위해서 위험성 평가 방법이 활용되며, 방폭구조에 상관없이 기기의 고유 점화위험도를 나타내는 기기보호수준 시스템이 있으며 이는 KOSHA IEC 규격에 나타나 있다. 이를 통하여 보호 수준에 따른 적합한 형식을 확인하여 기기를 선정할 수 있다.

〈표 4-43〉 기기 보호 수준
(가스폭발위험장소의 전기설비 설계, 선정 및 설치에 관한 기술지침, 2018.10. 한국산업안전보건공단 발행)

위험장소	기기보호 수준
0종	Ga
1종	Ga 또는 Gb
2종	Ga, Gb 또는 Gc

〈표 4-44〉 기기보호수준과 방폭구조
(가스폭발위험장소의 전기설비 설계, 선정 및 설치에 관한 기술지침, 2018.10. 한국산업안전보건공단 발행)

기기 보호 수준	방폭구조	기호
Ga	본질안전	ia
	몰드구조	mA
	각기 EP Gb에 맞는 2가지 독립된 보호구조	-
	광반사를 사용하는 기기와 송신시스템의 보호	-
Gb	내압용기	d
	안전증	e
	본질안전	ib
	몰드	m, mb
	유입	o
	압력	p, px, py
	충전	q
	필드 본질안전개념(FISCO)	-
	광방사를 사용하는 기기와 송신시스템의 보호	-
Gc	본질안전	ic
	몰드	mc
	비점화	n, nA
	제한급기	nR
	에너지 제한	nL
	스파크 기기	nC
	가압용기	pz
	필드버스 비점화개념(FNICO)	-
	광방사를 사용하는 기기와 송신시스템의 보호	-

③ 기기 그룹에 따른 선정

방폭 전기기는 아래의 표에 따라 선정하여야 한다. 특정가스나 증기에 적합한 전기기기를 다른 가스에서 사용하기 위해서는 전문 기관에 의한 위험성평가와 무방함을 보증하는 평가결과서가 있어야 한다.

〈표 4-45〉 가스/증기 기기 그룹과의 관계
(가스폭발위험장소의 전기설비 설계, 선정 및 설치에 관한 기술지침, 2018.10. 한국산업안전보건공단 발행)

가스·증기 폭발위험 장소	허요요 기기그룹
Ⅱ A	Ⅱ, Ⅱ A, Ⅱ B, Ⅱ C
Ⅱ B	Ⅱ, Ⅱ B, Ⅱ C
Ⅱ C	Ⅱ, Ⅱ C

④ 가스·증기의 발화 온도에 따른 설정

전달기기 최대표면 온도가 존재할 가능성이 있는 어떤 가스나 증기의 발화온도 도달되지 않도록 하여야 한다. 그리고 전기기기의 주위 온도 범위를 표시하고 있지않다면 -20℃부터 +40℃ 범위 내에 사용될수 있으며, 주위 온도가 표기가 되는 기기는 그 표시범위 내에서 사용한다. 이에 대한 온도등급은 구분은 아래의 표와 같다.

〈표 4-46〉 가스·증기 발화온도와 기기의 온도등급 관계
(가스폭발위험장소의 전기설비 설계, 선정 및 설치에 관한 기술지침, 2018.10. 한국산업안전보건공단 발행)

폭발위험장소 구분에 따른 온도등급	가스·증기의 발화온도	허용 가능한 기기의 온도등급
T1	〉450	T1~T6
T2	〉300	T2~T6
T3	〉200	T3~T6
T4	〉135	T4~T6
T5	〉100	T5~T6
T6	〉85	T6

5) 특수작업 안전관리

가) 개요

선박의 안전운항을 위해 수행하는 선내 작업 가운데 특수한 조건에서 이루어지는 몇 가지 작업은 특수 작업으로 분류한다. 이러한 특수 작업의 종류에는 밀폐구역(공간)작업, 화기작업, 중량물 운반작업, 전기작업, 고소/현외작업 등으로 선사마다 구분하여 지정하고 있다. 또한 절차서, 지침서를 통해 이러한 특수작업 시행 시에는 해당 작업 책임자는 작업허가서(Work Permit) 및 관련 기타 점검표와 위험성 평가(Risk Assessment)를 이용하여 작업의 안전관련 사항을 점검, 확인하고 본선의 선장과 육상의 안전담당책임자에게 승인을 받은 후 해당 작업에 임하도록 절차를 수립하고 있다.

나) 밀폐구역 작업 안전관리

밀폐구역이란 작업자가 작업을 수행하는 공간 내에 환기가 불충분한 상태에서 산소결핍, 유해가스로 인한 건강장해와 인화성물질에 의한 화재 및 폭발 등의 위험이 있는 장소를 의미하며, 통상 다음과 같은 특성을 가지고 있는 구역으로 정의된다.

〈표 4-47〉 밀폐구역의 정의

밀폐구역 정의
1. 산소농도가 18% 미만인 공간
2. 탄산가스 농도 1.5% 이상인 공간
3. 황화수소 농도 10 ppm 이상인 공간
4. 일산화탄소 농도 30 ppm 이상인 공간
5. 기타 유해가스 경우, 작업환경측정 노출기준에 따라 측정하여 초과되는 공간
6. 자연 통풍이 순조롭지 않고, 출입이 제한된 공간

밀폐구역에 진입 전 또는 진입 중 안전에 대한 책임은 선내 안전관리자 및 선장에게 있으며, 앞서 명기한 것처럼 적절한 위험성평가 이후 작업계획을 수립하여야 한다. 또한 작업 시에는 위험을 줄이고 관리하기 위한 충분한 조치를 이행해야 하며, 모든 작업자가 상존하는 위험의 특성을 완벽히 이해하고 주의사항을 이행하였는지를 확인 및 관리하여야 한다. 그러한 책임은 선원을 포함하여 외부 작업자의 경우에도 해당된다. 통상 밀폐구역 작업에 대한 안전대책과 산소농도별 증상, 그리고 산업안전보건기준에 관한

규칙 제10장(밀폐공간 작업으로 인한 건강장해의 예방)에 명시된 밀폐공간 내 작업 시의 조치에 관한 내용은 아래와 같다.

〈표 4-48〉 밀폐구역 작업 시 안전대책

밀폐구역 작업 시 안전대책
1. 밀폐구역 위험작업허가서(Work Permit) 및 기타 점검 체크리스트 작성
2. 작업내용, 일시, 장소, 기간, 방법에 대한 정보를 토대로 점검한 후, 승인
3. 작업인원 및 관련자에게 TBT(Tool Box Talk) 시행
4. 대기 상태가 적절한지, 가스검지기 등으로 점검
5. 효과적인 통풍시스템의 작동
6. 적절한 조명과 EEBD나 산소호흡기 같은 비상장비의 배치
7. 명확한 통신방법의 확립

〈표 4-49〉 산소 농도별 증상

산소 농도별 증상
1. 산소농도 18% : 연속환기 필요
2. 산소농도 16% : 호흡, 맥박의 증가, 두통, 메스꺼움
3. 산소농도 12% : 서 있기 힘들정도의 어지러움
4. 산소농도 10% : 의식불명, 구토, 안면창백
5. 산소농도 8% : 혼절, 7~8분내 사망
6. 산소농도 6% : 호흡정지, 경련, 6분 내 사망

〈표 4-50〉 산업안전보건기준에 관한 규칙(시행 2022.8.10.)

산업안전보건기준에 관한 규칙
제10장 밀폐공간 작업으로 인한 건강장해의 예방 - 제1절 통칙
제618조(정의) 이 장에서 사용하는 용어의 뜻은 다음과 같다.
1. "밀폐공간"이란 산소결핍, 유해가스로 인한 질식 · 화재 · 폭발 등의 위험이 있는 장소로서 별표 18에서 정한 장소를 말한다.
2. "유해가스"란 탄산가스 · 일산화탄소 · 황화수소 등의 기체로서 인체에 유해한 영향을 미치는 물질을 말한다.
3. "적정공기"란 산소농도의 범위가 18퍼센트 이상 23.5퍼센트 미만, 탄산가스의 농도가 1.5퍼센트 미만, 일산화탄소의 농도가 30피피엠 미만, 황화수소의 농도가 10피피엠 미만인 수준의 공기를 말한다.
4. "산소결핍"이란 공기 중의 산소농도가 18퍼센트 미만인 상태를 말한다.
5. "산소결핍증"이란 산소가 결핍된 공기를 들이마심으로써 생기는 증상을 말한다.

제2절 밀폐공간 내 작업 시의 조치 등

제619조(밀폐공간 작업 프로그램의 수립·시행)

① 사업주는 밀폐공간에서 근로자에게 작업을 하도록 하는 경우 다음 각 호의 내용이 포함된 밀폐공간 작업 프로그램을 수립하여 시행하여야 한다.

1. 사업장 내 밀폐공간의 위치 파악 및 관리 방안
2. 밀폐공간 내 질식·중독 등을 일으킬 수 있는 유해·위험 요인의 파악 및 관리 방안
3. 제2항에 따라 밀폐공간 작업 시 사전 확인이 필요한 사항에 대한 확인 절차
4. 안전보건교육 및 훈련
5. 그 밖에 밀폐공간 작업 근로자의 건강장해 예방에 관한 사항

② 사업주는 근로자가 밀폐공간에서 작업을 시작하기 전에 다음 각 호의 사항을 확인하여 근로자가 안전한 상태에서 작업하도록 하여야 한다.

1. 작업 일시, 기간, 장소 및 내용 등 작업 정보
2. 관리감독자, 근로자, 감시인 등 작업자 정보
3. 산소 및 유해가스 농도의 측정결과 및 후속조치 사항
4. 작업 중 불활성가스 또는 유해가스의 누출·유입·발생 가능성 검토 및 후속 조치 사항
5. 작업 시 착용하여야 할 보호구의 종류
6. 비상연락체계

③ 사업주는 밀폐공간에서의 작업이 종료될 때까지 제2항 각 호의 내용을 해당 작업장 출입구에 게시하여야 한다.

제619조의2(산소 및 유해가스 농도의 측정)

① 사업주는 밀폐공간에서 근로자에게 작업을 하도록 하는 경우 작업을 시작(작업을 일시 중단하였다가 다시 시작하는 경우를 포함한다)하기 전 다음 각 호의 어느 하나에 해당하는 자로 하여금 해당 밀폐공간의 산소 및 유해가스 농도를 측정(「전파법」 제2조제1항제5호·제5호의2에 따른 무선설비 또는 무선통신을 이용한 원격 측정을 포함한다. 이하 제629조, 제638조 및 제641조에서 같다)하여 적정공기가 유지되고 있는지를 평가하도록 해야 한다.

1. 관리감독자
2. 법 제17조제1항에 따른 안전관리자 또는 법 제18조제1항에 따른 보건관리자
3. 법 제21조에 따른 안전관리전문기관 또는 보건관리전문기관
4. 법 제74조에 따른 건설재해예방전문지도기관
5. 법 제125조제3항에 따른 작업환경측정기관
6. 「한국산업안전보건공단법」에 따른 한국산업안전보건공단이 정하는 산소 및 유해가스 농도의 측정·평가에 관한 교육을 이수한 사람

② 사업주는 제1항에 따라 산소 및 유해가스 농도를 측정한 결과 적정공기가 유지되고 있지 아니하다고 평가된 경우에는 작업장을 환기시키거나, 근로자에게 공기호흡기 또는 송기마스크를 지급하여 착용하도록 하는 등 근로자의 건강장해 예방을 위하여 필요한 조치를 하여야 한다.

제620조(환기 등)

① 사업주는 근로자가 밀폐공간에서 작업을 하는 경우에 작업을 시작하기 전과 작업 중에 해당 작업장을 적정공기 상태가 유지되도록 환기하여야 한다. 다만, 폭발이나 산화 등의 위험으로 인하여 환기할 수 없거나 작업의 성질상 환기하기가 매우 곤란한 경우에는 근로자에게 공기호흡기 또는 송기마스크를 지급하여 착용하도록 하고 환기하지 아니할 수 있다.

② 근로자는 제1항 단서에 따라 지급된 보호구를 착용하여야 한다.

제621조(인원의 점검) 사업주는 근로자가 밀폐공간에서 작업을 하는 경우에 그 장소에 근로자를 입장시킬 때와 퇴장시킬 때마다 인원을 점검하여야 한다.

제622조(출입의 금지)

① 사업주는 사업장 내 밀폐공간을 사전에 파악하여 밀폐공간에는 관계 근로자가 아닌 사람의 출입을 금지하고, 별지 제4호서식에 따른 출입금지 표지를 밀폐공간 근처의 보기 쉬운 장소에 게시하여야 한다.

② 근로자는 제1항에 따라 출입이 금지된 장소에 사업주의 허락 없이 출입해서는 아니 된다.

제623조(감시인의 배치 등)

① 사업주는 근로자가 밀폐공간에서 작업을하는 동안 작업상황을 감시할 수 있는 감시인을 지정하여 밀폐공간 외부에 배치하여야 한다.

② 제1항에 따른 감시인은 밀폐공간에 종사하는 근로자에게 이상이 있을 경우에 구조요청 등 필요한 조치를 한 후 이를 즉시 관리감독자에게 알려야 한다.

③ 사업주는 근로자가 밀폐공간에서 작업을 하는 동안 그 작업장과 외부의 감시인 간에 항상 연락을 취할 수 있는 설비를 설치하여야 한다.

제624조(안전대 등)

① 사업주는 밀폐공간에서 작업하는 근로자가 산소결핍이나 유해가스로 인하여 추락할 우려가 있는 경우에는 해당 근로자에게 안전대나 구명밧줄, 공기호흡기 또는 송기마스크를 지급하여 착용하도록 하여야 한다.

② 사업주는 제1항에 따라 안전대나 구명밧줄을 착용하도록 하는 경우에 이를 안전하게 착용할 수 있는 설비 등을 설치하여야 한다.

③ 근로자는 제1항에 따라 지급된 보호구를 착용하여야 한다.

제625조(대피용 기구의 비치)

사업주는 근로자가 밀폐공간에서 작업을 하는 경우에 공기호흡기 또는 송기마스크, 사다리 및 섬유로프 등 비상시에 근로자를 피난시키거나 구출하기 위하여 필요한 기구를 갖추어 두어야 한다.

제3절 유해가스 발생장소 등에 대한 조치기준

제627조(유해가스의 처리 등)

사업주는 근로자가 터널·갱 등을 파는 작업을 하는 경우에 근로자가 유해가스에 노출되지 않도록 미리 그 농도를 조사하고, 유해가스의 처리방법, 터널·갱 등을 파는 시기 등을 정한 후 이에 따라 작업을 하도록 하여야 한다.

제628조(소화설비 등에 대한 조치)

사업주는 지하실, 기관실, 선창(船倉), 그 밖에 통풍이 불충분한 장소에 비치한 소화기나 소화설비에 탄산가스를 사용하는 경우에 다음 각 호의 조치를 하여야 한다.

1. 해당 소화기나 소화설비가 쉽게 뒤집히거나 손잡이가 쉽게 작동되지 않도록 할 것
2. 소화를 위하여 작동하는 경우 외에 소화기나 소화설비를 임의로 작동하는 것을 금지하고, 그 내용을 보기 쉬운 장소에 게시할 것

제629조(용접 등에 관한 조치)

① 사업주는 근로자가 탱크·보일러 또는 반응탑의 내부 등 통풍이 충분하지 않은 장소에서 용접·용단 작업을 하는 경우에 다음 각 호의 조치를 하여야 한다.

1. 작업장소는 가스농도를 측정(아르곤 등 불활성가스를 이용하는 작업장의 경우에는 산소농도 측정을 말한다)하고 환기시키는 등의 방법으로 적정공기 상태를 유지할 것
2. 제1호에 따른 환기 등의 조치로 해당 작업장소의 적정공기 상태를 유지하기 어려운 경우 해당 작업 근로자에게 공기호흡기 또는 송기마스크를 지급하여 착용하도록 할 것

② 근로자는 제1항제2호에 따라 지급된 보호구를 사업주의 지시에 따라 착용하여야 한다.

제630조(불활성기체의 누출)

사업주는 근로자가 별표 18 제13호에 따른 기체(이하 "불활성기체"라 한다)를 내보내는 배관이 있는 보일러·탱크·반응탑 또는 선창 등의 장소에서 작업을 하는 경우에 다음 각 호의 조치를 하여야 한다.

1. 밸브나 콕을 잠그거나 차단판을 설치할 것
2. 제1호에 따른 밸브나 콕과 차단판에는 잠금장치를 하고, 이를 임의로 개방하는 것을 금지한다는 내용을 보기 쉬운 장소에 게시할 것
3. 불활성기체를 내보내는 배관의 밸브나 콕 또는 이를 조작하기 위한 스위치나 누름단추 등에는 잘못된 조작으로 인하여 불활성기체가 새지 않도록 배관 내의 불활성기체의 명칭과 개폐의 방향 등 조작방법에 관한 표지를 게시할 것

제631조(불활성기체의 유입 방지)

사업주는 근로자가 탱크나 반응탑 등 용기의 안전판으로부터 불활성기체가 배출될 우려가 있는 작업을 하는 경우에 해당 안전판으로부터 배출되는 불활성기체를 직접 외부로 내보내기 위한 설비를 설치하는 등 해당 불활성기체가 해당 작업장소에 잔류하는 것을 방지하기 위한 조치를 하여야 한다.

제632조(냉장실 등의 작업)

① 사업주는 근로자가 냉장실·냉동실 등의 내부에서 작업을 하는 경우에 근로자가 작업하는 동안 해당 설비의 출입문이 임의로 잠기지 않도록 조치하여야 한다. 다만, 해당 설비의 내부에 외부와 연결된 경보장치가 설치되어 있는 경우에는 그러하지 아니하다.

② 사업주는 냉장실·냉동실 등 밀폐하여 사용하는 시설이나 설비의 출입문을 잠그는 경우에 내부에 작업자가 있는지를 반드시 확인하여야 한다.

제633조(출입구의 임의잠김 방지)

사업주는 근로자가 탱크·반응탑 또는 그 밖의 밀폐시설에서 작업을 하는 경우에 근로자가 작업하는 동안 해당 설비의 출입뚜껑이나 출입문이 임의로 잠기지 않도록 조치하고 작업하게 하여야 한다.

제634조(가스배관공사 등에 관한 조치)

① 사업주는 근로자가 지하실이나 맨홀의 내부 또는 그 밖에 통풍이 불충분한 장소에서 가스를 공급하는 배관을 해체하거나 부착하는 작업을 하는 경우에 다음 각 호의 조치를 하여야 한다.

1. 배관을 해체하거나 부착하는 작업장소에 해당 가스가 들어오지 않도록 차단할 것
2. 해당 작업을 하는 장소는 적정공기 상태가 유지되도록 환기를 하거나 근로자에게 공기호흡기 또는 송기마스크를 지급하여 착용하도록 할 것

② 근로자는 제1항제2호에 따라 지급된 보호구를 사업주의 지시에 따라 착용하여야 한다.

제635조(압기공법에 관한 조치)

① 사업주는 근로자가 별표 18 제1호에 따른 지층(地層)이나 그와 인접한 장소에서 압기공법(壓氣工法)으로 작업을 하는 경우에 그 작업에 의하여 유해가스가 샐 우려가 있는지 여부 및 공기 중의 산소농도를 조사하여야 한다.

② 사업주는 제1항에 따른 조사 결과 유해가스가 새고 있거나 공기 중에 산소가 부족한 경우에 즉시 작업을 중지하고 출입을 금지하는 등 필요한 조치를 하여야 한다.

③ 근로자는 제2항에 따라 출입이 금지된 장소에 사업주의 허락 없이 출입해서는 아니 된다.

제636조(지하실 등의 작업)

① 사업주는 근로자가 밀폐공간의 내부를 통하는 배관이 설치되어 있는 지하실이나 피트 등의 내부에서 작업을 하는 경우에 그 배관을 통하여 산소가 결핍된 공기나 유해가스가 새지 않도록 조치하여야 한다.

② 사업주는 제1항에 따른 작업장소에서 산소가 결핍된 공기나 유해가스가 새는 경우에 이를 직접 외부로 내보낼 수 있는 설비를 설치하는 등 적정공기 상태를 유지하기 위한 조치를 하여야 한다.

제637조(설비 개조 등의 작업)

사업주는 근로자가 분뇨·오수·펄프액 및 부패하기 쉬운 물질에 오염된 펌프·배관 또는 그 밖의 부속설비에 대하여 분해·개조·수리 또는 청소 등을 하는 경우에 다음 각 호의 조치를 하여야 한다.

1. 작업 방법 및 순서를 정하여 이를 미리 해당 작업에 종사하는 근로자에게 알릴 것
2. 황화수소 중독 방지에 필요한 지식을 가진 사람을 해당 작업의 지휘자로 지정하여 작업을 지휘하도록 할 것

제4절 관리 및 사고 시의 조치 등

제638조(사후조치)

사업주는 관리감독자가 별표 2 제19호나목부터 라목까지의 규정에 따른 측정 또는 점검 결과 이상을 발견하여 보고했을 경우에는 즉시 환기, 보호구 지급, 설비 보수 등 근로자의 안전을 위해 필요한 조치를 해야 한다.

제639조(사고 시의 대피 등)

① 사업주는 근로자가 밀폐공간에서 작업을 하는 경우에 산소결핍이나 유해가스로 인한 질식·화재·폭발 등의 우려가 있으면 즉시 작업을 중단시키고 해당 근로자를 대피하도록 하여야 한다.

② 사업주는 제1항에 따라 근로자를 대피시킨 경우 적정공기 상태임이 확인될 때까지 그 장소에 관계자가 아닌 사람이 출입하는 것을 금지하고, 그 내용을 해당 장소의 보기 쉬운 곳에 게시하여야 한다.

③ 근로자는 제2항에 따라 출입이 금지된 장소에 사업주의 허락 없이 출입하여서는 아니 된다.

제640조(긴급 구조훈련)

사업주는 긴급상황 발생 시 대응할 수 있도록 밀폐공간에서 작업하는 근로자에 대하여 비상연락체계 운영, 구조용 장비의 사용, 공기호흡기 또는 송기마스크의 착용, 응급처치 등에 관한 훈련을 6개월에 1회 이상 주기적으로 실시하고, 그 결과를 기록하여 보존하여야 한다.

제641조(안전한 작업방법 등의 주지)

사업주는 근로자가 밀폐공간에서 작업을 하는 경우에 작업을 시작할 때마다 사전에 다음 각 호의 사항을 작업근로자(제623조에 따른 감시인을 포함한다)에게 알려야 한다.

1. 산소 및 유해가스농도 측정에 관한 사항
2. 환기설비의 가동 등 안전한 작업방법에 관한 사항
3. 보호구의 착용과 사용방법에 관한 사항
4. 사고 시의 응급조치 요령
5. 구조요청을 할 수 있는 비상연락처, 구조용 장비의 사용 등 비상시 구출에 관한 사항

제642조(의사의 진찰)

사업주는 근로자가 산소결핍증이 있거나 유해가스에 중독되었을 경우에 즉시 의사의 진찰이나 처치를 받도록 하여야 한다.

제643조(구출 시 공기호흡기 또는 송기마스크의 사용)

① 사업주는 밀폐공간에서 위급한 근로자를 구출하는 작업을 하는 경우 그 구출작업에 종사하는 근

로자에게 공기호흡기 또는 송기마스크를 지급하여 착용하도록 하여야 한다.
② 근로자는 제1항에 따라 지급된 보호구를 착용하여야 한다.

제644조(보호구의 지급 등)
사업주는 공기호흡기 또는 송기마스크를 지급하는 때에 근로자에게 질병 감염의 우려가 있는 경우에는 개인전용의 것을 지급하여야 한다.

다) 화기작업(Hot Work) 안전관리

선박에서는 기관실 내 공작실(Workshop)과 같은 지정된 장소에서의 화기작업 외 지정되지 않은 장소에서의 작업은 상당한 주의를 기울여야 하는데, 갑판상이나 선내 구역에서는 윤활제를 비롯한 다양한 인화성 물질이 존재하기 때문이다. 따라서 화기작업 전 반드시 위험성 평가를 실시하여 위험 요소를 식별 및 평가해야 한다. 아울러 이를 통해 식별된 경감 조치를 통해서 위험도를 낮추고 작업은 안전하게 이행해야 한다. 지정되지 않은 장소에서의 화기작업의 경우는 수리를 위해 현실적인 대체 수단이 없을 때만 고려하는 것이 좋다.

〈표 4-51〉 선내 화기작업 가이드라인 예시

선내 화기작업 가이드라인						
작업 장소 / 최소요건	Work shop	Engine Room	Open Deck	Enclosed Space	Main Deck	Cargo, Ballast Tank
업무계획서, 위험성평가 완료	✔	✔	✔	✔	✔	✔
적절한 환기장치 설치	✔	✔		✔	✔	✔
작업허가서 발급	✔	✔	✔	✔	✔	✔
구역 세척 및 가스 배출				✔		
연료구역에서 50cm 떨어진 지점		✔		✔	✔	✔
회사의 작업 허가서 발급		✔		✔		✔
Tank Valve 분리					✔	✔
연결된 Pipeline 플러싱 및 배수					✔	✔
퍼지작업 수행				✔		✔

〈그림 4-16〉 화기 작업 Flow Chart

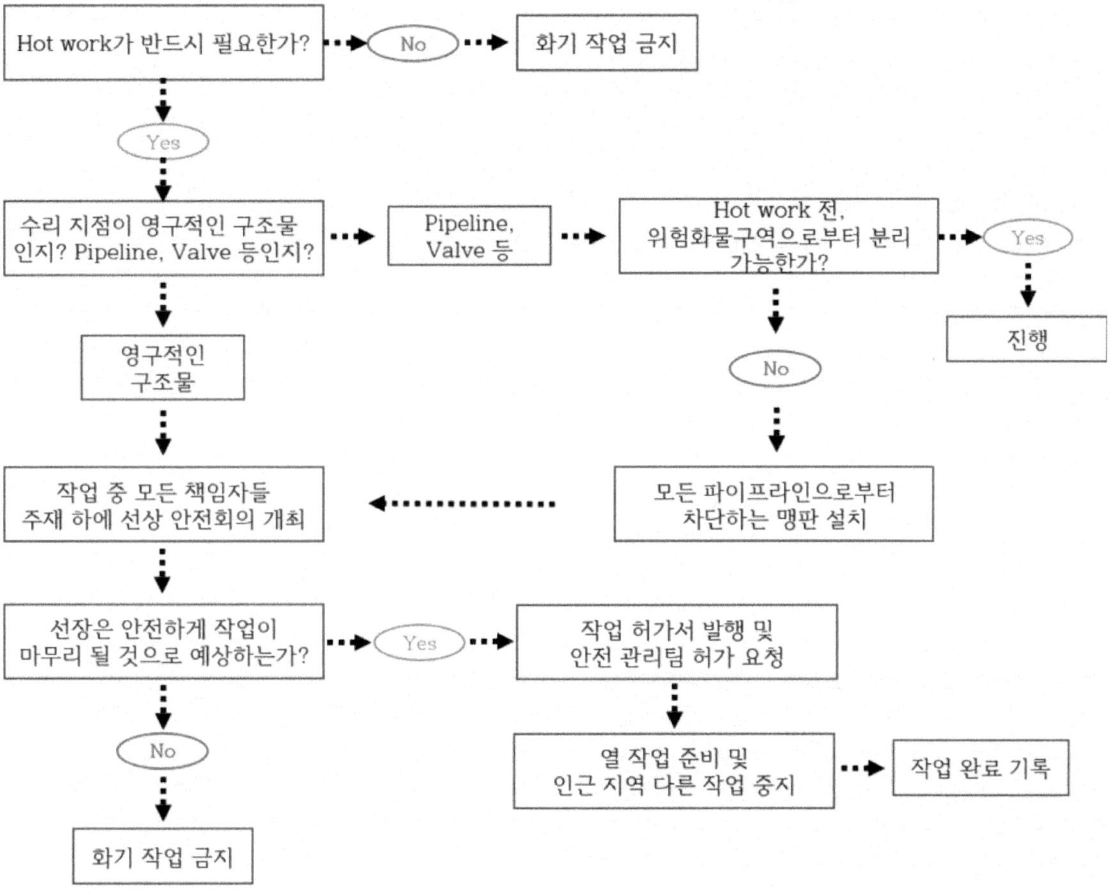

라) 고소/현외작업 작업관리

사업주는 작업발판 및 통로의 끝이나 개구부 등으로부터 근로자의 추락 위험을 방지하기 위한 조치를 하여야 한다. 현외작업은 선박외부 난간대 밖에 매달려서 하는 작업 등 선체에서 벗어난 채로 작업하는 것을 뜻한다. 고소/현외작업은 추락의 경우, 즉시 사망으로 이어질만큼 치명적인 중대재해가 일어날 수 있다. 이렇듯 작업 자체에 큰 위험성이 내재되어 있기에 고소/현외작업 시에는 작업자들이 기본적으로 안전수칙을 비롯하여 작업계획 등과 같은 내용을 반드시 숙지하고 있어야 하며, 안전작업절차를 철저히 준수하여야 한다. 특히 추락과 관련해서는 안전을 위한 원칙을 3단계로 구분할 수 있으며, 단계별 안전수칙은 아래와 같다.

① 추락위험의 '제거'

안전발판, 난간, 개구부 방호 및 안전통로를 통한 위험제거가 해당된다. 해당 설비는 작업자가 특별한 행동을 하지 않더라도 보호되는 설비로서 추락위험을 사전에 제거하는 방법이다.

② 추락위험의 '차단'

안전대 부착을 예로 들 수 있다. 이런 설비의 경우는 작업자가 직접 착용하거나 지지 구조물에 설치하는 등 추락방지를 위해 적극적인 행동을 하는 능동적 설비로서 위험을 차단시키는 수단이다.

③ 추락위험의 '경감'

대표적으로 안전모가 해당한다. 앞서 기술한 장비들의 방호가 실패하여서 실제로 추락으로 이어질 경우를 대비해 사고의 강도를 경감시키는 장비이다.

〈표 4-52〉 고소/현외작업 시 안전수칙

고소/현외작업 시 안전수칙
1. 안전모와 안전대 등 개인보호장구를 착용
2. 작업 전 발판, 사다리, 걸고리 등 작업용구를 점검
3. 작업구역 내 작업자 이외의 접근을 통제
4. 작업구역 내 안전통행구역 지정
5. 2인 이상 작업토록 시행
6. 작업 장소에 물건을 적치하는 행위 삼가
7. 작업공구를 던져서 올리거나 내리는 행위 삼가
8. 강풍 등 기상 악화 시 작업 중지 및 금지

마) 전기작업 안전관리

선박에서는 기본적으로 440~690 V의 전압을 이용하는 전기 설비들과 다양한 전자장비들이 설치되어 있으며, 이에 감전, 화재, 정전 그리고 전자파로 인한 장해 등의 영향을 받을 수 있다.

① 감전(Electric Shock)

전기에 의한 재해 중 가장 빈도가 높은 것이 바로 감전이다. 감전의 경우, 신경과 근육을 자극하여 기능을 저하시키거나 생체조직의 파괴 등의 재해를 야기한다. 감전 사고의 형태를 종합해서 보면 다음과 같이 구분할 수 있다.

ⓐ 전선이나 플러그 등의 전기 통로에 신체일부가 접촉되어 전류가 흘러 감전되는 경우. 전기 작업에서 발생하는 대다수의 감전사고가 여기에 해당한다.
ⓑ 누전 상태에 있는 기기에 신체일부가 접촉되어 감전되는 경우. 절연 불량의 기기에 직접 닿거나 이러한 설비가 선체 일부와 연결되어 영향을 끼친다.
ⓒ 전기 통로에 신체 일부가 접촉되어 회로의 일부를 구성하게 되는 경우. 통상 용접 작업도중 발생하는 감전사고가 여기에 해당한다.
ⓓ 고전압의 전기 통로에 신체가 너무 가까운 경우에 공기의 절연 파괴현상으로 인해 화상을 입거나 전류가 흐르는 경우가 있다.
ⓔ 전기의 유도 현상으로 인해 인체를 통과하는 전류가 발생되어 감전되는 경우.

이처럼 전기 설비들에 의해 일어나는 감전 사고는 다양한 형태로 일어난다. 따라서 아래 표에 열거하듯 감전사고 방지대책을 세워 적절하게 관리하여야 한다.

〈표 4-53〉 감전사고 방지 대책

감전사고 방지대책
1. 직접 접촉에 의한 감전 방지 - 전기 통로 전체를 절연 - 별도의 방호설비를 설치 - 장소의 접근을 제한 2. 간접 접촉에 의한 감전 방지 - 접근 시 개인보호구 및 방호장비 착용 3. 보호 접지 설치

인체에 전압이 인가될 때 전류가 흐를지 여부는 그 시점에서 통전회로를 구성하고 있는 전기저항에 영향을 받는다. 따라서 동일한 전압의 전원에 인체가 접촉한 경우에도 인체저항이 큰 경우 단순 쇼크만 받을 수도 있지만 신체가 땀으로 젖어 있는 경우와 같이 저항이 적게 되면 치명적이 될 수도 있다. 감전 재해의 중대도를 결정하는 주요 인

자에는 다음과 같은 것들이 있으며, 통전전류가 크고, 신체의 중요한 부분을 경로로 하며, 장시간 흐른 만큼 위험성이 크게 된다.

- 통전전류의 크기
- 통전경로(신체의 어느 부분으로 전류가 흘렀는가?)
- 통전시간
- 전원의 종류(직류, 교육)

인체에 통전되는 전류가 증가되어 심장부분을 흐르게 되면 심장이 정상적인 박동을 하지 못하고 불규칙적으로 세동을 하게 되어 혈액 순환 장애에 의한 산소 공급 중단으로 인해 뇌에 치명적인 손상을 초래할 수 있다. 이와 같은 심실 세동(Ventricular Fibrillation)을 일으키는 전류값 I는 동물 실험을 통해 추정하고 있으며, Dalziel에 의한 다음의 식이 일반적으로 널리 인정되고 있다.

$$I = \frac{165}{\sqrt{T}}\,[mA]\,(\frac{1}{120} \sim 5\text{초})$$

이 식에서, I는 전류, T는 통전시간(sec)를 의미한다. 인체의 전기저항 R을 500(Ω)이라 하면, 통전시간 T가 1초일 때 심실세동을 일으키는 위험한 전기에너지 W는 다음과 같이 구할 수 있다.

$$\begin{aligned} W &= I^2RT[J] = 0.24\,I^2RT[cal] \\ &= (\frac{165}{\sqrt{T}} \times 10^{-3})^2 \times 500 \times T \\ &= 13.6[J] = 13.6 \times 0.24 = 3.3\,[cal] \end{aligned}$$

즉, 아주 작은 전기에너지도 인체에 직접 가해지면 생명을 위협할 수 있다.

② 전기화재

선박에서 일어날 수 있는 화재의 원인으로는 유류, 방화, 담배, 전기 등으로 다양하다. 그 중 전기로 인한 화재의 양상은 다양하게 나타나는데, 그 원인은 대부분 명확하게 규명하기 어려울 수 있다. 화재의 3요소를 기준으로 나누어보면 통상 발생요인과 발화원 두 가지 기준으로 분류가 가능한데, 전기화재의 원인도 그 기준에 비추어 다음과 같이 나눌 수 있다.

〈표 4-54〉 전기화재 발생요인별 분류

전기화재 발생요인별 분류	
누전	전류 통로로 설계된 이외의 곳으로 새어 발열현상을 일으켜 발생하는 화재 요인
과전류/과부하	전기기기 및 배선 등이 설계된 정상적인 상태 온도 이상으로 상승시켜 발생하는 화재 요인
절연열화/파괴	전기적으로 절연된 물체 상에 손상 등의 이유로 전기저항이 감소하여 많은 전류를 흐르게 되어 발생하는 화재 요인
전기불꽃(Spark)	스위치를 개폐할 때나 콘센트에 플러그를 꽂는 등 전기회로가 순간적으로 단락되거나 접촉할 때, 마찰에 의해 발생하는 화재 요인
단락	통상 합선이라고 불리며, 전기통로나 기기의 절연체가 노화 혹은 파괴되어 두 전선이 서로 접촉되는 현상. 접촉부에 큰 에너지가 흘러 화재요인으로 발생할 가능성이 생김
접촉불량	전선과 단자 혹은 접속부에 있어 도체의 접촉상태가 불량해 발생하는 요인
정전기	물질간의 순간적인 접촉과 분리 과정에서 발생하는 전위차에 의해 스파크가 발생함.

전기는 선박에 있어 모든 기계와 설비를 기동시키는 절대적인 에너지이기 때문에 반드시 존재해야 하지만, 잘못 사용하거나 관리하였을 경우 화재나 감전과 같은 위험이 내재되어 있고 그 결과는 굉장히 치명적으로 다가온다. 이에 전기 사용과 전기 설비에 대해서는 기본 설계단계에서부터 전기용품안전관리법, 전기공사업법 등과 같이 여러 제도와 안전 기준들이 법규로 마련되어 있다. 대부분의 전기화재 사고가 법규나 제도를 무시한 오용으로 인해 발생하는 것을 보았을 때, 불량한 설비나 적절한 보수작업에 대해 신경 써 관리해야 한다. 특히 배선과 전기설비, 전열기나 장치에 대해서는 사용자의 세심한 주의와 사용법 관리가 필요하다.

③ 전자파 장해

전자파란 전기장과 자기장이 공간상으로 방사되는 파동을 일컫는 말이다. 전자기기의 발전과 함께 전자파의 이용기술은 엄청난 발전을 지속해왔다. 선박에서도 전자항법의 개발과 발전에 더해 지금은 이런 전자기기 없이는 안전한 항해를 담보하기 어려울 만큼 영향을 미치고 있다. 하지만 이러한 컴퓨터와 자동화 기기들이 늘어남에 따라 선박 내에서 산재하는 전자파의 양도 많아지고, 이에 여러 인체장해도 염려되고 있다. 특히 뇌신경계는 전자파에 민감하고 구조상 전자파 흡수율이 굉장히 높은데 백혈병을 비롯한 암을 유발한다는 여러 보고와 연구가 진행되고 있다. 이에 우리나라에서는 과학기술정보통신부 고시 제2017-7호에 따라 전자파 인체보호기준을 고시하여 기준을 제시하고 있다.

〈표 4-55〉 일반인에 대한 전자파강도기준(전자파인체보호기준 제3조 1항 관련 별표1)

일반인에 대한 전자파 강도기준				
주파수 범위	전기장강도 (V/m)	자기장강도 (A/m)	자속밀도 (μT)	전력밀도 (W/㎡)
1Hz 이하	-	3.2×10^4	4×10^4	
1Hz ~ 8Hz	10,000	$3.2 \times 10^4/f^2$	$4 \times 10^4/f^2$	
8Hz ~ 25Hz	10,000	4,000/f	5,000/f	
0.025kHz ~ 0.8kHz	250/f	4/f	5/f	
0.8kHz ~ 3kHz	250/f	5	6.25	
3kHz ~ 150kHz	87	5	6.25	
0.15MHz ~ 1MHz	87	0.76/f	0.92/f	
1MHz ~ 10MHz	$87/f^{1/2}$	0.73/f	0.92/f	
10MHz ~ 400MHz	28	0.073	0.092	2
400MHz ~ 2000MHz	$1.375f^{1/2}$	$0.0037f^{1/2}$	$0.0046f^{1/2}$	f/200
2GHz ~ 300GHz	61	0.16	0.20	10

신체가 전자파에 노출되었을 때 인체 내의 전자계성분이 반응하는 생물학적 반응을 생체효과(Bio-effect)라고 칭한다. 전자파의 범위에 따라 달라지며, 질량 1 kg당 전자파의 흡수전력을 나타내는 전자파인체흡수율(SAR, Specific Absorption Rate)을 생체효과의 척도로 사용된다. ANSI(미국규격협회)에서는 4~8 W/kg를, 미국 환경보호청에서는 1~2 W/kg을 신체에 대한 안전기준 수치로 설정하고 있다.

바) 중량물운반 시(크레인사용) 안전관리

선박에 설비되어 있는 크레인의 종류는 사용목적에 따라 Cargo Handling Crane, Provision Crane, Boat Crane 등 다양하게 나뉜다. 이러한 크레인의 안전설비기준은 해양수산부고시 제2021-114호 선박설비기준 제4편 제1장 하역설비에 고시되었다.

〈표 4-56〉 선박설비기준(해양수산부고시 제2021-114호)

선박설비기준 제4편 제1장

제112조(제한각도 · 제한반경 등)

① 하역장치중 데릭장치(데릭포스트, 스테이, 붐, 링플레이트, 아이플레이트, 클리트 등의 부착품과 윈치를 말한다. 이하 같다)에 있어서는 하중시험을 행한 때의 데릭붐의 수평면에 대한 각도를 제한각도로 하고, 지브크레인에 있어서는 하중시험을 행한 때의 최대선회반경을 제한반경으로 하며, 기타 하역장치에 있어서는 통상의 사용상태에 있어서 제한하중에 상당하는 하중을 부하하는 경우 그 중요부분의 파괴강도에 대한 안전계수가 다음 표에 의한 값 이상이어야 한다.

구 분		안전계수
금속구조부	제한하중이 10톤 이하인 것	5
	제한하중이 10톤을 넘는 것	4
목 구 조 부		8
와이어 로프		5

② 하역장치의 계산에 대하여는 별표 15에 의한다.

제113조(하역장치의 하중시험)

① 하역장치는 다음 표에 의한 하중시험을 행하여 이상 이 없는 것이어야 한다.

제한하중	시험하중
20톤 미만	제한하중의 1.25배
20톤 이상-50톤 미만	제한하중에 5톤을 더한 하중
50톤 이상-100톤 미만	제한하중의 1.1배
100톤 이상	해양수산부장관이 적당하다고 인정하는 하중

② 제1항의 규정에 의한 하중시험은 시험하중에 상당하는 중량물을 달아올린 후 사용하는 최대의 아웃리치까지의 사이 및 주행예정거리에서 선회 또는 이동시키는 방법에 의하여 행한다. 다만, 수리 또는 변경이 가하여진 하역장치에 대하여는 스프링저울 또는 하이드로릭바란스를 사용하여 선회 또는 이동의 양단에서 5분간 연속하여 시험하중에 상당하는 하중을 부하하는 방법에 의할 수 있다.

③ 데릭장치에 대한 제2항의 하중시험은 데릭붐의 수평면에 대한 각도를 제한하중이 10톤이하인 것에는 15도, 제한하중이 10톤을 넘는 것에 있어서는 25도로 하여 행한다. 다만, 제한하중에 상당하는 하중을 부하하여 사용하는 범위에 있어서의 최소의 각도가 이들 각도를 넘는 경우에는 그 최소의 각도로 할 수 있다.

④ 지브크레인에 대한 제2항의 하중시험은 그 선회반경을 사용되는 범위중 최소치와 최대치로 하여 행한다.

⑤ 이 조의 규정에 의한 하중시험시에는 윈치의 제동장치에 대한 효력시험을 행하여야 한다. 다만, 윈치 단독의 하중시험을 시행하여 제동장치의 효력시험이 확인된 것에 대하여는 그러하지 아니하다.

제114조(하역장치의 안전성확보 등)

① 데릭붐과 데릭포스트의 접합부는 데릭붐이 지지부로부터 일탈하는 것을 방지할 수 있는 것이어

선박설비기준 제4편 제1장

야 한다.

② 주행크레인은 차축 또는 차가 파손된 경우에 전복을 방지할 수 있는 구조의 것이어야 한다.

③ 동력장치의 기어 기타 전도장치, 축계, 대전부 및 증기관에는 작업자를 보호하기 위하여 필요한 덮개, 둘러싸개 등의 보호장치를 하여야 한다.

제115조(하역윈치의 설비요건 등)

① 윈치(토핑리프트윈치를 제외한다. 이하 같다)는 제한하중에 상당하는 중량물을 올리고 내리는 동안 효과적으로 작동하는 제동장치(전동윈치에 있어서는 전자브레이크를 말한다)를 설비한 것으로서 로프가드가 부착되어야 하며(데릭장치에 사용되는 윈치에 한한다) 윈치드럼의 양단에 있어서의 귀의 높이는 권상용 와이어로프를 빠짐없이 또한 여유를 남기지 아니하고 감는 경우 그 로프지름의 2배 이상의 여유가 있는 것이어야 한다.

② 증기윈치의 배기관의 개구단은 배기가 취급자의 시야를 방해하는 일이 없도록 배치된 것이어야 한다.

③ 유압윈치에는 과압방지장치를 설치하여야 한다.

④ 전동윈치는 다음 각 호에 적합한 것이어야 한다.

1. 제어기에 근접한 위치에 전로차단기가 설치되어 있을 것. 이 경우 모터의 주회로 전원으로부터 분리하는 스위치를 근접한 위치에 설치할 수 있다.
2. 과부하방지를 위한 안전장치를 설비하거나 이에 준하는 안전을 위한 장치가 강구되어 있을 것. 다만, 교류전동윈치 중 극수변환방식의 것에는 과부하계전기를 설비하지 아니할 수 있다.

선박에 설치된 크레인의 안전장비로는 과부하 방지장치(Overload Limiter)와 권과방지장치(Over Hoisting Limiter)가 대표적이다. 과부하방지장치는 크레인이 설정된 정격하중 이상의 하중이 부하되었을 경우 자동적으로 권상장치를 정지시키는 장치이며, 권과방지장치는 후크에 물체를 매달아 권상할 때에 일정한 높이 이상 권상하는 것을 자동적으로 방지하는 장치이다. 또한 후크에는 와이어로프 등이 이탈되는 것을 방지하기 위해 해지장치를 부착하여 사용한다.

크레인 작업에서 발생할 수 있는 줄걸이 용구 등의 파단에 의한 재해를 예방하기 위해서는 각부에 걸리는 힘의 기능과 안전하중을 이해할 필요가 있다. 물체에 하중이 작용하면 물체 내부에 그 하중에 저항하고 균형을 유지하려고 하는 힘이 생기며, 이를 응력이라고 한다. 응력은 하중과 동일하고 방향은 반대이다. 예를 들어, 단면적이 A인 균질의 균일단면 봉의 끝단에 인장력 P가 가해지는 경우 응력은 다음 식으로 구할 수 있다.

$$\sigma(\text{응력}) = \frac{P(\text{힘})}{A(\text{단면적})}$$

크레인 작업에서 안전하게 작업할 수 있는 안전하중을 결정하기 위해서는 아래와 같은 용어의 이해가 필요하다.

- 파단하중 : 와이어로프슬링 등 1개의 용구를 당겨서 파단에 이르기까지의 최대하중
- 기본안전하중 : 안전계수를 고려하여 와이어로프슬링 등 1개의 용구에 수직으로 매달 수 있는 최대하중
- 안전하중 : 안전계수를 고려하여 2개 이상의 줄걸이 용구를 이용하여 매달 수 있는 최대하중
- 안전계수 : 와이어로프슬링, 라운드슬링, 체인슬링 등의 줄걸이 용구가 파단될 때의 하중인 파단하중과 안전하중의 비를 말하며, 줄걸이 용구의 종류, 형상, 재질, 사용방법 등의 다양한 요소를 종합적으로 고려하여 결정

$$안전계수 = \frac{파단하중}{작업(사용)하중}$$

- 인양각도 : 훅에 걸리는 와이어로프슬링 등의 줄걸이 용구 사이에 생기는 각도
- 장력계수 : 인양각도로 인해 줄걸이 용구에 작용하는 하중을 할증하기 위한 계수로 다음과 같이 구할 수 있다.

$$K(장력계수) = \frac{1}{\cos(\frac{a}{2})}, 여기서\ a = 인양각도$$

산업안전보건기준에 관한 규칙 제163조(와이어로프 등 달기구의 안전계수)에 따라 화물의 하중을 직접 지지하는 달기 와이어로프 또는 달기체인의 경우 안전계수(달기구 절단하중의 값을 그 달기구에 걸리는 하중의 최대 값으로 나눈 값)가 5이상인 경우에만 사용하여야 한다.

예를 들어, 질량 5톤인 화물에 와이어로프슬링 2개를 직접 걸어 매어 인양각도 60도인 상태로 크레인으로 인양할 때 와이어로프슬링 1개에 걸리는 기본안전하중은 다음과 같다.

$$기본안전하중 = \frac{인양하중}{줄수} \times 장력계수 = \frac{5}{2} \times \frac{1}{\cos(\frac{60}{2})} = 2.9톤$$

크레인 작업을 시작하기 전에 와이어로프슬링, 체인슬링 등 줄걸이 용구의 상태를 점검하여 이상이 없을 경우 작업에 사용하여야 한다. 산업안전보건기준에 관한 규칙 제63조(달비계의 구조)에 따른 주요 줄걸이 용구의 폐기기준은 아래 표와 같다.

〈표 4-57〉 줄걸이 용구의 폐기기준

줄걸이 용구	폐기기준
와이어로프슬링	가. 이음매가 있는 것 나. 와이어로프의 한 꼬임[(스트랜드(strand)를 말한다. 이하 같다)]에서 끊어진 소선(素線)[필러(pillar)선은 제외한다)]의 수가 10퍼센트 이상(비자전로프의 경우에는 끊어진 소선의 수가 와이어로프 호칭지름의 6배 길이 이내에서 4개 이상이거나 호칭지름 30배 길이 이내에서 8개 이상)인 것 다. 지름의 감소가 공칭지름의 7퍼센트를 초과하는 것 라. 꼬인 것 마. 심하게 변형되거나 부식된 것 바. 열과 전기충격에 의해 손상된 것
체인슬링	가. 달기 체인의 길이가 달기 체인이 제조된 때의 길이의 5퍼센트를 초과한 것 나. 링의 단면지름이 달기 체인이 제조된 때의 해당 링의 지름의 10퍼센트를 초과하여 감소한 것 다. 균열이 있거나 심하게 변형된 것
섬유슬링	가. 꼬임이 끊어진 것 나. 심하게 손상되거나 부식된 것 다. 2개 이상의 작업용 섬유로프 또는 섬유벨트를 연결한 것 라. 작업높이보다 길이가 짧은 것

중량물을 취급하는 작업을 수행할 때에는 ① 추락위험을 예방할 수 있는 안전대책, ② 낙하위험을 예방할 수 있는 안전대책, ③ 전도위험을 예방할 수 있는 안전대책, ④ 협착위험을 예방할 수 있는 안전대책을 검토하여 근로자를 위험으로부터 보호하여야 한다.

2.4 인간공학

1) 개요

인간요소에 대한 연구는 현대의 기술 개발에서 인간을 고려 대상으로 주목한 결과에 따른 부분이다. 기계나 도구 등을 사용하면서 필요한 부분에 대한 경험이 사람이 물건을 설계할 때 인간요소를 고려하는 시발점이 되었다. 이러한 인간에 대한 공학적 접근은 인류 문명의 발생과 같이 존재하였다.

안전과 생산성에 대한 공학적 접근은 19세기 말에 이르러 테일러(Taylor)의 노동시 종류와 작업 수행시간의 적정화에서 확인할 수 있다. 그는 석탄 적재 작업에 관련 작업자가 수행 가능한 작업량을 산정하고 작업자가 편하게 작업할 수 있도록 체형을 고려하여 장비를 개선하였다. 또한 2차 세계대전을 거치며 인간공학 부문에 큰 발전을 가져오게 되었다. 순수 공학 기술 발전에 따른 장비의 효율성 향상을 초래하였으며, 사용자에 대한 문제점을 파악 및 분석하여 개발하였다. 최근에는 산업 재해와 안전관리에 대한 사회적 인식의 변화를 가져오게 되었으며, 제품의 개발 및 개발 단계에서 인간 요소에 대한 파악과 인간공학의 적용이 점차 확대되고 있다.

인간공학은 인간의 신체적 인지적 특성과 인간을 위해 사용되는 물체, 시스템, 환경 등의 상호작용을 다루는 학문으로, 이를 더욱 안전하고 효과적으로 사용하는데 목적을 두고 있다. 즉, 인간 활동의 최적화를 연구하는 학문이다. 예전에는 기계 본연의 목적을 우선으로 두고 사용하는데 드는 편의나 효율성과 같은 인적요소는 무시한 채 설계 및 제작을 하였다. 하지만 인적요소를 체계적으로 고려하지 않다보니 사용자의 실수가 빈번하게 일어나거나 사용하는데 불편함과 불만사항이 많아지고, 심각한 재산 및 인명피해를 야기할 가능성이 높아졌다. 사고가 발생한 이후에 제품이나 작업장을 수정, 복구하려면 엄청난 시간과 비용이 추가로 발생하다보니, 인적요소를 고려해 기계 및 장비를 만들어야 한다는 필요성이 대두되었다. 이제는 기계를 설계 및 제작하는 단계에서 편의성, 쾌적함 등 인적 요소를 고려하여 생산하고 있다. 이에 심리학이나 의학 등을 중심으로 운동학, 사회학, 노동공학 등 다양한 학문의 협력으로 연구 및 개발이 진행되고 있다. 선박에 설치되는 장비들도 이러한 인간공학적 요소를 고려한 설비를 설치하는 것이 사용자 및 조직의 효율성 측면에도 뛰어난 장점을 발휘하게 될 것이다.

〈표 4-58〉 인간공학의 정의(산업안전보건실무, 한균원 저)

인간공학의 정의	
Mark S. Sanders	인간이 만든 대상 설비와 환경을 설계하는 데 있어서 인간이 편리하고 안전하게 사용할 수 있도록 설계기법을 연구하는 학문이다.
Ernest J. McCormick	인간공학이란 넓게는 인간이 기계나 물건을 사용하는 데 대한 기술의 체계를 말하나, 좁은 뜻으로는 인간의 작업과 작업환경을 인간의 정신적, 신체적 능력에 적합하게 하는 것을 목적으로 하는 과학이다.
L. C. Mead	인간공학은 인간과 기계에 의한 작업이 생산성향상, 환경, 안전의 유지 및 작업이 능률적으로 이루어지도록 인간과 기계를 적합하게 설계하는 것이다.
W. F. Floyd	인간공학은 인간과 기계와의 사이에 적합성을 구하기 위한 것이다.
W.E. Woodson	인간공학은 인간의 작업이나 인간-기계 시스템 능률이 향상되게 각종 설비를 설계하는 것이다.
Charles C. Wood	최고의 능률과 최저의 비용으로 하나의 시스템을 조직하기 위해 객관적으로 양적인 인간의 행동에 대한 정보를 시스템 설계시에 적용하는 것이다.
미국 안전보건청 (OSHA)	인간공학이란 일을 사람에 맞추는 과학이다. (Science of fitting the job to the workers)
A. Chapanis	인간공학이란 인간의 특성, 능력한계에 관한 정보를 작업, 설비, 환경의 설계시 응용해서 인간이 안전하고 쾌적하게 그리고 효율성 있게 작업을 하게 만드는 것이다.
ISO (국제표준화기구)	인간공학은 인간의 건강, 안전, 복지, 작업성 등의 개선을 구하는 시스템, 작업, 환경을 인간의 신체적, 정신적 능력과 한계에 부합되도록 인간과학으로부터 지식을 창출하고 통합하는 것이다.

2) 인간-기계 시스템

어떠한 환경 속에서 인간과 기계가 특정한 목적을 수행하기 위한 작업을 할 때, 이를 하나의 시스템으로 생각하는 경우를 인간-기계 시스템(Man-Machine System)이라고 칭한다. 즉, 인간이 기계를 사용해서 특정한 작업을 수행할 때 인간이 가지고 있는 생리적 기능에 의한 동작구조와 기계가 움직이는 동작구조가 통합시스템으로 운동, 동작함으로써 이루어지는 것이다.

가) 인간-기계-환경 시스템

인간은 환경(사회적, 물적)속에서 살며, 도구 또는 기계를 사용하여 활동을 하게 된다. 이 시스템을 살펴보면, 환경 또는 기계에서의 정보는 인간의 감각기관으로부터 전달되어 대뇌의 중추 신경에서 판단을 내리고, 운동기관에게 명령을 내려 동작으로 이루어진다. 그 동작의 결과와 상황은 다시 인간의 감각기관을 통해 피드백이 되며, 동작으로 인한 기계의 상황은 화면이나 게이지, 알람 등의 표시장치와 제어기에 의한 조작으로 식별된다.

〈그림 4-17〉 인간-기계-환경 시스템 도식

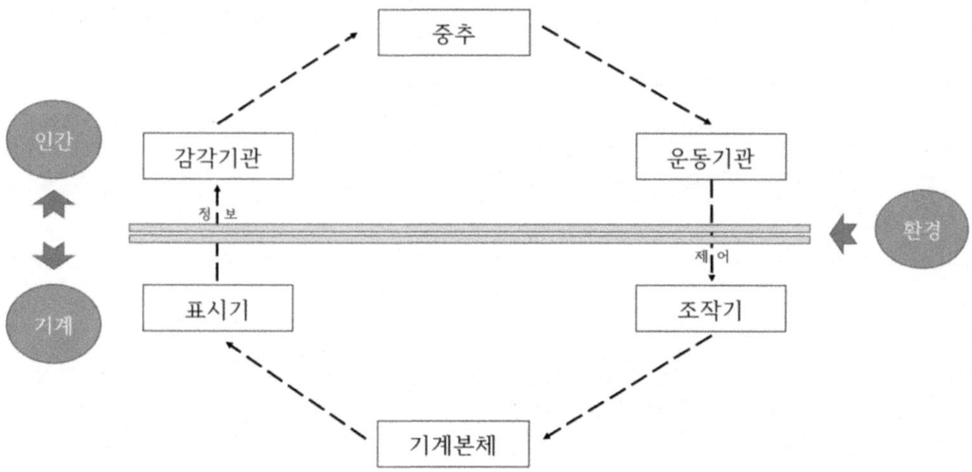

나) 인간-기계 시스템의 기능

인간공학의 측면에서의 인간-기계 시스템의 기능은 다음의 3가지를 내재한다.

① 인간-기계 시스템은 효율적인 인간기능을 목적으로 한다. 만약 효과적으로 기능을 수행하지 못하면 해당 시스템의 역할은 퇴화할 수밖에 없다.
② 작업에 대한 동기부여를 촉진시킨다. 인간-기계 시스템을 통해 적극적으로 행동하는 것을 목적으로 하기에, 이를 달성하기 위해 작업환경의 특성을 고려해 개발해야 한다.
③ 인간의 수용능력과 정신적인 제약 및 한계를 고려해서 설계한다. 시스템이 잘 수행되는지의 여부가 좋은 결과를 초래할 것이기에, 이러한 한계에 대해서도 반드시 고려해야 한다.

다) 인간-기계 시스템의 특성

인간과 기계는 분명한 특성의 차이가 존재한다. 자동화된 기계는 안전측면에서는 이점이 있을 수 있지만, 단점도 반드시 존재하기 때문이다. 특히, 정형화가 어려운 작업을 수행하는 경우에는 수행하는 인간과 기계에 대한 특성을 이해한 시스템의 설계가 매우 중요하다. 아래 표는 인간과 기계의 특성을 비교한 것이다.

〈표 4-59〉 인간과 기계의 특성 비교

인간과 기계의 특성 비교		
구분	기계(Machine)	인간(Human)
인식, 검출	▷ 검출범위는 광범위하지만 정확하다.	▷ 감각기관에 의한 인식이기에 개인차가 있다. ▷ 고도의 검출능력이 있다.
판단, 정보처리	▷ 설정된 프로그램에 의해 작동되기에 정확하고 반복에 장점이 있다. ▷ 신속하게 데이터 처리도 가능하다.	▷ 서로 다른 경험을 다량으로 기억할 수 있다. ▷ 고도의 인식, 사고, 판단이 가능하다.
동작	▷ 정확성, 속도, 힘이 우수하다. ▷ 단순 반복 작업에도 견딘다.	▷ 손의 동작은 자유도가 높다. ▷ 고도의 운동기능이 가능하다. ▷ 단조로운 작업에 약하다. ▷ 적절한 휴식이 필요하다.
신뢰성	▷ 적절한 설계가 되면 신뢰성이 높아진다. ▷ 예상외의 변수에는 무능력하다.	▷ 실수를 범할 수 있다. ▷ 심리적, 생리적 조건에 따라 신뢰성이 변화한다. ▷ 돌발적인 긴급사태시 신뢰성은 제로에 가깝게 될 우려가 있다.
유연성, 적응성	▷ 전용기계의 경우 용도변경이 어렵다.	▷ 교육 및 훈련에 따라 다방면에 적응이 가능하다.

기계의 특성을 고려했을 때, 기계는 인간에게 재해를 입히는 잠재적 위험요소를 가지고 있다. 또한 직·간접적으로 휴먼에러(Human Error)를 유발시킬 수 있다. 이러한 특성을 미국의 심리학자인 A. Chapanis는 「과실유발적 특성」이라고 정의하였다. 이를 개선하기 위해서는 다음 내용을 검토할 필요가 있다.

① 인간과 기계시스템에 있어서 적절한 기능 배분
② 인간과 기계의 융합
③ 기계의 적절한 배치 및 작업공간의 결정
④ 해당 전 시스템에 대한 평가

이와 같은 검토를 통해 A. Chapanis는 다음의 3가지가 달성될 수 있다고 주장하였다.

① 사고방지와 안전성의 향상
② 기계조작의 능률성과 생산성의 향상
③ 작업장의 쾌적성 유지

라) 레윈의 법칙

미국의 심리학자 레윈은 인간의 행동은 환경의 자극으로부터 영향을 받고 상호관계에서 전개된다고 제시했다. 이를 다음과 같은 식으로 나타내었다.

$$B = f(P.E)$$

B : $behavior$(행동 : 불안전한 행동)

P : $person$(인간 : 인간의 소질)
– 연령, 경험, 심신상태, 지능, 의욕 등

E : $environment$(환경 : 인적 환경)
– 심리에 영향을 미치는 인간관계, 직장관계, 환경 등

f : $function$(함수)

사고와 재해는 인간의 행동과의 관계없이는 발생할 수 없다. 따라서 안전관리를 위해서는 인간의 불안전한 행동의 분석이 반드시 필요하다.

3) 휴먼 에러(Human Error)

가) 개요

휴먼에러는 보편적으로 시스템의 과정을 처리하는 가운데 정해진 인간의 기능을 수행하지 못하여 시스템의 기능을 약화시킬 수 있는 작업요소이며, 이는 시스템 운영에 성능,

안전 및 효율성을 저하시킬 수 있는 인간의 행동이다. 즉, 휴먼에러란 실수하는 인간이 일으키는 사고로 정의된다. 인간은 수많은 넘어짐을 통해 걷기를 배우고 옹알거림을 통해 말을 배우는 것처럼 태어나면서부터 계속해서 실수를 하며, 이를 통해 학습한다. 산업 및 선박 작업현장에서도 인간의 개입이 불가피한 바, 휴먼에러로 인한 사고는 반드시 발생할 수밖에 없다. 실제로 현장에서 일어나는 사고의 대부분이 인간의 실수 또는 불안전한 행동으로부터 야기된다. 에러(Error)의 사전적인 정의는 주어진 목표로부터 일정한 제한 범위를 벗어나게된 결과를 의미한다. 이러한 정의에 비추어보면 휴먼에러는 시스템의 성능이나 효율을 저하시키거나 그럴 가능성을 가지고 있는 인간의 결정이나 행동을 의미한다. Hagen과 Rabideau는 휴먼에러는 '예정된 행동을 수행함에 있어 정확도, 순서 또는 시간이 제한 범위 밖으로 행해져 발생된 오류가 장비의 시스템과 기타 작동에 손실을 끼치게 된 것'이라 정의했다. Sanders와 McCormick은 '안전, 효율, 시스템의 성능을 감소시키는 부적절하거나 원치 않는 인간의 결정 또는 행위'로 정의했다. 휴먼에러의 본질을 알아보기 위해서는 인간의 고유한 특성인 가변성(Human Variability)에 대해 이해해야 한다. 그리고 인간은 언제든지 실수를 일으킬 수 있다는 점도 인지해야 한다. 통계학적으로 인간은 하루에 5만가지 이상의 생각을 하고 2만가지의 행위를 수행하며, 그 중 2번의 실수를 한다. 또한 그 실수 중 20%는 감지되지 않는다. 그리고 감지되지 않는 실수 중 25%는 아주 심각한 실수로 분류된다. 휴먼에러에 대한 그릇된 이해가 동반되면, 이를 단순한 작업자의 부주의나 예측 불가능한 사고로 인식하며 사고분석에 대한 결과로 단순한 개인의 업무태만이나 역량부족으로 평가하는 경우가 생긴다. 이 경우 정확한 원인규명도 안 될뿐더러, 알맞은 사고대책도 이뤄지지 않는 결과를 야기한다. 인간이기 때문에 항상 실수를 하며, 이를 통해 배우고 나간다는 것을 반드시 인식해야 한다.

〈표 4-60〉 휴먼에러의 정의

휴먼에러의 정의	
구분	정의
D. Meister	시스템으로부터 요구된 작업수행도와의 차이
A. D. Swain	인적 에러는 허용되는 한계를 넘어서 나타난 일련의 인간행동

나) 휴먼에러의 분류

휴먼에러의 분류는 행위차원에서 분류를 한 Swain의 분류법과 원인차원에서 분류한 Reason의 분류법이 대표적이다.

〈그림 4-18〉 휴먼에러의 분류

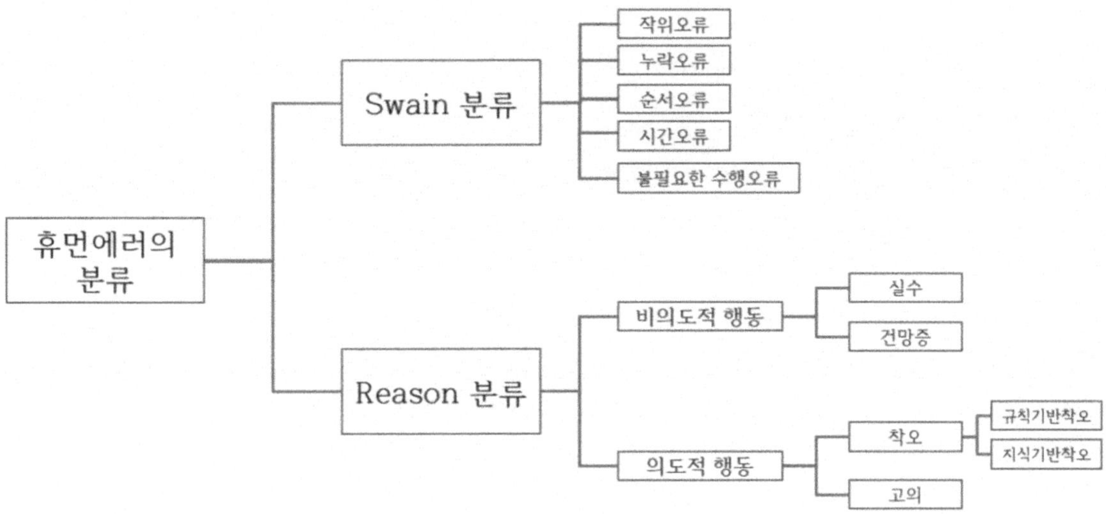

Swain의 행위차원에서의 휴먼에러 분류에 대한 내용은 다음과 같다.

① 작위 오류(Commission Error) : 수행해야 할 작업을 부정확하게 하는 오류
② 누락 오류(Omission Error) : 수행해야 할 작업을 빠뜨리는 경우
③ 순서 오류(Sequence Error) : 수행해야 할 작업의 순서를 틀린 경우
④ 시간 오류(Time Error) : 정해진 시간동안 수행해야 할 작업이 완료되지 않은 경우
⑤ 불필요한 수행오류(Extraneous Error) : 불필요한 작업이 수행된 오류

Reason의 휴먼에러는 Rasmussen의 모델을 사용하였다.

① 비의도적행동(Skill-based Error) : 무의식에 의한 행동
ⓐ 실수(Slip) : 상황해석은 제대로 하였으나, 의도와 다른 행동
ⓑ 건망증(Lapse) : 기억의 상실로 행동을 하지 않은 경우

② 착오(Mistake) : 목표를 잘못 설정하여 행위의 경우, 주의의 실패
ⓐ 규칙기반행동(Rule-based Error) : 친숙한 상황에 적용
ⓑ 지식기반행동(Knowledge-based Error) : 특수한 상황에서 나타나는 행동

③ 고의(Violation) : 의도를 가지고 잘못 행위

다) 휴먼에러 발생요인

휴먼 에러 발생원인은 휴먼 에러 메커니즘 종류가 다양함에 따라 단순히 규정되기 어려우며, 여러 가지 요인에 의해 야기된다. 주로 휴먼 에러를 발생 시키는 요인은 인적 오류를 일으키는 요인들이다.

인간의 행동에 영향을 끼치는 원인요인들을 수행도 영향인자(Performance Shaping Factors, 이하 'PSF')라 하며, 이를 이용하여 원인요소를 체계적으로 분류하고, 사고 원인을 객관적으로 추출할 수 있는 절차와 도구들이 개발 되었다.[44] 이를 통하여 원인요인들을 관리 및 통제하여 휴먼 에러의 발생 가능성을 최소화 하였다.

행동형성 요인은 외적요인과 내적요인으로 구분되며, 외적요인으로는 환경 특성, 작업시간과 휴식시간, 인원배치와 관리, 보수와 복지, 작업과 직무특성, 공간적인 설비배치, 설비종류 등이 있다. 내적요인은 개인의 능력과 기술력, 지식수준, 개성 및 지능, 감정, 스트레스, 건강상태, 경력, 피로 등이 있다.

라) 휴먼에러 발생 메커니즘

① 감각 기능

인간은 외부로부터 입력되는 자극에 반응할 경우, 개인별로 반응할 수 있는 범위의 자극에 대해서 반응하게 된다. 이는 청각, 시각, 촉각 등의 감각기의 한계에 따라 처리할 수 있는 정보가 한정되어, 그 이상의 자극에 대해서 인지하기 어려운 상황이 발생할 수 있다.

② 정보처리 능력

인간의 정보 처리 과정은 외부로부터 물리적 자극을 감각기관을 거쳐 받아들이게 되며, 감각기관을 통해 들어온 신호를 기존의 기억과 비교하는 지각 절차를 갖게 된다. 그리고 자극에서 필요한 것을 고르는 선택과정을 거쳐 선택된 자극을 감각 현상이 하나의 전체적이고 의미 있는 내용으로 체계화하는 게슈탈트 과정을 거쳐 어떻게 행동할 것인지 의사결정과정을 통해 정해진 목표에 따라 행동으로 이루어지는 실행과정으로 표현하게 된다. 이러한 정보를 처리하고 기억하는데 한계용량이 작용하며, 자극이 요구하는 식별형태에 따라 처리 능력이 달라진다. Miller[45]에 따르면 작업을 시행하기 위해 필요

44) 백동현(2008), 철도사고의 인적오류 분석을 위한 수행도 영향인자 분류, 한국산업경영시스템학회지, 31권 1호, p42

45) 조지 아미티지 밀러(George Armitage Miller)는 미국의 인지 심리학자이다. 1956년 밀러는 작업기억을 유지할 수 있는 최대항목수(매지컬넘버)는 7±2개로 제한된다는 내용의 논문을 발표하며 인간 기억한계에 대한 숫자를 제시하였다. 그리고 인간의 기억 한계에 해결할 수 있는 방법을 특성화하기 위해 관련 연구를 진행하였다. (https://en.wikipedia.org/wiki/George_Armitage_Miller, 검색일:2022.08.27.)

한 기억인 작업 기억을 유지할 수 있는 최대 항목 수(Magical Number)는 7±2개로 제한되며 이 자극만 구별할 수 있다. 그리고 이러한 자극은 여러 심리적 또는 상황에 따라 더 급감할 위험이 있다.

③ 대뇌 기능 저하

인간 대뇌 기능에는 한계성이 있으며, 이는 상황·시간·작업 상황에 따라 차이가 발생한다. 작업자의 대뇌피질의 각성수준을 저하시키는 상황이 발생하게 되는 경우, 예를 들어 새벽 작업 진행 또는 반복적인 정보가 제공되는 작업을 진행하는 경우에는 안전사고에 영향을 끼치게 된다.

④ 심리적 압박

작업자가 시스템 전체의 위험 및 생명에 위협을 느끼는 작업에서의 의사결정을 하게 되는 경우 극심한 심리적 압박을 받게 된다. 이러한 경우 지나친 흥분은 주의범위가 협소해져 올바른 판단을 위한 정보 획득 및 처리에 어려움이 발생하게 된다.

⑤ 운동기능

외부자극에 대한 인간의 자극은 신체의 행동에 의해 반응하게 되는데 이 과정에는 시간이 소비가 된다. 이러한 소비 과정에는 외부 자극에 대한 정보처리와 운동신경에서의 반응까지 시간이 소요가 된다.

마) 산업현장에서의 휴먼에러

인간이 범하기 쉬운 각종 실수에 의해 숨어 있는 위험이 아찔한 사고나 중대사고로 이어지는 경향이 있다. 아차사례 발굴 활동을 활성화하기 위해 관리감독자나 최고경영층의 강한 안전의지와 확고한 방침에 따른 배려가 있어야 하며 관리감독자들은 근로자들에게 아차사례 활동의 필연성을 논리적으로 설명하고 이해를 촉구하는 분위기와 관심의 조성이 필요하다.

특히 신입근로자들은 새로운 현장의 업무에 익숙하지 못하기 때문에 정보를 입수하여 취사선택하고 단기 기억한 것을 계획대로 이행하지 못하는 경향이 높으며, 올바른 습관이 형성되어 있지 않아 어떻게 처리해야 안전한지 망설이게 된다. 확인하는 시간도 늦어 정해진 시간에 조작이 완료되지 않아 서둘러 판단하므로 조작의 혼란이 생기고 불필요한 긴장을 하게 되며 정신적으로 피로도가 높아 실수를 쉽게 범하게 된다. 따라서 현장에 근무하는 근로자들이 범하기 쉬운 심리학적인 실수를 찾아내어 그 대책을 강구해야 한다.

그러나 반대로 숙련자들은 많은 경험이나 습관에 젖어 자만과 요령에 익숙해서 오류를 범하는 예가 많다. 몸에 익숙한 조작을 하게 될 때는 기억의 조합이나 대응 조작을 깊게 생각할 필요가 없는 기억이 생략되거나 중단되는 경우도 있으며, 모두 틀리게 동작할 위험성도 생기는 경우가 있다. 숙련자가 멍청한 짓을 하는 것은 중단회로가 갖고 있는 위험성이다.

각종 실수가 근로자들에게 익숙해지면 불안전한 행동으로 탈바꿈되어 쉽게 실수를 범하게 되어 중대사고의 가능성이 될 수 있다. 그러므로 간단한 잘못도 완전히 제거하지 않으면 안 된다. 그러기 위해서는 과거에 경험한 사고 사례연구에서 인간 실수 요인을 찾아보고 재발되지 않도록 대책을 제시해야 할 것이다.

팀의 관리가 미숙하면 전체 팀원의 사기가 저하되고 사람들의 점검 폭도 좁아져서 생각지도 않던 사고가 발생하는 경우가 있다. 따라서 상호 커뮤니케이션이 충분히 이루어진 후에 작업배치나 작업분배가 이루어져야 한다. 인간의 신뢰성은 한계가 있어 적정하게 유지하기 위해서는 피로나 주의 환기력 등 심신상태나 작업부하 정도를 인간공학적으로 측정 평가하여 방지대책 지침서를 현장에 공급할 필요가 있다.

휴먼에러를 줄이기 위해서 일반적으로 작업 프로세스 개선, 절차서 확립 등의 방법을 사용한다. 하지만 기존의 방법들은 한계가 있고, 특히 휴먼에러를 야기한 사람에게 페널티를 부과하는 방법은 오히려 실수가 발생하더라도 이를 축소 및 은폐시키는 심각한 문제를 발생시키기도 한다. 안전보건공단에서는 「휴먼에러 제로화를 위한 7가지 스텝」 이라는 방법을 휴먼에러를 없애는 것에서 나아가 원인을 밝히고 시정하는데 사용토록 제시하고 있다.

〈표 4-61〉 휴먼에러 제로화를 위한 7가지 스텝(안전보건공단, 2013)

휴먼에러 제로화를 위한 7가지 스텝	
구분	방법
1. 정리정돈	작업장 주변에 불필요한 장비 및 재료를 제거하고 정해진 위치에 놓는 것.
2. 표준정비	작업순서를 명확히 하고 공구 및 장비 사용방법을 표준화 하는 것.
3. 교육 및 훈련	다양한 방법의 훈련을 통해 작업자 개인에게 적합한 방법을 찾고 활발한 소통으로 휴먼에러 사례를 공유
4. 눈으로 보는 관리	방지대책의 성과와 문제점을 한눈에 알아볼 수 있도록 그래프나 표 등으로 게시
5. 풀푸르프 설치	조작순서를 착각하거나 고장이 있어도 위험한 상태가 될만한 조작이 되지 않도록 하는 장치를 설비

휴먼에러 제로화를 위한 7가지 스텝	
구분	방법
6. 관리자 관리	작업자의 능력과 성격에 따라서 휴먼에러가 크게 좌우되는 바, 작업자의 성향에 대해 올바르게 분석
7. 일상 관리	컨디션 관리, 철저한 주지, 일상 대책 3가지 활동을 통해 일상적인 생산과정에서 휴먼에러의 요인을 제거

4) 재해 예방을 위한 대책

재해예방을 하려면 기본적으로 재해 발생의 주요 원인을 사전에 제거하거나 혹은 개선해야 한다. 인간공학적인 측면에서의 대책이라고 해도 특별한 대책보다는 앞에서 익히 기술한 예방대책들이 해당되며, 휴먼에러의 요인을 중점적으로 둔다는 차이는 있다. 일반적으로 안전대책에는 3E 방법, 즉 기술(Engineering), 규제(Enforcement), 교육(Education) 방법을 강구한다. 특히 휴먼에러를 최소화하는 조치로는 다음과 같은 방법이 필요하다.

① 표시와 식별을 분명히 한다.
② 작업자가 에러를 범하지 않도록 방지하거나, 에러가 발생하더라도 안전하도록 조치가 되어야 한다.
③ 검지기 및 경보장치를 설치한다.
④ 안전보호구는 반드시 착용한다.
⑤ 방호조치 및 방호장비를 설치한다.
⑥ 정형화된 작업 절차 및 계획을 수립한다.
⑦ 작업자에게 사전 교육 및 훈련을 실시한다.
⑧ 정기적인 점검을 통해 고장 등을 점검한다.

참고문헌

https://www.ilo.org/dyn/normlex/en/f?p=NORMLEXPUB:12100:0::NO::P12100_ILO_CODE:C155 (ILO C155 article 20)

https://www.ilo.org/dyn/normlex/en/f?p=NORMLEXPUB:12100:0::NO::P12100_ILO_CODE:R164 (ILO R164, 12.1)

https://creately.com/blog/diagrams/kotters-8-step-change-model/(John Kotter 점진적 접근 프로세스)

UK HSE HSG263 (HSE book, 2015)

https://terms.naver.com/entry.naver?docId=5675977&cid=62841&categoryId=62841(집단압력)

https://www.theguardian.com/uk-news/2019/oct/04/the-ladbroke-grove-train-crash-and-lord-cullens-life-saving-work(Ladbroke Grove houke accident)

https://terms.naver.com/entry.naver?docId=509655&cid=42380&categoryId=42380

OSHA [Occupational Safety and Health Administration] (산업안전대사전, 2004. 5. 10., 최상복)

산업안전보건위원회 구성·운영 매뉴얼 (2022.1 고용노동부)

https://oshatrain.org/courses/mods/707m1.html(Safety committee meeting)

산업안전지도사[III] 기업 진단·지도. 도서출판사 세화

https://ko.wikipedia.org/wiki/조직_(조직정의)

https://ko.wikipedia.org/wiki/조직이론 .(조직 이론)

https://www.oocities.org/lionelpineda/ADMON/dir/dir17.htm (조직 개인 충돌)

https://terms.naver.com/entry.naver?docId=505830&cid=42380&categoryId=42380 (지연성 가스)

https://www.ilo.org/wcmsp5/groups/public/@ed_protect/@protrav/@safework/documents/normativeinstrument/wcms_107727.pdf (ILO-OSH 2001)

Quick guide on sources and uses of statistics on occupational safety and health (ILO, 2020)

2020년 산업재해현황분석 (고용노동부, 2021)

해양사고통계 2021 (중앙해양안전심판원, 2022)

The cost to Britain of workplace accidents and work-related ill health in 1995/96 (HSE, 1999)

ISO 45001 Occupational health and safety management systems-Requirements with guidance for use (ISO, 2018)
산업재해통계업무처리규정 (고용노동부예규, 2022)
PSM, 장외영향평가에 기반한 위험성평가 및 분석기법 (성안당(송지태, 이준원). 2017)
결함수 분석에 관한 기술지침 (한국산업안전보건공단, 2021)
사건수 분석 기법에 관한 기술지침 (한국산업안전보건공단, 2021)
원인결과분석(CCA)기법에 관한 기술지침 (한국산업안전보건공단, 2011)
연속공정의 위험과 운전분석(HAZOP)기법에 관한 기술지침 (한국산업안전보건공단, 2012)
작업위험성평가에 관한 기술지침 (한국산업안전보건공단, 2020)
위험성평가에서의 체크리스트(Check list)기법에 관한 기술지침 (한국산업안전보건공단, 2012)
사고예상질문분석(WHAT-IF)에 관한 기술지침 (한국산업안전보건공단, 2021)
이상위험도 분석기법에 관한 기술지침 (한국산업안전보건공단, 2021)
예비위험분석에 관한 지침 (한국산업안전보건공단, 2012)
위험성평가 실시를 위한 우선순위 결정기술지침 (한국산업안전보건공단, 2012)
기계류의 위험성평가 지침 (한국산업안전보건공단, 2012)
사고예상질문/체크리스트분석 결합기법에 관한 기술지침 (한국산업안전보건공단, 2011)
작업위험성평가에 관한 기술지침 (한국산업안전보건공단, 2020)
『4M 리스크 평가 기법』에 관한 기술지침 (한국산업안전보건공단, 2014)
리스크 관리의 용어 정의에 관한 지침 (한국산업안전보건공단, 2014)
화학물질 위험성평가 매뉴얼 (한국산업안전보건공단, 2012)
2020 위험성평가 지침해설서 (한국산업안전보건공단, 2020)
기계 안전-설계 일반원칙-위험성평가와 위험성감소 KS B ISO 12100:2010 (산업표준심의회, 2021)
기계 안전-위험성 평가 원칙 KS B ISO 14121:2002 (산업표준심의회, 2012)
고장 모드 영향 분석(FMEA) KS A IEC 60812:1985 (산업표준심의회, 2018)
결함 나무 분석 KS A IEC 61025:1990 (산업표준심의회, 2018)
위험운전성(HAZOP)-연구 적용지침 KS A IEC 61882:2001 (산업표준심의회, 2017)
가스폭발위험장소의 전기설비 설계, 선정 및 설치에 관한 기술지침, E-172-2018 (산업안전보건공단, 2018.10)
위험물안전관리법 (소방청, 2021)
산업안전보건법 (고용노동부, 2022)
산업안전보건법 시행규칙 (고용노동부, 2022)
산업안전공학개론 (시그마프레스, 2002)
산업안전관리론 (형설출판사, 2006)
산업안전보건위원회 구성·운영 매뉴얼 (2022.1 고용노동부)

해사안전경영론

2023년 8월 15일 인쇄 발행

저 자 이진우·이준혁·김정민·채종주
발 행 인 송기수
발 행 처 도서출판 GS인터비전
인 쇄 처 GS인터비전
등록번호 제 25100-2016-000050 호
I S B N 979-11-5576-454-1(93530)

주 소 서울 은평구 증산로 15길 69 2층
전 화 02-976-7898
팩 스 02-6468-7898
홈페이지 gsintervision.kr
E-Mail gsinter7@gmail.com

정 가 30,000원